RESISTÊNCIA DOS MATERIAIS

PARA ENTENDER E GOSTAR

MANOEL HENRIQUE CAMPOS BOTELHO

Eng. Civil formado pela
Escola Politécnica da Universidade de São Paulo

RESISTÊNCIA DOS MATERIAIS

PARA ENTENDER E GOSTAR

4ª edição revista e ampliada

Resistência dos Materiais: para entender e gostar

Editora Edgard Blücher Ltda.

1ª edição - 2008
2ª edição - 2013
3ª edição - 2015
4ª edição - 2017

Blucher

Rua Pedroso Alvarenga, 1245, 4º andar
04531-012 - São Paulo - SP - Brasil
Tel.: 55 (11) 3078-5366
contato@blucher.com.br
www.blucher.com.br

Segundo Novo Acordo Ortográfico, conforme 5. ed. do *Vocabulário Ortográfico da Língua Portuguesa*, Academia Brasileira de Letras, março de 2009.

Dados Internacionais de Catalogação na Publicação (CIP)
Angélica Ilacqua CRB-8/7057

Botelho, Manoel Henrique Campos
Resistência dos materiais : para entender e gostar / Manoel Henrique Campos Botelho. – 4. ed. – São Paulo : Blucher, 2017.
264 p. : il.

Bibliografia
ISBN 978-85-212-1230-0

1. Engenharia de estrutura 2. Resistência dos materiais I. Título.

17-1129 CDD 620.112

Índice para catálogo sistemático:
1. Resistência dos materiais : engenharia

Carta ao professor e aos alunos de Resistência dos Materiais (RM) – 4ª edição

A RM é seguramente uma das principais matérias da Área de Engenharia e Arquitetura. É uma matéria essencial, bela e de compreensão fácil, pois a usamos diariamente na nossa vida comum.

Este é um livro ABC, com o objetivo de ajudar no ensino dos conceitos fundamentais da RM. Espero que o caro professor e os alunos gostem e adotem este livro.

Grato e boa leitura.

Manoel Henrique Campos Botelho
e-mail: manoelbotelho@terra.com.br
2017

Agradecimentos por comentários, críticas e elogios

— Prof. José Sergio do Nascimento – UNIP

— Reynaldo C. Ferreira

— Prof. Romulo Feitosa Navarro (prpg@ufcg.edu.br)

— Prof. Paulo Afonso Franson Manoel – UNIP

— Prof.ª Alice Macedo Fragoso – Lages, SC

— Aluno Aldair Vieira Leite

— Prof. Junior Henrique Canaval

— ifmg.edu.br

— Samuel de Souza

— Julio Henrique Canaval

Oferendas

Aos vários livros sobre Resistência dos Materiais que consultei. Quando os li pela primeira vez, aos vinte e tantos anos, tinha deles uma ideia.

Ao relê-los, ao longo dos anos e à exaustão nesses últimos doze meses, e tendo agora muitos cabelos brancos, descobri belezas que a primeira leitura e os meus verdes anos não permitiram perceber.

À Walda,
ela sabe a razão.

Aos colegas, mestres e amigos

Edson Gimenez Espejo
Geraldo de Andrade Ribeiro Jr.
Mário Massaro Jr.
Nelson Newton Ferraz

A Mauricio Campos Botelho, meu filho, que no passado, estudante de engenharia civil na Unicamp, que fez boa parte da interpretação de minha letra, ao passar o texto para o computador.

A todos, o autor agradece
MHC Botelho
janeiro/2008
e-mail: manoelbotelho@terra.com.br

Comentários
O autor recebeu comentários e correções sobre este texto que muito ajudaram. Agradeço a Rosemary, João Bosco, Ramiz, Vuaden, Mathias, Pedro Ferreira da Silva Neto, Leandro Trentz.

MHC Botelho

Apresentação

Este livro é dirigido a estudantes de engenharia e arquitetura, de escolas técnicas e para jovens profissionais. Dentro da linha didática que procuro trilhar, dou extraordinária importância à compreensão do fenômeno e, com exemplos numéricos, procuro sensibilizar sua compreensão quantitativa.

Sendo um livro de primeiro degrau, indico no fim do trabalho uma lista de livros para aperfeiçoamento do estudante. Quanto à importância do tema "Resistência dos Materiais", dizia um velho professor de minha escola de engenharia, a sacrossanta Escola Politécnica da Universidade de São Paulo:

"Se eu tivesse que reduzir ao máximo o número de matérias obrigatórias do ensino de engenharia, sobrariam só duas matérias: Resistência dos Materiais e Custos".

Frases que norteiam a produção de livros escritos por MHC Botelho:

"A jornada de mil passos começa com o primeiro passo..."

"Caminhante. Temos um aviso. Não há caminhos. Os caminhos se abrem ao caminhar..."

Creio que qualquer assunto da engenharia pode ser explicado, de maneira simples e compreensível para todos. Inspiro-me nas palavras do poeta João Cabral de Melo Neto:

> *O Engenheiro*
> *o lápis, o esquadro, o papel;*
> *o desenho, o projeto, o número;*
> *o engenheiro pensa o mundo justo,*
> *mundo que nenhum véu encobre...*

Caro leitor, espero que este livro o ajude.

MHC Botelho
Praia do Perequê-Açu, Ubatuba, SP

Conteúdo

1 O que é a Resistência dos Materiais

Para poder transformar a Natureza, o homem precisa de ferramentas e tecnologia. Para criar tecnologia, precisa de teorias que correspondam à sistematização de conhecimentos e à descoberta de leis naturais que orientam seu trabalho. Depois de criar uma série de teorias, algumas das quais superam e substituem outras, o homem procura sistematizá-las dando-lhe nomes, delimitando suas validades e estabelecendo um grau de hierarquia entre elas.

Do estudo das estruturas (casas, pontes, arco e flecha, veículos etc.) surge a Resistência dos Materiais. Vamos a ela.

Vamos supor que se pretenda transportar uma peça de grande peso sobre uma estrutura de suporte (prancha) que, por sua vez, se assenta sobre dois apoios, A e B.

A estrutura receberá essa carga e sofrerá, com isso, uma série de esforços, deformando-se. A Resistência dos Materiais determinará tais esforços e a lei da deformação dessa viga. Conhecendo o material com que se construiu a estrutura-suporte, saberemos:

- se com o material usado no suporte e em face de suas dimensões – por exemplo, a espessura –, a estrutura ou resiste à solicitação ou se rompe;
- as deformações que ocorrerão.

Em essência, estudar isso é estudar a Resistência dos Materiais (RM).

Atribui-se a Galileu Galilei o primeiro estudo sistemático de RM. Antes dele a arte de construir era ensinada oralmente pelos mestres aos discípulos, pelo método de repetição da experiência.(*)

1.1 Objetivo do estudo da Resistência dos Materiais

A Resistência dos Materiais, *nos limites deste livro*, procurará estudar:

1. Estruturas que possam ser associadas à barras de eixo retilíneo;
2. Estruturas que obedeçam a uma lei, segundo a qual, se uma barra for submetida a uma carga q, ela se deformará de x, e se a carga for $2q$ a deformação deverá ser $2x$. A importância dessa lei – chamada Lei de Hooke – será mostrada ao longo do livro.
3. Situações de pequenas deformações.
4. Estruturas em que as cargas são estáticas e não dinâmicas.

Estruturas que não obedeçam a qualquer uma dessas quatro condições (placas, por exemplo) deverão ser estudadas por outras teorias estruturais, como a da Resistência dos Materiais avançada, e a Teoria da Elasticidade, que é muito útil em estruturas de mais de uma dimensão.

A Resistência dos Materiais estudada neste livro fornecerá os fundamentos para a compreensão e o estudo das seguintes estruturas:

- do dia a dia;
- da natureza;
- de pedra, de taipa e de alvenaria;
- de madeira;
- de aço, de alumínio etc.;
- de concreto simples e armado;
- de equipamentos;
- outras.

Nota sobre o sistema de unidades:

Optou-se por usar neste livro a expressão *kgf* como unidade de peso, em vez da unidade Newton. Deve-se isso a uma maior familiaridade do autor com a unidade clássica. Cremos que a maioria dos leitores também prefere essa opção.

Vale a transformação prática:

$$10 \text{ N} \cong 1 \text{ kgf} = \text{aproximadamente}$$
$$10 \text{ kgf/cm}^2 = 1 \text{ MPa}$$
$$\text{M} = \text{mega} = 10^6$$

(*) *Nota surpreendente*: as pirâmides do Egito foram construídas mais de 3.000 anos antes de Galileu, pois foram construídas ao redor dos anos 2.000 a.C.

2 O equilíbrio das estruturas e as estruturas que não devem estar em equilíbrio

Uma estrutura ou está em equilíbrio ou em movimento. Nós estudaremos principalmente as estruturas em equilíbrio, ou seja, as que estão estáticas, melhor dizendo em "equilíbrio estático".

Para que uma estrutura esteja em equilíbrio estático, deve obedecer às seguintes leis da estática:

$$\sum F_H = 0 \qquad \sum F_V = 0$$
$$\sum M_T = 0 \qquad \sum M_F = 0$$

em que:

Σ = Somatória
F_H = Força horizontal
F_V = Força vertical
M_T = Momento de torção
M_F = Momento de flexão

São as quatro famosas condições dos esforços externos

Sejam as seguintes estruturas e vejamos as suas condições de equilíbrio:

Uma pessoa está apoiada no chão. Se o chão puder reagir com uma reação igual ao peso, a pessoa estará em equilíbrio. Se o chão for um charco, um lodaçal, o chão não reagirá ao peso e a pessoa afundará.

Temos agora uma pessoa puxando um fio. Tudo estará em equilíbrio se a amarração do fio na parede e o próprio fio puderem reagir com uma força F igual e contrária à ação.

Uma pessoa empurra para baixo um trampolim. Seguramente, o trampolim se deformará, mas estará em equilíbrio se o engaste trampolim-estrutura puder reagir à força e ao momento de flexão $F \times L$ criado.

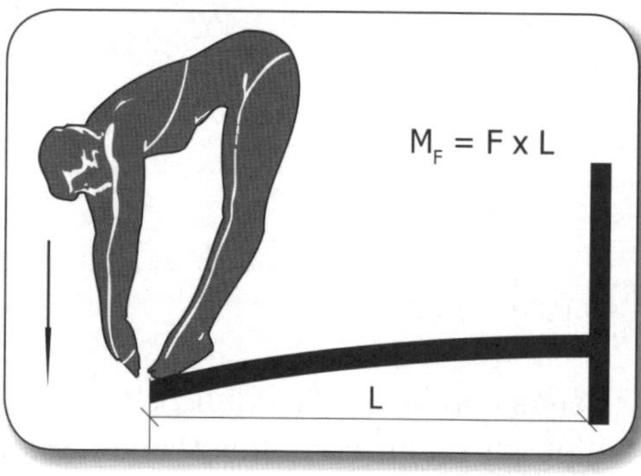

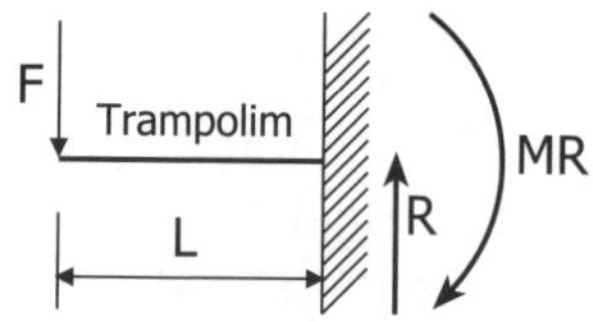

$$M + M_R = 0$$
$$M_R = F \times L$$
$$M_R = -M = -F \times L$$
$$R = F$$

Temos agora um parafuso preso numa madeira e, com uma ferramenta apoiada nessa madeira, tentamos torcê-lo. Se o momento de torção que causamos for suficiente, o parafuso girará. Se for reduzido, então as resistências de atrito serão suficientes para reagir com um momento torsor reativo igual e de sentido contrário; desse modo, o parafuso fica em equilíbrio e não gira.

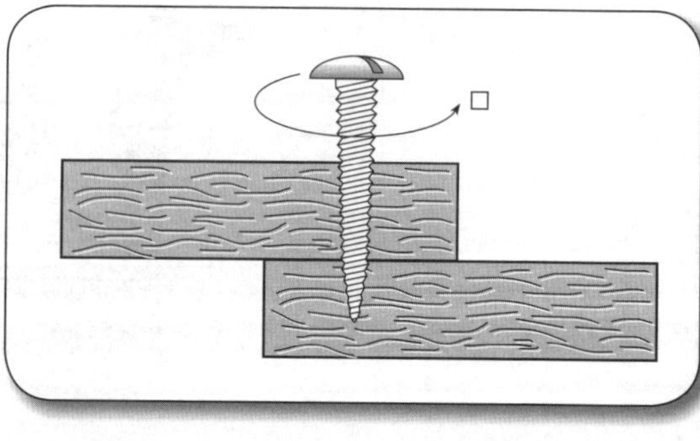

Notas:

1. Até agora vimos estruturas que procuraram o equilíbrio. Há estruturas que procuram, dentro de critérios, o não equilíbrio. Bicicletas, patins, pranchas de *windsurf*, carros, esteiras transportadoras e rodas-gigantes são exemplos disso.
2. Note que se obtêm as condições de equilíbrio com ações e reações externas ao corpo. Nada falamos dos esforços que essas forças e momentos externos causam nos corpos. Não mencionamos, por exemplo, que no caso da pessoa puxando uma corda isso também só será possível se a corda aguentar. A existência de ações externas, mesmo que equilibradas com reações também externas, gera esforços internos que serão resistidos, ou não, pela constituição do corpo.
3. Não confunda equilíbrio com deformações. Um coqueiro que se dobra ante o efeito de um vento está em equilíbrio enquanto não sair do local. Uma estrutura em equilíbrio pode ter enormes deformações, como o caso da árvore ou de um trampolim que se verga ao peso e ao impulso dinâmico de um banhista.

2.1 Exemplos

Uma prancha de *windsurf* desloca-se horizontalmente ao sabor do vento por não ter vínculo que se oponha a isso.

A prancha de *windsurf* não está em equilíbrio horizontal.

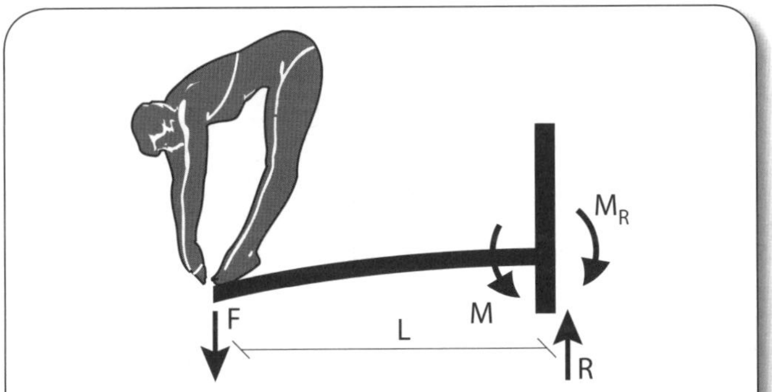

Estrutura (trampolim) em equilíbrio com deformações.

2.1.1 Exemplos numéricos de condições de equilíbrio

Exemplo 1

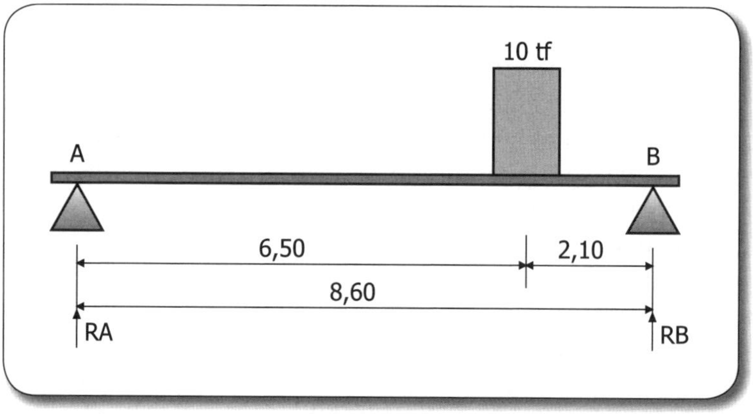

Viga com dois apoios e uma carga concentrada.

$R_A + R_B = 10$ tf = 10.000 kgf

$\Sigma M_A = 0$(*)

$R_B \times 8{,}6 - 10 \times 6{,}5 = 0$

$R_B = 7{,}6$ tf

$R_A = 10 - R_B = 2{,}4$ tf

Nota:

Se a carga de 10 tf estivesse aplicada no apoio B então:

$R_A = 0$ tf e $R_B = 10$ tf

Exemplo 2

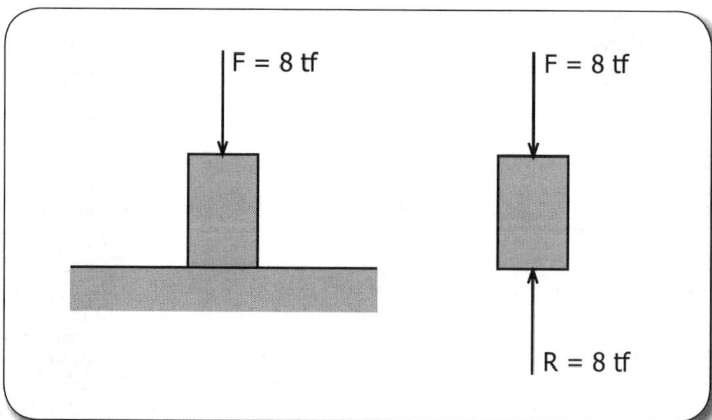

Corpo sendo comprimido

(*) Num corpo em equilíbrio, a somatória de todos os momentos causados por todas as forças tem que dar zero.

Exemplo 3

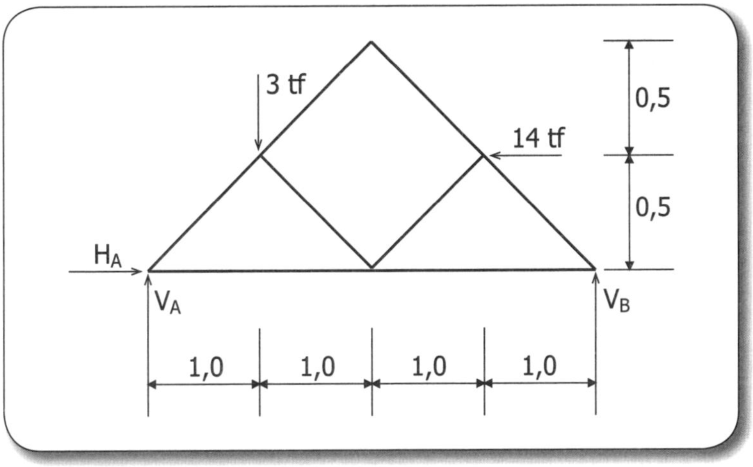

Treliça: estrutura em que as cargas aplicam-se nos nós.

$$\sum F_V = 0$$
$$V_A + V_B - 3 = 0$$
$$\sum M_A = 0$$
$$4V_B + 14 \times 0{,}5 - 3 \times 1 = 0$$
$$V_B = \frac{3-7}{4} = -1 \text{ tf}$$
$$V_A = 3 + 1 = 4 \text{ tf}$$
$$\sum F_H = 0$$
$$H_A = 14 \text{ tf}$$

como V_B é negativo, essa estrutura está sendo arrancada em B.

Exemplo 4

Seja uma viga engastada em uma parede:

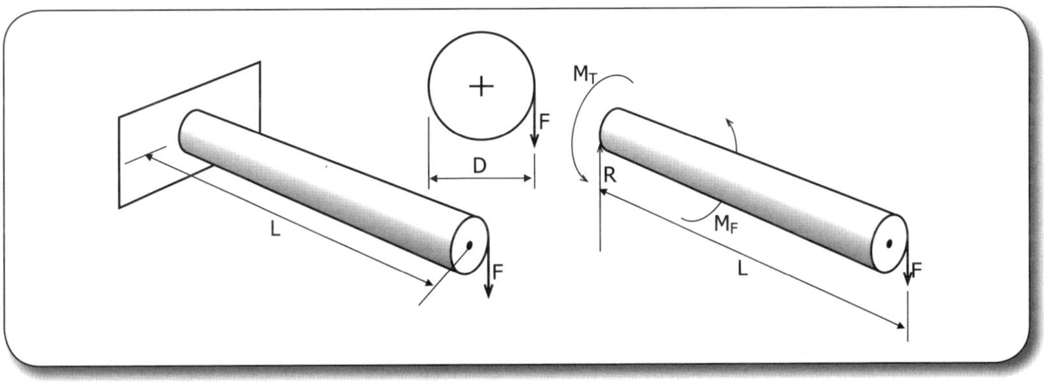

M_F = Momento fletor
M_T = Momento de torção
M_T, M_F e R no apoio A, são as reações que equilibram a força F distante de L do apoio e $D/2$ do eixo da viga.
Σ = somatória

$$\sum F_H = 0 \qquad R + F = 0 \qquad R = -F$$

$$\sum M_T = 0 \qquad M_T = F \times \frac{D}{2}$$

$$\sum M_F = 0 \qquad M_A = F \cdot L$$

2.1.2 Intervalo didático

a) Usaremos as quatro famosas equações nas estruturas espaciais (não contidas em um plano).

Condição de equilíbrio

$$\sum F_H = 0 \qquad \sum F_V = 0$$
$$\sum M_T = 0 \qquad \sum M_F = 0$$

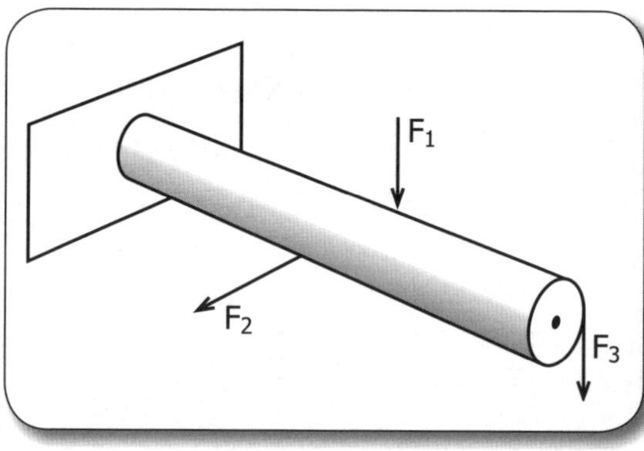

b) Usaremos as três famosas equações nas estruturas que estejam contidas no plano.

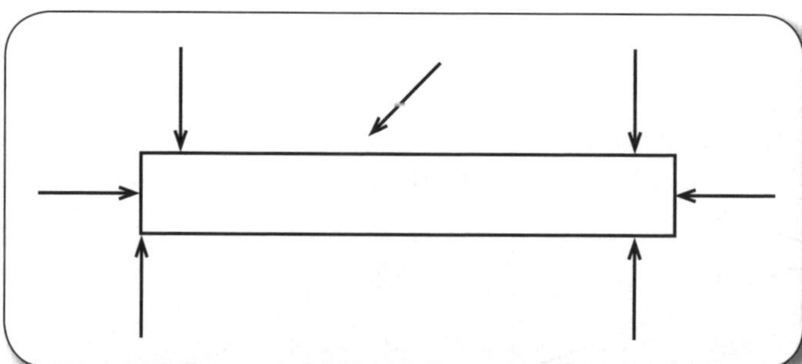

Condição de equilíbrio $\sum F_H = 0$ $\sum F_V = 0$ $\sum M_F = 0$

c) Usaremos uma ou duas famosas equações de equilíbrio em situações específicas.

$$\sum F_H = 0 \qquad \sum F_V = 0$$
$$R_1 = F_1 + F_2 \cdot \text{sen}\ \alpha$$
$$R_2 = F_2 \cdot \cos\alpha$$

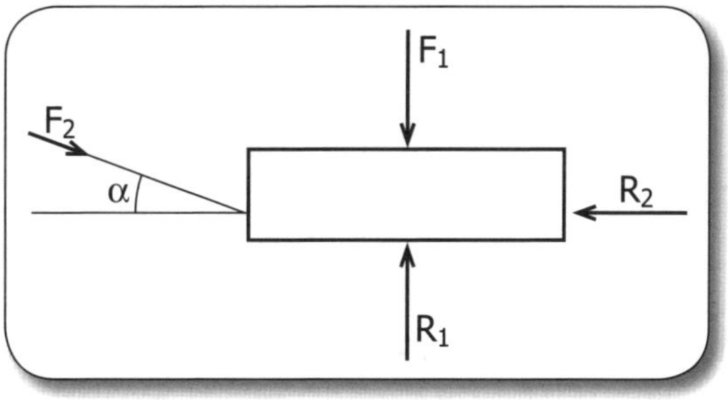

$$\sum F_V = 0$$
$$F - P = 0$$
$$F = P$$

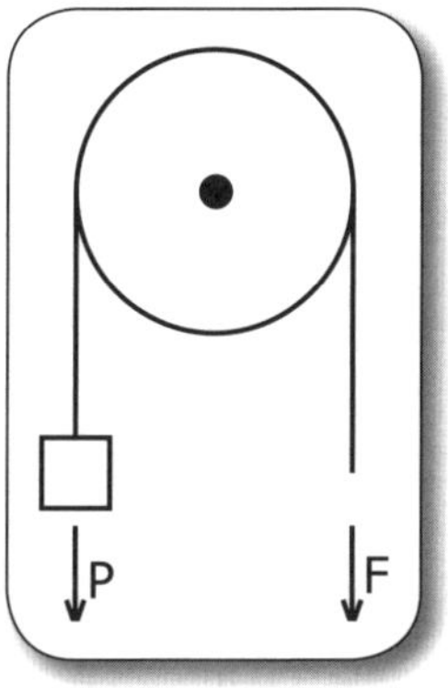

2.2 Reconhecendo as estruturas do dia a dia

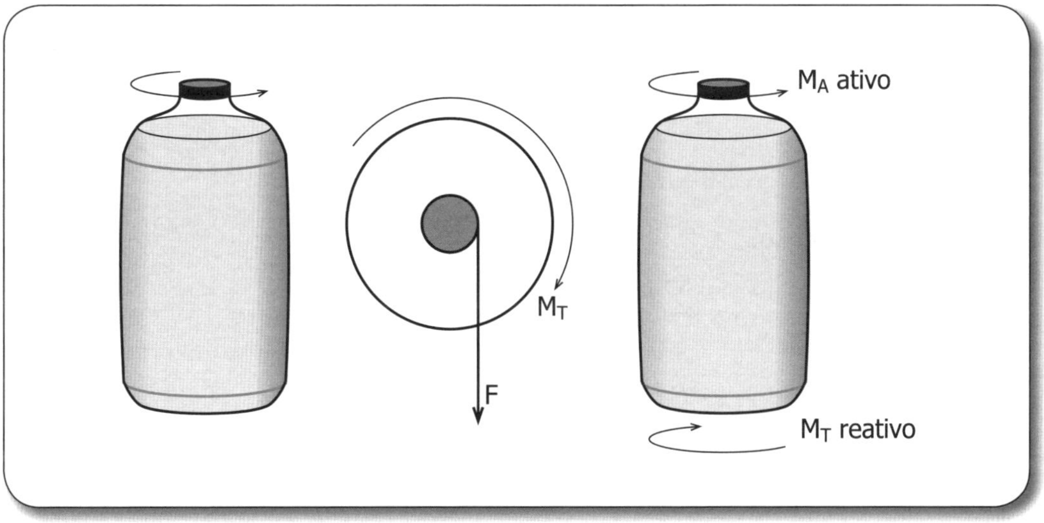

Tente o caro leitor abrir uma garrafa de refrigerante (com rosca interna) com uma só mão em cima de um piso liso.

Você não vai conseguir por falta de apoio e reação; os efeitos do seu esforço serão nulos. Agora, segure a base da garrafa com uma mão e gire a tampa com a outra. A tampa girará. Você sentirá então que foram criados dois momentos de torção, um negativo e outro positivo. A sua mão sobre a tampa gerará um momento de torção sobre a estrutura que não girará, pois seria uma perda do equilíbrio, devido ao momento torsor reativo criado pela outra mão.

Vamos agora fazer alguns exercícios para fixar os conceitos.

2.3 Exercícios numéricos

Exercício 1

Determine as reações na viga:

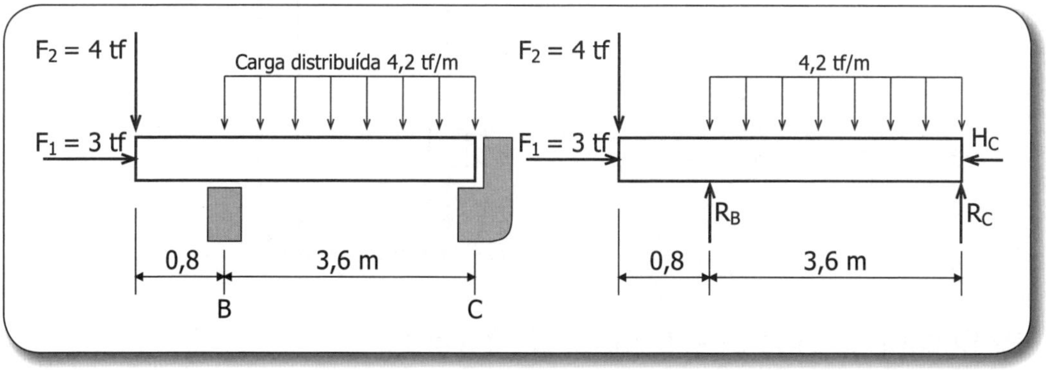

Primeira condição:

$$\sum F_H = 0$$
$$F_1 - H_C = 0 \qquad \rightarrow \qquad H_C = 3 \text{ tf}$$
$$3 - H_C = 0$$

Segunda condição:

$$\sum F_V = 0$$
$$4 \text{ tf} + 4{,}2 \times 3{,}6 - R_B - R_C = 0$$
$$R_B + R_C = 19{,}12 \text{ tf}$$

Terceira condição:

$$\sum M_F = 0$$

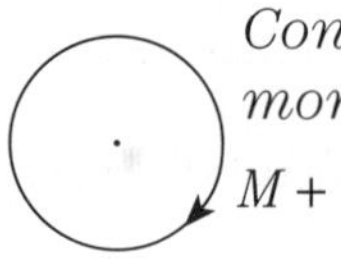

Convenção do sinal do momento fletor

Vamos aplicar esta condição para o ponto C. Substituiremos a carga distribuída pela sua resultante de intensidade 4,2 × 3,6 e situada no ponto médio entre B e C.

Para o ponto C:

$$-4(0,8+3,6)+R_B\cdot 3,6-4,2\times 3,6\times\frac{3,6}{2}=0$$

$$R_B=12,5\ \text{tf}$$

$$R_B+R_C=19,12\ \text{tf}$$

$$R_C=19,2-12,5=6,7\ \text{tf}$$

$$R_C=6,7\ \text{tf}$$

Estão definidas as reações na viga. Note que pusemos no apoio C as reações compatíveis com o apoio, que é uma articulação, portanto, as reações são forças.

Exercício 2

Determine as reações da viga a seguir: só há apoio em D e é um engastamento (encaixe).

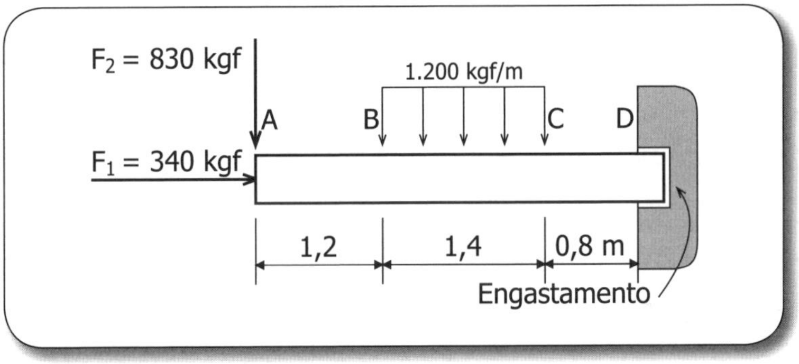

Valem as três famosas condições:

1 $\Sigma F_H = 0$
2 $\Sigma F_V = 0$
3 $\Sigma\ M = 0$ (momento fletor)

O ponto D estará em equilíbrio se o momento fletor causado pelas forças externas for igual ao momento fletor reativo M_D. Logo:

$$M_D=830(1,2+1,4+0,8)+1.200(1,4)\left(\frac{1,4}{2}+0,8\right)$$

$$M_D=2.822+2.520=5.342\ \text{kgfm}$$

$$M_D=5.342\ \text{kgfm}$$

As forças externas causaram no encaixe um momento fletor externo de 5.342 kgfm, e o encaixe reage com um momento fletor contrário do mesmo valor numérico.

Exercício 3

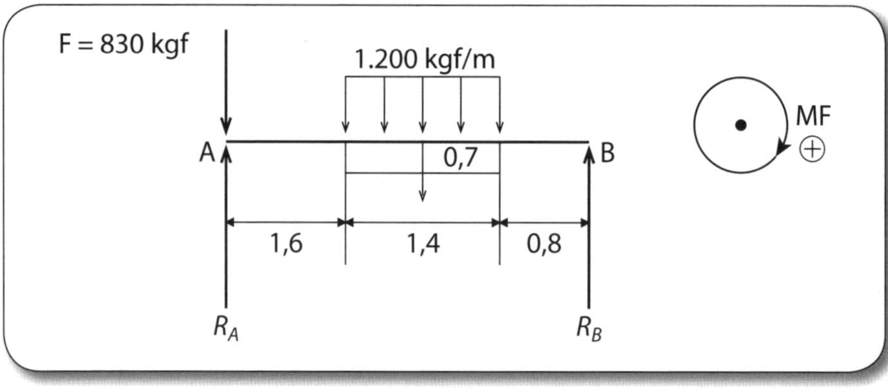

Vamos inicialmente esquecer F = 830 kgf, pois ele atua no apoio A e portanto não influencia a viga AB.

1ª condição – soma das forças horizontais igual à zero. Não há forças horizontais.

2ª condição – soma das forças verticais igual à zero.

$$R_A = R_B - 1.200 \times 1,4 = 0$$

$$R_A + R_B = 1.680 \text{ kgf}$$

3ª condição – soma dos momentos fletores igual à zero. Seja para o ponto B

$$R_A \cdot 3,8 - 1.200 \times 1,4 \times 1,5 = 0$$

$$R_A = 663 \text{ kgf}$$

Como $R_A + R_B = 1.680$ kgf

$$R_B = 1.680 - 663 = 1.493 \text{ kgf}$$

Levando em conta também a carga de 830 kgf atuando no apoio A ela não transmite esforço para a viga e para a reação R_B. É uma força só atuante em A.

Então

$$R_A \text{ (total)} = 1.493 + 830 = 2.323 \text{ kgf}$$

Notas didáticas:

a) No exercício 2, para que a peça não gire (ela está impedida de girar pelo encaixe-engastamento), o apoio engastado possibilita essa tendência de não girar causada pelas forças externas. Logo, há momento fletor externo em *D*. Como veremos ao longo deste livro, mesmo não havendo momentos fletores externos, há em cada seção da viga momentos fletores internos à direita e à esquerda de cada ponto, momentos fletores positivos e negativos e de mesmo módulo que equilibram a seção. Além de equilibrarem a seção, esses momentos fletores causam tensões na viga, as quais a viga terá que suportar. Chegaremos lá.

b) Quando projetamos e usamos estruturas que se movimentam – portas, eixos de motores, esteiras rolantes, navios –, esse movimento atende a determinadas restrições. Por exemplo, uma porta deve se movimentar (girar) em torno de um eixo. Um automóvel deve se deslocar em várias direções e sentidos. As estruturas feitas pelo homem, portanto, devem estar ou em *equilíbrio estático* (como as construções fixas da construção civil) ou em *equilíbrio dinâmico* (como as construções mecânicas).
Um caso muito curioso é a bicicleta. Ela só adquire equilíbrio dinâmico de não tombar quando está em movimento (não equilíbrio no sentido horizontal). Basta retornar ao equilíbrio no sentido horizontal para que ela entre em desequilíbrio e tombe.

Nota: diferença entre os fenômenos elásticos e a Teoria da Elasticidade

Quando aplicamos uma força a um corpo, ele se deforma. Se, ao retirarmos a força, esse corpo voltar ao formato inicial, o fenômeno se explica pela chamada situação elástica. Se, ao retirar a força, alguma deformação continua, essa é uma situação chamada plástica.

Existe uma teoria avançada em relação à teoria da Resistência dos Materiais que se chama teoria da elasticidade. Essa teoria estuda fenômenos na condição elástica , assim como a Resistência dos Materiais também o faz, mas de forma bem mais simplificada.

Espaço reservado para suas anotações

3 Os tipos de esforços nas estruturas

Devido aos esforços ativos e reativos, determinada estrutura está em equilíbrio, ou seja, não se movimenta. Apesar de a estrutura estar em equilíbrio, ela poderá até se romper se os efeitos dos esforços ativos e reativos levarem à sua desintegração material.

A desintegração da estrutura ocorrerá se algumas partes constituintes da estrutura sofrerem valores extremos em face de:

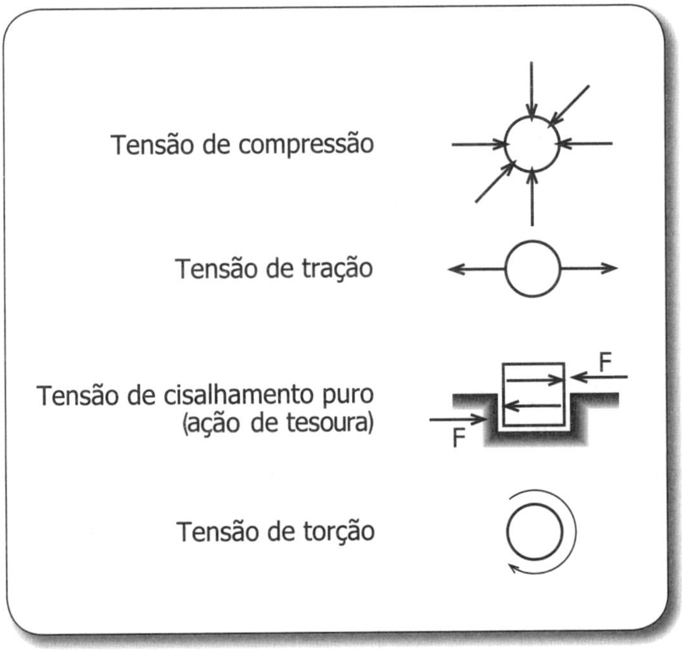

Para chegarmos às tensões que levam, ou não, ao colapso das estruturas, tem que haver um efeito intermediário, causado pelos esforços ativos e reativos. Esses esforços internos solicitantes gerarão, no final, tensões de tração, compressão, cisalhamento e torção.

3.1 Esforços internos solicitantes

a) Forças normais de tração e compressão a uma seção.

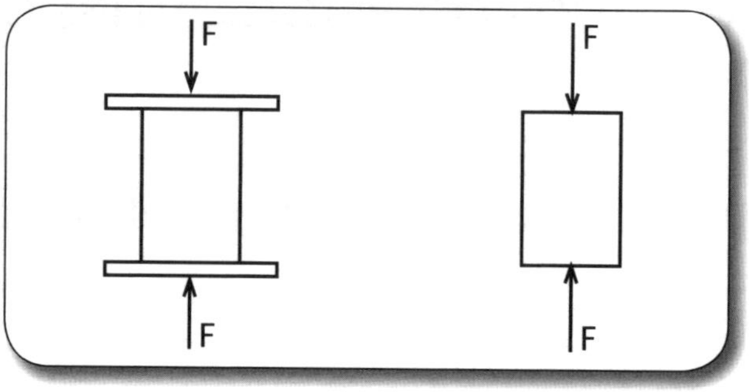

b) Força tangencial a uma seção.

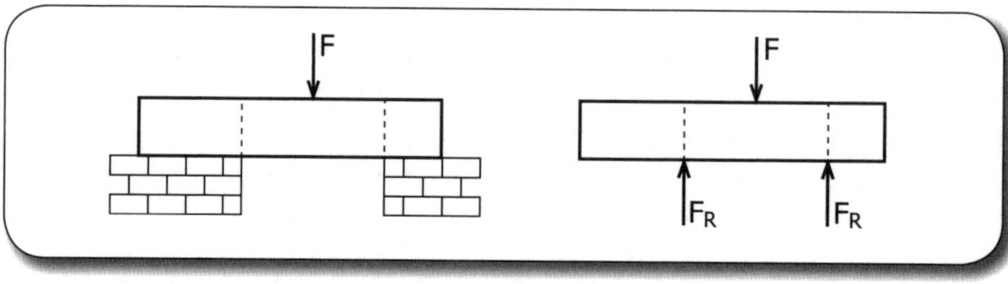

c) Momento fletor: as forças atuam no plano que contém o eixo de uma barra que vence um vão (viga).

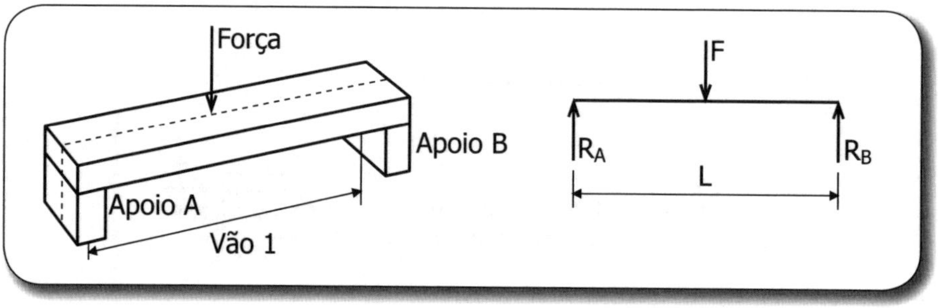

d) Momento torsor: o momento está contido num plano ortogonal ao eixo da peça. Essa viga sofre flexão (dobramento) e torção. A viga é torcida.

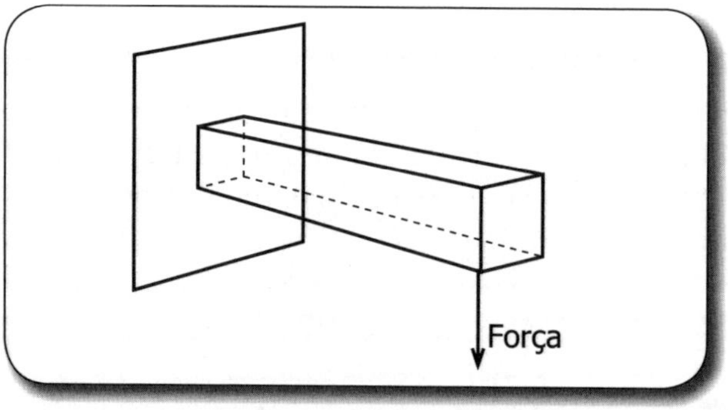

Os esforços internos solicitantes, gerados pelos esforços externos ativos e reativos, causarão no final a seguinte estrutura:

- tensão (pressão) de compressão;
- tensão (pressão) de tração;
- tensão (pressão) de cisalhamento (deslizamento);
- tensão (pressão) de torção.

O quadro a seguir mostra esses conceitos:

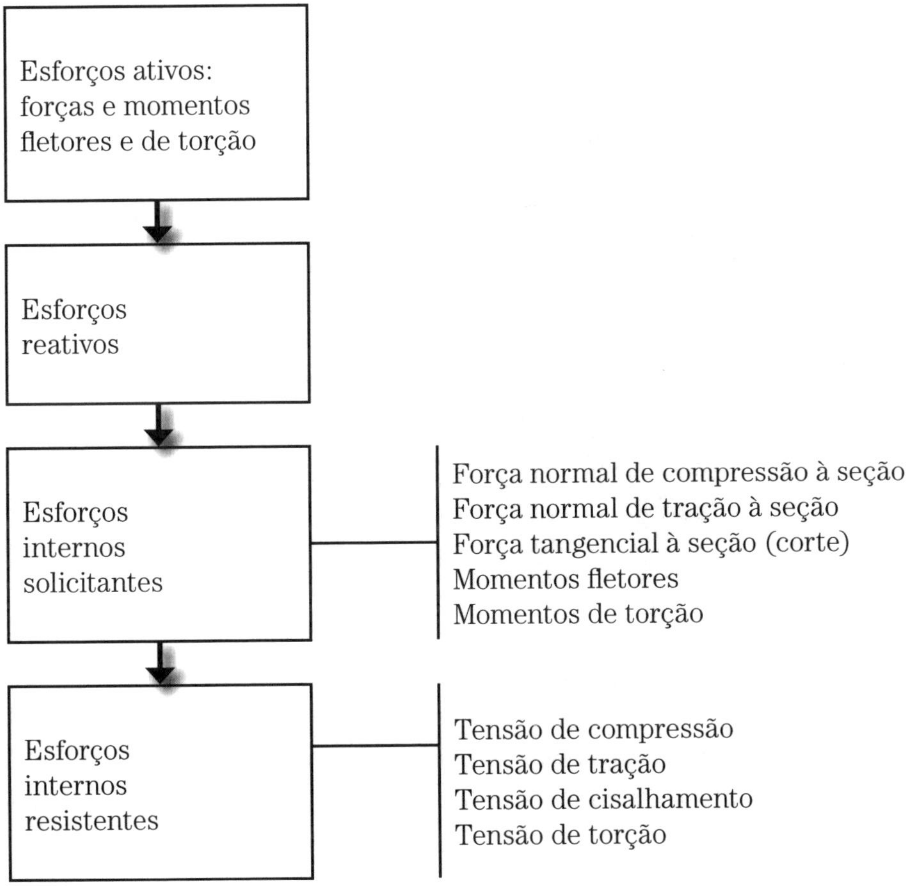

Conhecidas as tensões, pode-se usar os "Critérios de Resistência" para estimar como a estrutura se comportará (veja anexo 2, neste livro.)

3.2 Exemplos de como os esforços solicitantes e resistentes atuam em estruturas

- Partenon: em cada coluna há forças normais e tensão de compressão.

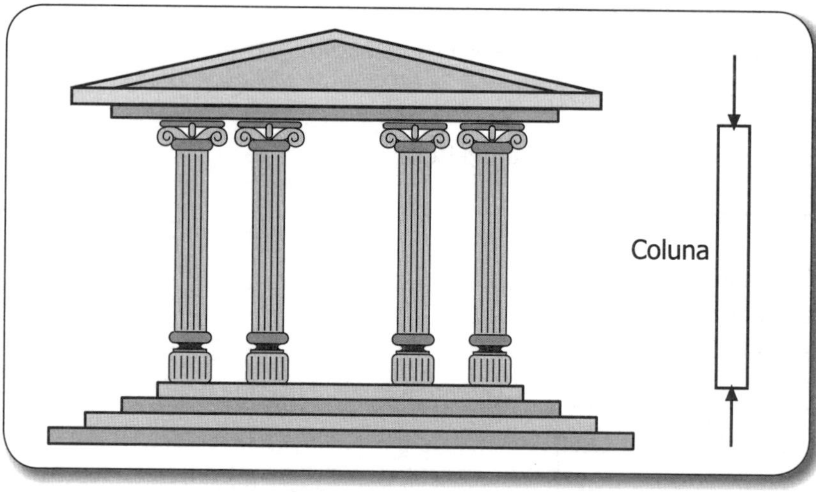

- Mulher no trampolim: há momento fletor no trampolim.

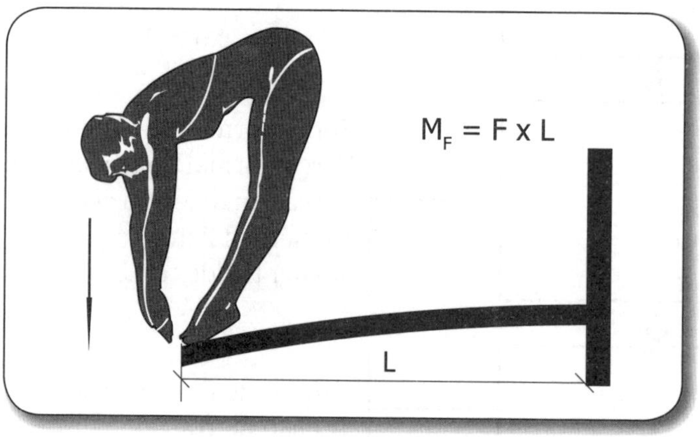

- Bexiga inflada: há forças normais à seção gerando tensões de tração no material da bexiga.

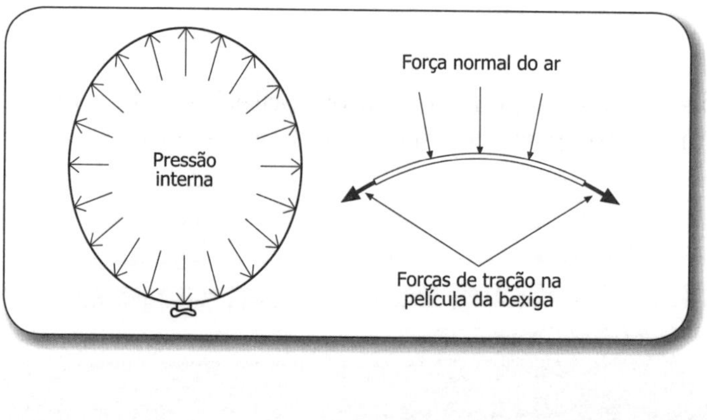

- Tubo enterrado, de esgoto, sem pressão interna: há forças normais do solo a cada ponto do tubo gerando tensões de compressão.

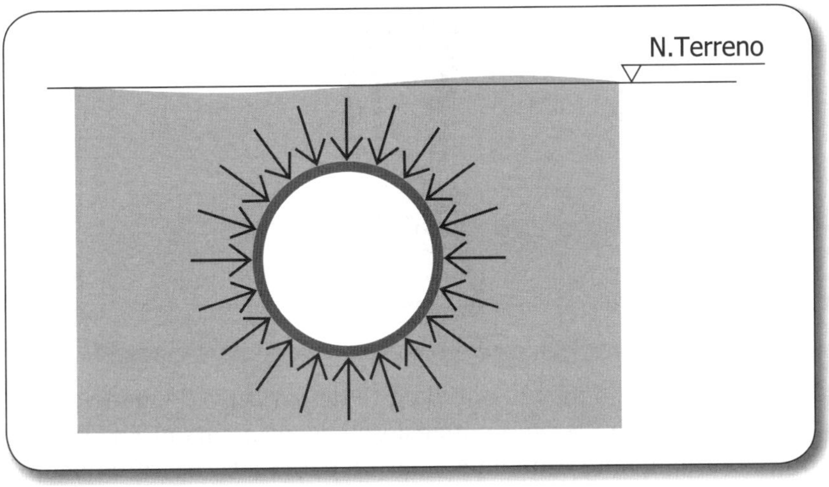

- Estrutura de madeira: a força F gerará força normal e tangencial e haverá tensões de compressão e de cisalhamento no trecho AB.

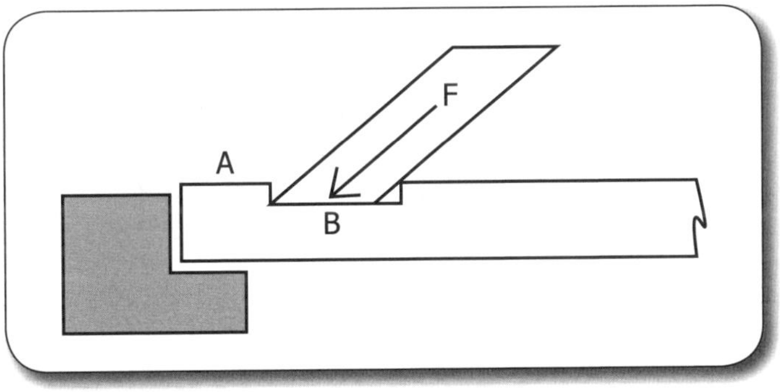

- Viga de ponte rolante: haverá momentos fletores internos na viga.

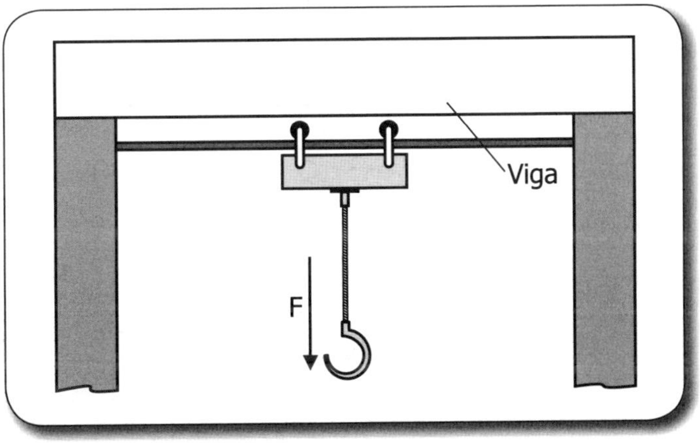

- O liquidificador: o eixo girando cria torção nele próprio. A torção será maior se houver mais material a ser misturado.

- Parafuso de madeira: o movimento de giro do parafuso de madeira é dificultado pela coesão da madeira gerando um esforço de cisalhamento no parafuso. Como o parafuso normalmente é metálico, “não dá para sentir o cisalhamento”. Se usássemos parafuso de plástico, visivelmente ele sofreria o desgaste do cisalhamento.

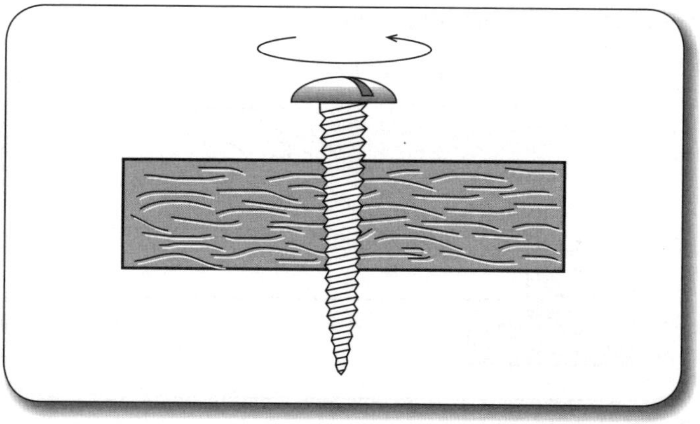

- Mola helicoidal: a força F é tangencial ao plano da seção normal da mola. Essa força causa torção na mola devido ao braço de alavanca e a força F.

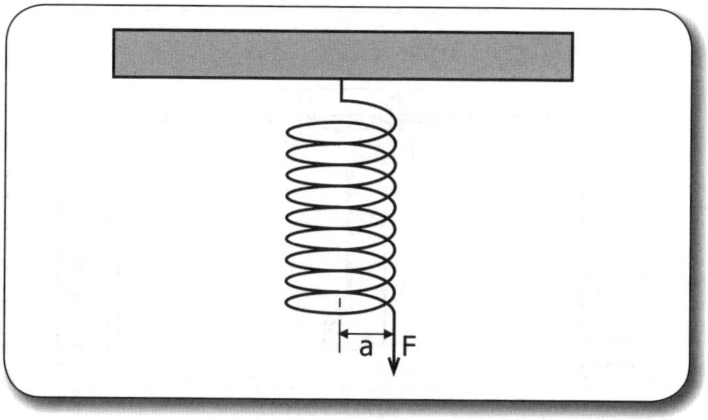

- Deslizamento de terreno: a cunha indicada no terreno só ficará estável se a coesão interna do terreno resistir à tensão do cisalhamcnto. Terrenos argilosos (barrentos) têm razoável coesão interna. Terrenos algo arenosos têm menos coesão interna. Suponha, como recurso didático, que queiramos fazer uma pilha de bolas de gude (bolas de vidro). A total falta de coesão entre as bolinhas impede por completo a existência de uma pilha que ficasse de pé. Há a necessidade de uma parede de contenção.

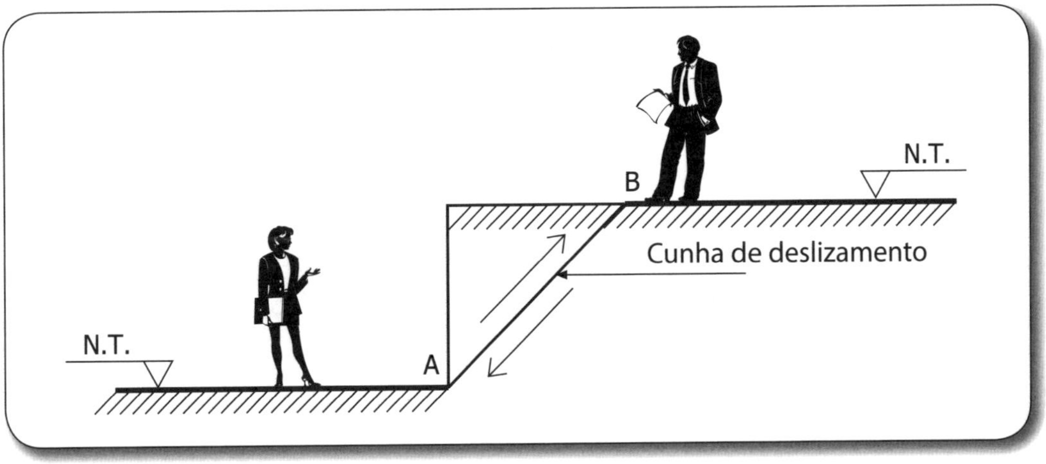

O trecho AB do solo sofre cisalhamento.

Espaço reservado para suas anotações

4 Tensões, coeficientes de segurança e tensões admissíveis

Imagine que temos de suspender uma peça industrial de 7,55 tf por um cabo de aço, cuja resistência média de ruptura à tração é de 1.490 kgf/cm^2. Vamos verificar a espessura necessária do cabo:

$$\boxed{\text{Fórmula geral: } \sigma = \frac{F}{S}}$$

$F = 7.550$ kgf $\qquad \sigma = 1.490$ kgf/cm^2 $\qquad S =$ área resistente

$$S = \frac{F}{\sigma} = \frac{7.550}{1.490} = 5,06 \text{ cm}^2$$

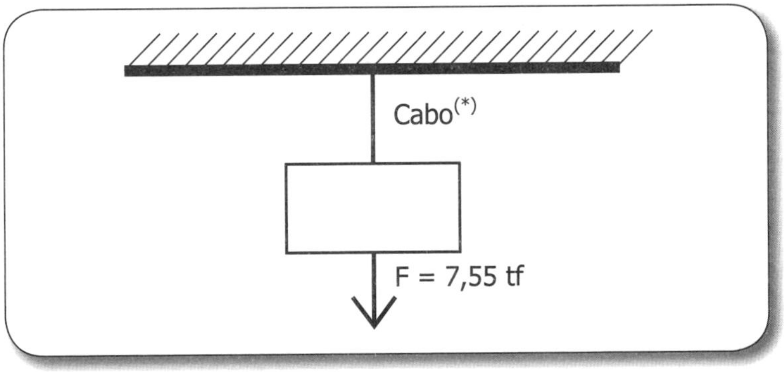

Vamos escolher o diâmetro do cabo que tenha essa área. Se adotarmos o diâmetro de 1" para o cabo, estaremos atendendo ao projeto, pois essa bitola de cabo tem área de 5,06 cm^2; todavia:

- com o tempo o cabo pode perder resistência, podendo desfiar;
- em alguns casos a resistência média do cabo pode variar de lote para lote e talvez tenhamos o azar de ter em estoque um mau lote;
- a carga a suspender pode ser algo maior que 7.550 kgf (erro de uso).

(*) O cabo é puxado para baixo pelo peso e para cima pela reação. O cabo está em equilíbrio, mas tem tensão de tração. O cabo resistirá à tensão de tração? Depende da força, da seção do cabo, do material do cabo etc.

Nasce intuitivamente a noção de coeficiente de segurança: dotar o sistema de uma capacidade adicional, que funciona como reserva estratégica e que não é para ser usada. Essa segurança se espelha em um número que pode ser considerado um acréscimo à carga de 7.550 kgf.

Admitindo que escolhemos o coeficiente de segurança k = 1,5, temos:

$$\sigma_{adm} = \frac{\sigma_{limite}}{k} = \frac{F}{k \cdot S}$$

$$S = \frac{1{,}5 \cdot F}{\sigma_{limite}} = \frac{1{,}5 \times 7.550}{1.490} = 7{,}60 \text{ cm}^{2(*)}$$

Logo escolheremos uma cordoalha não de 5,06 cm^2 e sim uma de 7,60 cm^2 de seção transversal.

Quando se aplica o coeficiente de segurança à resistência média (σ_{limite}), *tem-se a resistência (tensão) admissível.*(**)

Admitamos agora que vamos elaborar normas gerais de uso de materiais. Sabemos que existem materiais mais confiáveis, ou seja, que apresentam grande uniformidade de resistência, e outros materiais sem uniformidade de resistência. Tem-se como regra geral que produtos industrializados, sobre os quais se exerce controle de qualidade nas matérias-primas e na fabricação – é o caso de aços e alumínio – possuem maior confiabilidade que materiais naturais, como pedras ou madeiras. Intuitivamente, divide-se o conceito de coeficiente de segurança em dois coeficientes, um para as cargas e outro para os materiais, sendo que este último varia de material para material.

O dimensionamento da peça ficaria assim:

$$S = \frac{k_1 \cdot F}{\dfrac{\sigma_{limite}}{k_2}}$$

S = área resistente
F = força

Tendo dois coeficientes, podemos dar valores diferentes a cada um, conforme as características do uso.

Valores de k_1: podem variar de acordo com o uso. Para esforços bem conhecidos, como transportar exclusivamente peças prontas numa indústria, o valor de k_1 pode ser menor do que o valor utilizado para transportar cargas gerais de uma indústria.

Valores de k_2: sua variação se dá de acordo com a função do tipo de material, aço, madeira, concreto feito em obra ou concreto feito em usina.

(*) Assim σ_{limite} (resistência média) = 1.490 kgf/cm^2 e $\sigma_{ad} = \frac{\sigma_{limite}}{R_1} = \frac{1.490}{1{,}5} = 993$ kgf/cm^2

(**) Logo a tensão admissível é sempre menor que a resistência média.

No mundo do concreto armado, os coeficientes são:

forças, $k_1 = 1{,}4$;
materiais, $k_2 = 1{,}4$ para concreto e 1,15 para aço.

4.1 Coeficientes de segurança na tecnologia mecânica

Dados de um catálogo de um fabricante de correntes.

Corrente de aço			
d (mm)	carga de trabalho kgf(1)	carga de teste kgf(2)	carga de ruptura kgf(3)
10	3.125	8.000	12.500
18	10.000	25.000	40.000

(1)Por experiência do fabricante e atendendo às normas, é fixada a carga de trabalho (carga limite de uso). (2)Todas as peças são verificadas em teste com essa carga. (3)Pequena parte da produção é verificada em teste que leva até a ruptura.(*)

Uma razão possível para a utilização de grandes coeficientes de segurança, como 4 (quatro), é o fato de, no teste, a prova ser estática e de, no uso diário, existirem forças dinâmicas que aumentam momentaneamente as tensões.

Para uma visão inicial dos valores aproximados das tensões admissíveis dos vários materiais, vejamos a tabela a seguir:

materiais	**Tensões admissíveis**		
	tração kgf/cm^2 $\bar{\sigma}_t$	compressão kgf/cm^2 $\bar{\sigma}_c$	cisalhamento kgf/cm^2 (**) $\bar{\tau}$
aço	1.500	1.500	800
ferro fundido	300	900	300
concreto	25	250	5
madeira	60	80	10
granito	20	200	—

(*) Testes que levam até a ruptura do material em estudo, são chamados de testes destrutivos. Quando não se destrói a peça (p.ex. exame visual), são chamados de testes não destrutivos.
(**) Ocorre cisalhamento no fenômeno corte, caso de facas e tesouras.

Relembrando:

$$\text{Tensão admissível} = \frac{\text{resistência média}}{k}, \text{ com } k > 1,0$$

Notas didáticas:

1. Outras áreas de tecnologia fazem uso de formas numéricas diversas para exprimir o coeficiente de segurança.
2. Em certas áreas de engenharia industrial, usa-se por vezes a expressão "folga de 80%" em relação à carga máxima prevista de trabalho.

Nota crítica:

São usuais no meio técnico expressões como carga útil, carga acidental, carga de serviço, carga nominal, carga de utilização e carga limite. A proliferação desses termos, entretanto, sem definição explícita, pode levar a confusões os que se iniciam no setor.

4.2 Primeiros dimensionamentos

Determinados os esforços, conhecidos os materiais e fixados os coeficientes de segurança, é possível dimensionar estruturas. A terminologia que empregamos é:

- *Dimensionamento*: dados os esforços e as tensões limites e os coeficientes de segurança, determinam-se as dimensões das estruturas. É o caso típico de projeto de novas estruturas;
- *Verificação*: dada uma estrutura, conhecido seu material e fixados os coeficientes de segurança, verifica-se o máximo esforço que a estrutura suporta. É o caso, por exemplo, de identificar a carga máxima que uma corrente pode suportar. A ação de verificação é o inverso da ação de dimensionamento.

4.3 Exercícios numéricos

Exercício 1(*)

Uma peça que pesa 123.000 kgf apoia-se sobre quatro peças de aço de baixa altura, como indicado no desenho a seguir. Identifique as dimensões que a peça deve ter. Seção das peças de apoio a × 5a.

(*) A preocupação com a baixa altura dos apoios é para não nos preocuparmos com o terrível fenômeno da flambagem. Ver Capítulo 6 deste livro.

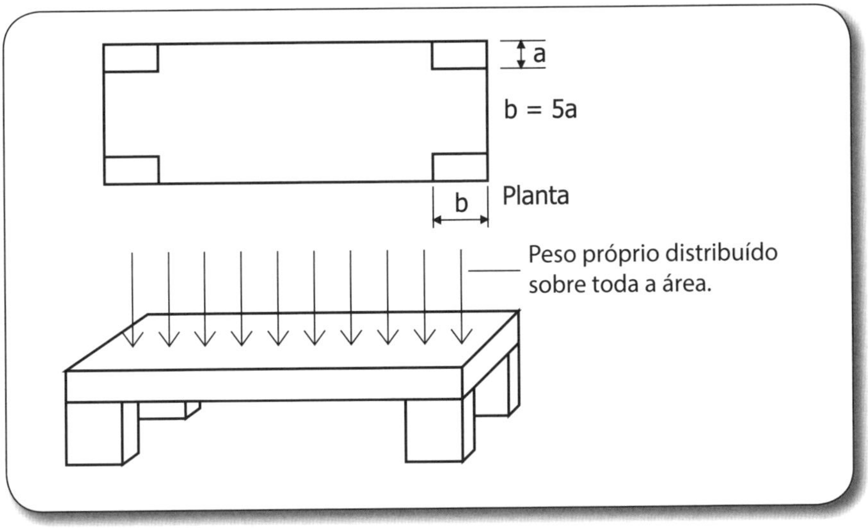

É um problema de dimensionamento à compressão.

$\bar{\sigma}_c$ = 1.000 kgf/cm^2 ⇒ Tensão admissível do aço (já incorpora o coeficiente de segurança)

$$\boxed{\text{Fórmula geral: } \bar{\sigma}_c = \frac{F}{S}}$$

$$S = \frac{F}{\bar{\sigma}_c} = \frac{123.000}{1.000} = 123 \text{ cm}^2$$

São quatro peças de apoio, portanto:

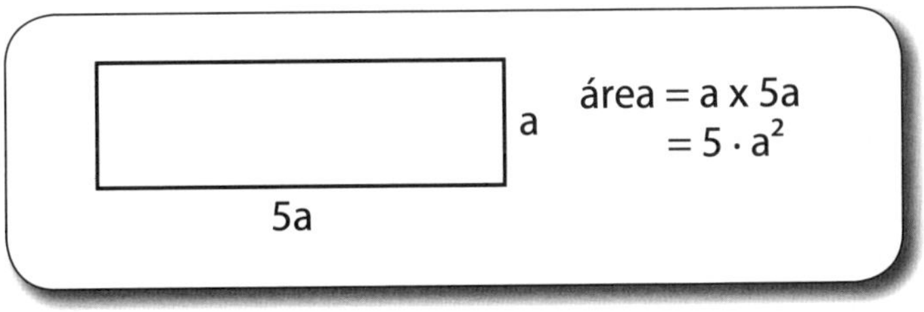

$$4(5 \cdot a^2) = 123 \text{ cm}^2$$

$$a = \sqrt{\frac{123}{20}} \cong 2{,}5 \text{ cm}$$

Logo, a peça de apoio deve ter as dimensões mínimas de 2,5 × (5 × 2,5) cm. O peso próprio da estrutura deve ser considerado nos cálculos quando seu valor for significativo, situação que não ocorre neste caso.

Exercício 2

Um peso de 8,7 tf deverá ser sustentado por quatro pinos curtos redondos, de ferro fundido, cravados em paredes. Dimensione esses pinos.

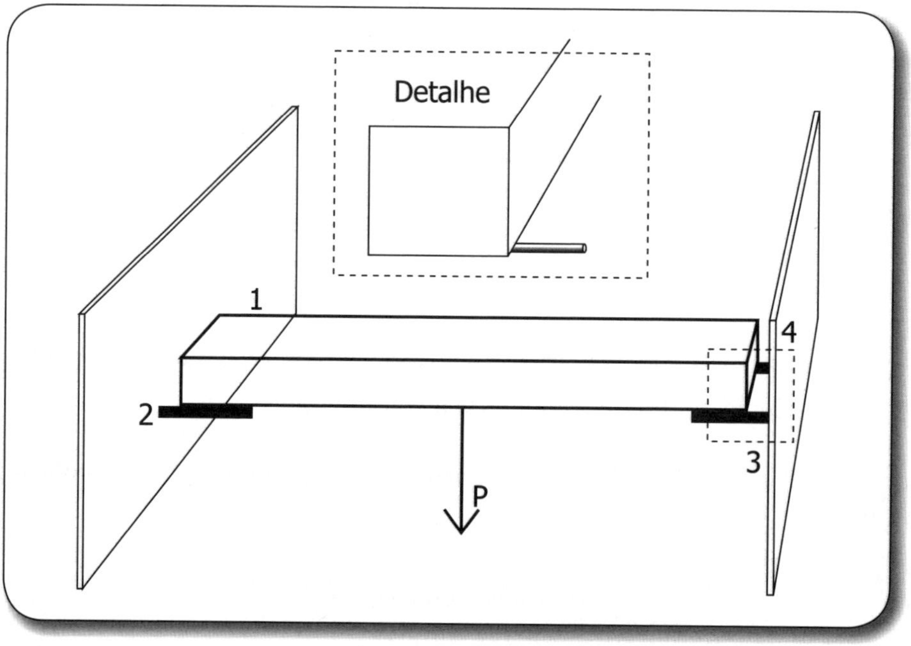

É um caso de dimensionamento ao corte, ou seja, haverá cisalhamento em cada pino.

$$F_{\text{por pino}} = \frac{8{,}7}{4} = 2{,}175 \text{ tf} = 2.175 \text{ kgf} \quad \text{(força por pino)}$$

$$\bar{\tau} = \frac{Q}{S} = 300 \text{ kgf/cm}^2 \quad \left(\begin{array}{l}\text{já incorpora o} \\ \text{coeficiente de segurança}\end{array}\right)$$

$$S = \frac{F}{\bar{\tau}} = \frac{2.175}{300} \cong 7{,}25 \text{ cm}^2$$

Cabe agora determinar o diâmetro do pino.

$$\frac{\pi \cdot D^2}{4} = 7{,}25 \text{ cm}^2$$

$$D \cong 3 \text{ cm}$$

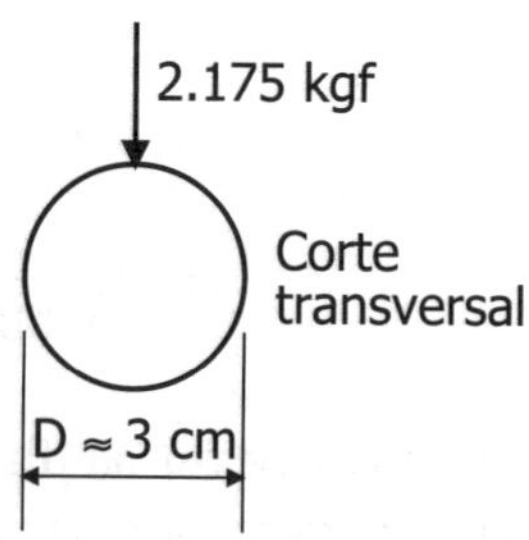

Exercício 3

Dado um cabo de aço de 1" de diâmetro e tensão admissível $\bar{\sigma}_t = 1.500$ kgf/cm^2, que pode transportar cargas com a configuração indicada, identifique o maior peso que essa estrutura de içamento pode sustentar.

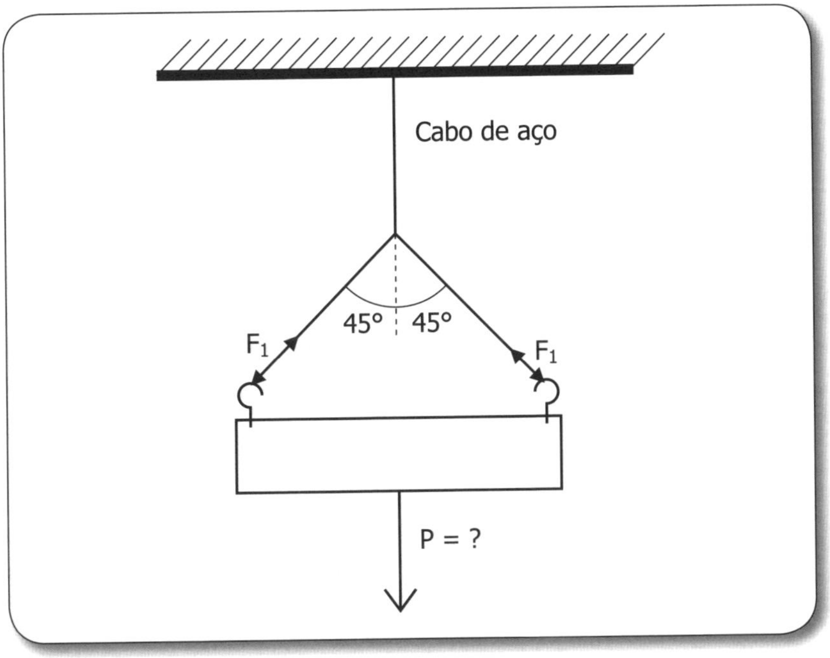

$$1'' = 2{,}54 \text{ cm}$$

$$S_1 = \frac{\pi \cdot D^2}{4} = \frac{\pi \cdot 2{,}54^2}{4} = 5{,}06 \text{ cm}^2$$

Observe o equilíbrio das cargas e dos cabos:

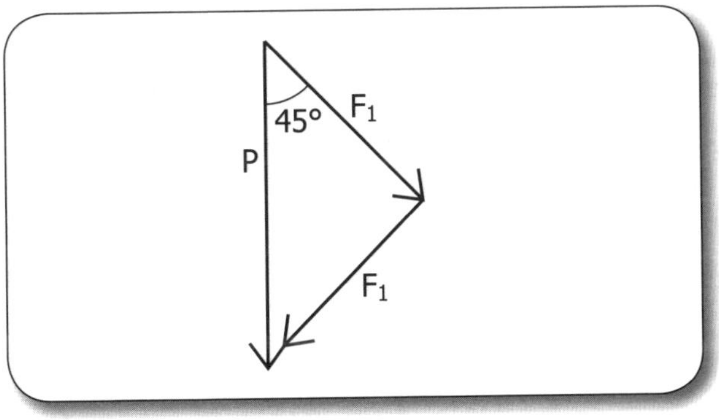

$$2F_1 \cos 45° = P$$

$$F_1 = \frac{P}{2\cos 45°} = \frac{P}{2 \times 0{,}7} = \frac{P}{1{,}4} = \frac{1.500}{1{,}4} = 1.071 \; kgf$$

Em cada cabo inclinado atua uma força $P/1{,}4$ e no cabo vertical atua a força P. Logo, o cabo mais esforçado é o cabo vertical. Vamos verificar o máximo P:

$$\bar{\sigma} = \frac{F}{S} \qquad F = \bar{\sigma} \cdot S = 1.500 \times 5{,}06 = 7.590 \text{ kgf}$$

$$F \cong 7{,}6 \text{ tf}$$

Note que, se o ângulo α fosse maior que 60° ($\cos \alpha < 0{,}5$), a parte mais exigida do cabo seria a sua parte inclinada; essa seria, porém, uma má solução construtiva, pois os cabos não devem sustentar forças com ângulos muito inclinados, uma vez que a força nesse cabo aumenta muito.

Atente para os casos seguintes:

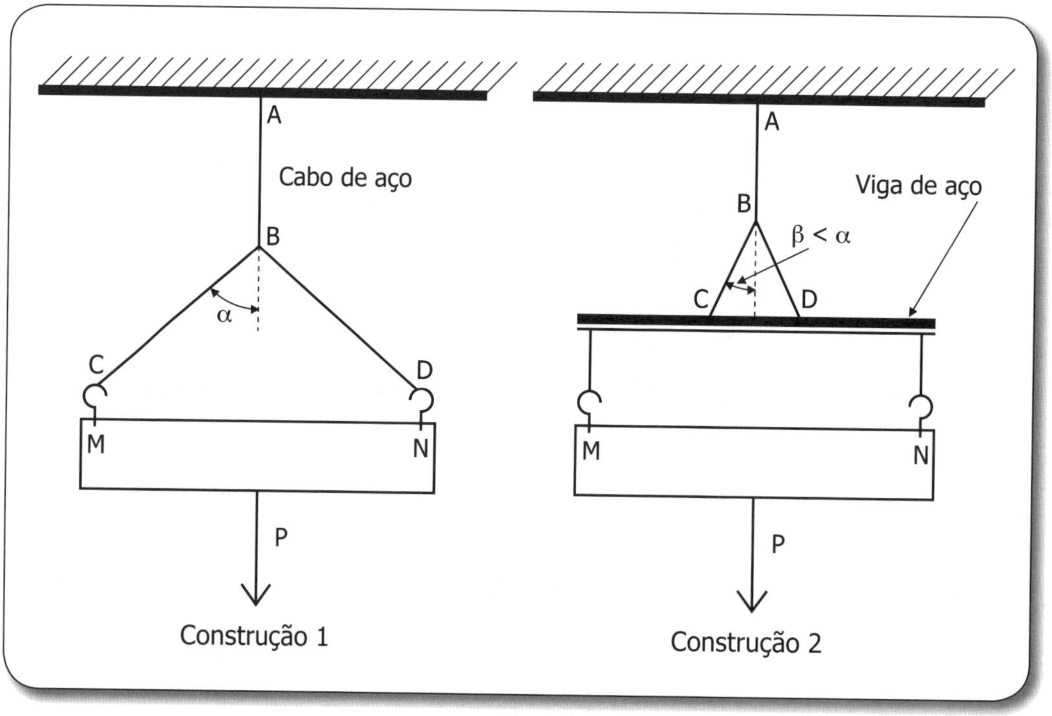

A *Construção 1* é indesejável. As forças em CB e DB são desnecessariamente grandes em face do grande valor do ângulo α.

Quanto à *Construção 2*, é correta. Como a distância MN é grande, usou-se uma viga de aço e suspendeu-se o peso usando a viga; com isso, diminui o ângulo, as forças e as tensões em CB e BD.

5 Todas as estruturas se deformam: Lei de Hooke e Módulo de Poisson

Nota 1:

Experiência num material que visualmente apresenta resultados.

Pegue um elástico de borracha, desses elásticos comprados em papelaria, e faça esta experiência. Corte-o com um comprimento de 10 cm e faça várias experiências de tração (puxamento), mas sem esforçá-lo muito. Depois disso, meça-o outra vez. A nova medida deverá ser muito próxima dos 10 cm iniciais. Isso indica que estivemos fazendo experiências dentro do campo elástico; terminando o esforço, termina a deformação na peça e ela volta a ser o que era. Com cuidado para não rompê-lo, procure agora esforçá-lo mais, até sentir que está quase rompendo. Meça o novo comprimento. Você notará que, mesmo não estando distendido, o elástico tem agora quase 11 cm. Ocorreu uma deformação permanente (plástica) no valor de 1 cm.

Nota 2:

Por que estudar as deformações nas estruturas?

Eis as razões:

- Ter critérios para limitar as deformações nas estruturas em trabalho. (Daria para aceitar uma trave de gol que tivesse flecha (barriga), no seu ponto médio, de 20 cm?);
- Desenvolver teorias que permitam resolver estruturas. Sem esse recurso do estudo das deformações, seus esforços ficariam desconhecidos.
  Imaginemos, por exemplo, uma prancha de 20 kgf colocada sobre cinco apoios. Como se distribuem as reações nesses apoios?

Essa é uma estrutura *hiperestática* e descobriremos esses valores usando a teoria das deformações.

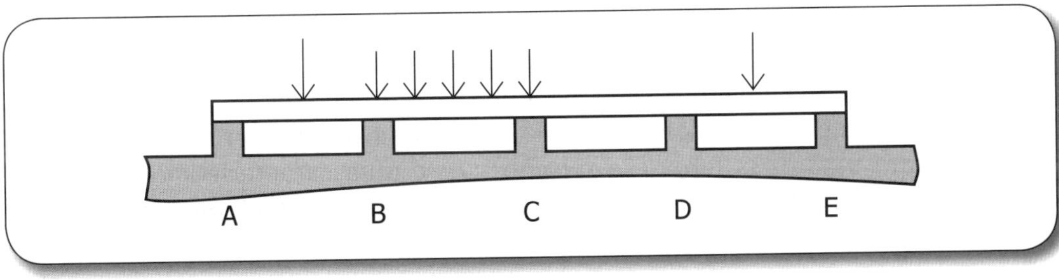

Nota 3:

Cada material deforma-se de uma maneira, ao sofrer esforços. É senso comum que é mais fácil deformar um fio de borracha que um de algodão. É mais confortável dormir sobre um estrado de madeira que sobre uma laje de concreto, pois a madeira deforma-se mais que o concreto e, nesse caso de deformabilidade = conforto de apoio.

Cada material deforma-se mais ou menos que outro material. Podemos assegurar que a deformação que cada material apresenta quando *sofre tração* ou *compressão* é quantitativamente igual. Essa premissa será usada em todo este livro.

Nota 4:

Quando falamos de corpos sofrendo compressão estamos nos referindo a corpos de pequena altura. Caso contrário, se fossem de grande altura, surgiria um “ruído” no trabalho, uma interferência de alta monta denominada “flambagem”, que altera os resultados. Veja:

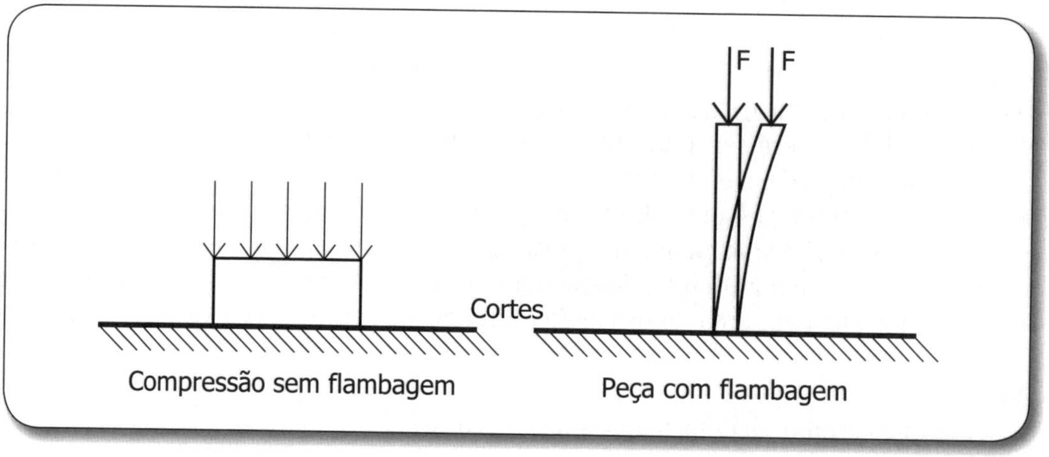

5.1 A lei de Hooke

5.1.1 Primeira consideração

Pegue dois elásticos, um com 2 cm de comprimento e outro com 10 cm, e tracione-os com a mesma força. Para isso, basta prendê-los nas suas extremidades e colocar pesos iguais pendurados. Você poderá medir as deformações e notar que o de maior comprimento terá um alongamento cinco (10/2) vezes maior que o de menor comprimento. Observe:

Se $L_2 = n \times L_1$, então $\Delta L_2 = n \times \Delta L_1$. Concluímos que a deformação x_1 não é característica do material. Para os dois elásticos, divida agora cada deformação pelo seu comprimento original e verifique que um mesmo número será alcançado. Portanto, para uma dada força F a relação x_1/L é uma característica do material “elástico”. Chamaremos x_1/L de ε e daremos a ele o nome de *deformação unitária*.

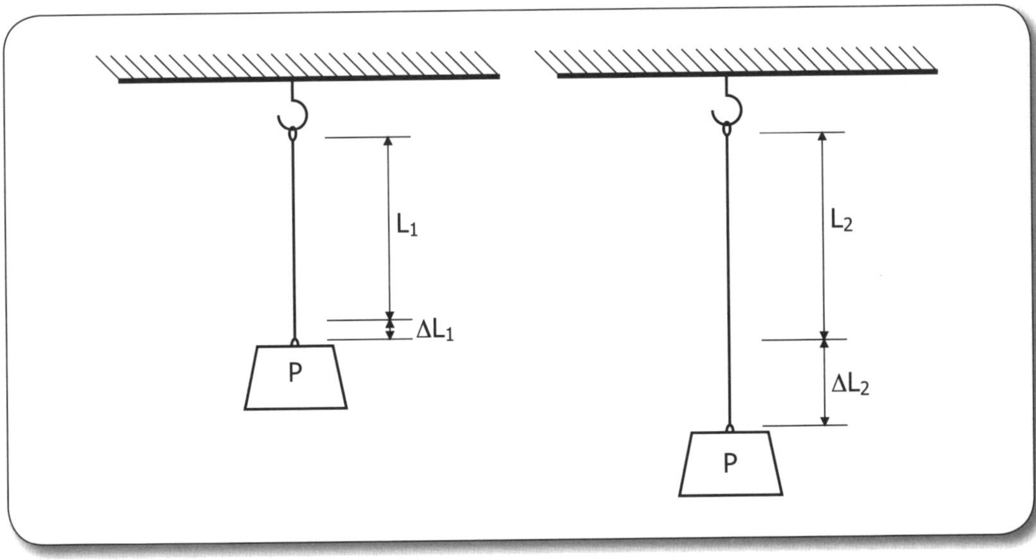

5.1.2 Segunda consideração

Pegue agora dois elásticos de mesmo comprimento e mesmo material, mas com espessuras diferentes: um mais grosso (seção S_1) e outro mais fino (seção S_2) e aplique uma mesma força P aos dois materiais.

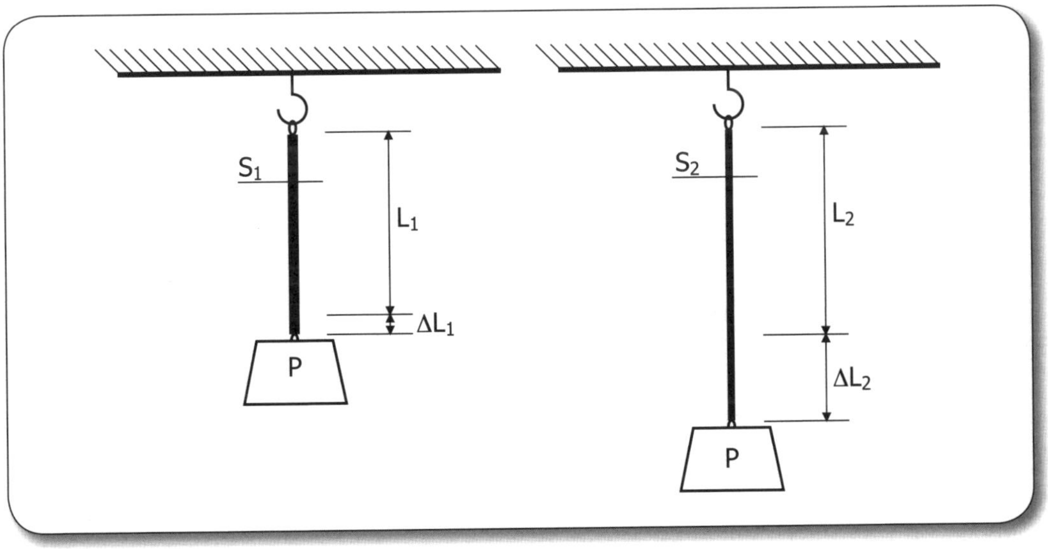

O mesmo material elástico sofre deformações diferentes ΔL_1 e ΔL_2 pelo fato de as espessuras serem diferentes. Assim como criamos o índice x_1/L, calculemos P/S (tensão ou pressão). A comparação da relação $\Delta L_1/L_1$ e $\Delta L_2/L_2$ com P/S_1) e P/S_2 nos fará ver que tudo é proporcional.

5.1.3 Conclusão

Para caracterizar um material sofrendo deformações na tração (ou na compressão), as variáveis a considerar para identificar o material elástico são:

$$\varepsilon = \frac{\Delta L}{L} \quad \text{e} \quad \sigma = \frac{F}{S} \qquad E = \frac{\sigma}{\varepsilon} = \frac{F/S}{\Delta L/L}$$

em que E é o módulo de elasticidade ou módulo de deformabilidade longitudinal (módulo de Young).

Elásticos de mesma composição química sofrerão idêntico $\Delta L/L$ (deformação unitária), se estiverem esforçados pela mesma tensão $\sigma = F/S$.

O enunciado da *Lei de Hooke* na sua expressão mais singela seria que "um mesmo corpo sofrendo tração (compressão) terá uma deformação ΔL e, se a força dobrar, a deformação dobrará".

Uma expressão mais elaborada dessa mesma lei seria: "Corpos de um mesmo material têm uma relação linear entre ε e σ".

Graficamente, teremos:

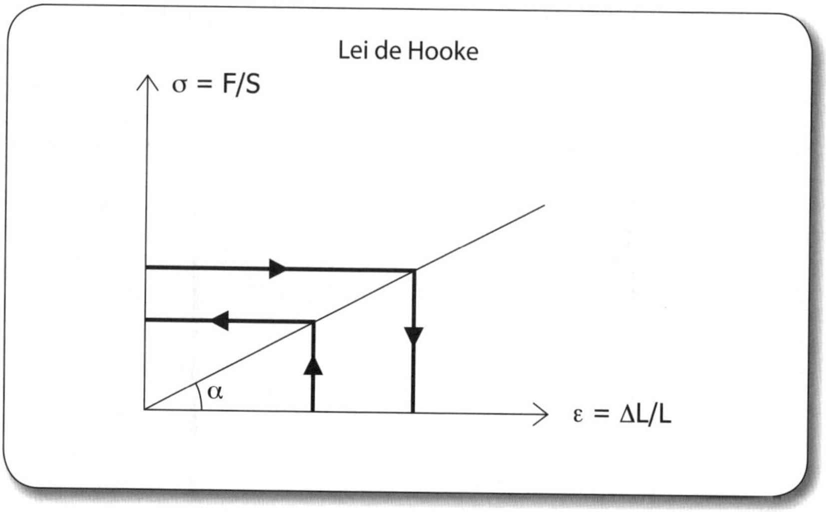

A relação entre σ e ε chama-se módulo de deformação longitudinal ou módulo de elasticidade,(*) tem símbolo E, sua unidade é kgf/cm^2 e é um dos conceitos mais importantes da Resistência dos Materiais.

Aço tem alto E, e borracha (matéria-prima dos elásticos) tem baixíssimo E.

(*) Ou, ainda, chamado de Módulo de Young.

5.1.4 Terceira consideração

Vamos ver na prática como as coisas acontecem.

Volte a fazer a experiência com uma peça – o elástico – que tenha 10 cm de comprimento. Faça com que a força *F* cresça e vá medindo os ΔL correspondentes. Enquanto o esforço é baixo, cessada a força, a peça volta a ter o comprimento original de 10 cm. Tal situação é denominada *situação elástica*.

Aumente agora significativamente a força de tração. Você notará que algo começa a acontecer com a peça, Ela "esgarçou", ou seja, cessada a força, o comprimento da peça tem algo como 12 cm, Essa diferença de 2 cm é uma deformação permanente. Chamaremos a essa deformação de *deformação plástica* (situação plástica).

Veja isso para um material num gráfico. Para a esmagadora maioria dos materiais, e para cada material o gráfico é igual na compressão e na tração.

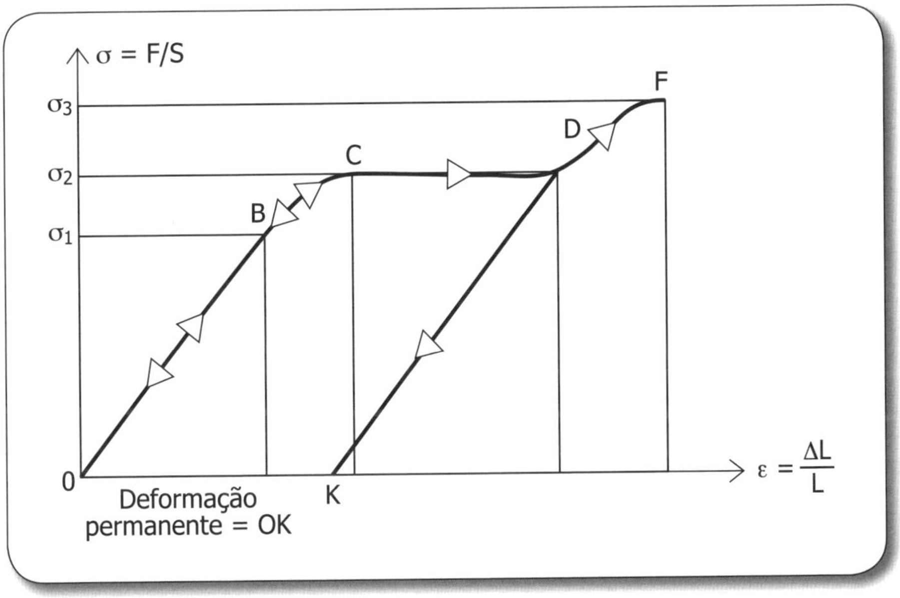

em que:

σ_1 – tensão limite de proporcionalidade (limite de elasticidade);

σ_2 – tensão de escoamento (a partir daqui temos a plasticidade);

σ_3 – tensão de ruptura.

Trechos:

OB – elástico linear;

BC – elástico não linear;

CD – escoamento (deformação plástica).

Enquanto as tensões variam de 0 a σ_1, a lei de deformações é linear e a situação é elástica (trecho *OB*). A partir de σ_1 até σ_2, a curva *BC* não é mais linear, embora seja ainda elástica. A partir de σ_2, note na experiência que, mantida a força *F*, a deformação cresce seguidamente. É o chamado "escoamento do material", no trecho *CD* (deformação plástica). Se continuarmos a fazer crescer a força *F*, aumentando a tensão, crescerão as deformações (trecho *DF*) e aí, chegando ao ponto *F*, a peça rompe-se.

Claro que cada material da natureza tem suas próprias leis de deformação. O aço segue bem essa lei, ou seja, apresenta grandes deformações permanentes antes de romper-se (dá aviso prévio antes de se romper), por isso é chamado de material *dúctil*. Concreto, vidro e madeira rompem-se sem apresentar o patamar de escoamento. São chamados de materiais *frágeis*, pois entram "em crise" sem que esperemos, sem dar aviso.

Às vezes, temos interesse só nas deformações elásticas, como no caso do uso das balanças de molas. Cessada a medida (esforço), cessa a deformação. Se restassem deformações residuais (plásticas), a balança ficaria descalibrada.(*)

Outras vezes, desejamos deformações plásticas (permanentes). São deformações permanentes que geram peças de aço, madeira, de material plástico do nosso dia a dia. O homem, desde o início da civilização deforma materiais, para gerar utensílios.

5.1.5 Quarta consideração

Vamos admitir uma lei absolutamente genérica e válida para todos os materiais existentes no mundo, uma lei mais prática do que real. É a Lei de Hooke, admitida válida para todos os materiais.

O gráfico a seguir mostra a hipótese admitida:

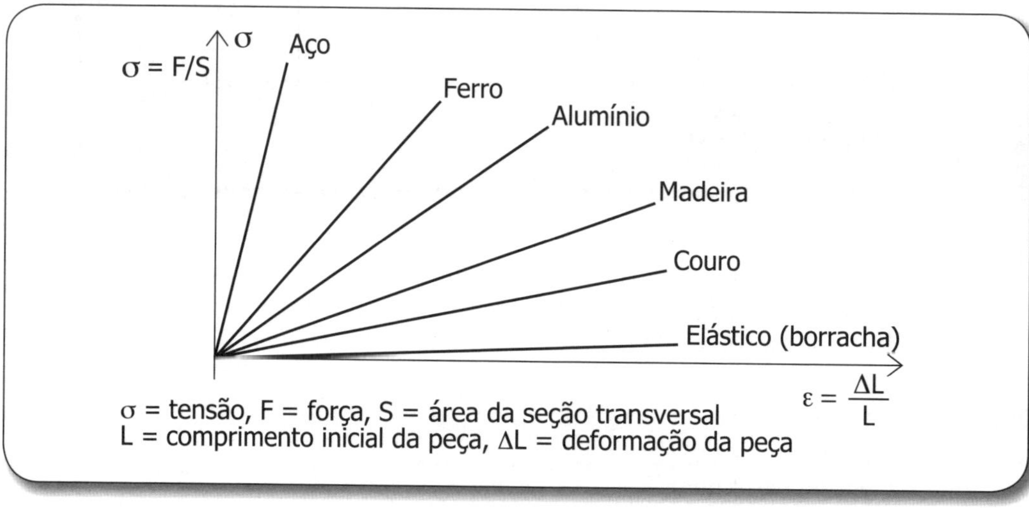

(*) Para poucos usos a balança mantém sua calibração. Depois de muitos usos a balança perde sua calibração (surgem pequenas deformações permanentes). É necessário então calibrar a balança.

5.1.6 Quinta consideração: Módulo de Young – símbolo E

Diante do exposto, cada material nas suas deformações por tração ou compressão, tem um índice que mostra sua deformabilidade. É o módulo de deformabilidade longitudinal (módulo de elasticidade). de símbolo E (Módulo de Young).

Vejamos para vários materiais os valores de E.

Material	E (kgf/cm^2)(*)
Aço doce	2.100.000
Ferro	1.000.000
Alumínio	700.000
Cordoalha de aço	1.000.000
Madeira	de 80.000 a 140.000
Madeira compensada	40.000
Couro	2.000
Borracha	10

Esses dados mostram que, dadas duas peças, de aço e de alumínio geometricamente iguais, se ambas forem esforçadas com a mesma força F, então a deformação do alumínio será três vezes maior que a do aço (2.100.000/700.000 = 3).

Por razões didáticas, o módulo de deformabilidade deveria chamar-se módulo de não deformabilidade, pois o material de maior módulo tem *menor deformabilidade.*

5.2 O Módulo de Poisson

Quando comprimimos ou tracionamos longitudinalmente um corpo, suas dimensões transversais sofrem mudanças. Na tração, cada uma das dimensões transversais diminui e, na compressão, as outras duas dimensões transversais aumentam. A relação entre a deformação longitudinal e cada dimensão transversal é característica de cada material e chama-se *Módulo de Poisson* (μ).

$$\mu = \frac{\frac{\Delta a}{a}}{\frac{\Delta L}{L}}$$

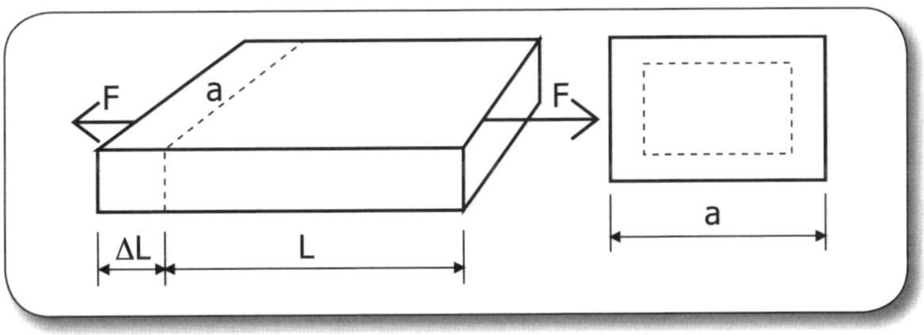

(*) Módulo de deformação longitudinal ou Módulo de Young.

O Módulo de Poisson varia de 0 a 0,5. Para o aço, é de cerca de 0,3; para o concreto, de cerca de 0,15.

O fenômeno da diminuição das dimensões transversais de um corpo, ao sofrer tração, chama-se "estricção". O caro leitor pode visualizar com extrema clareza esse fenômeno, fazendo uma experiência com um elástico.

Veja:

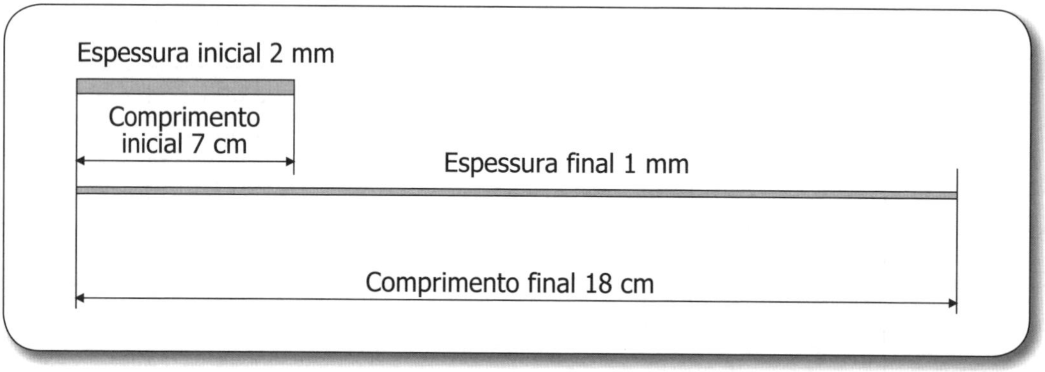

Para passar de 7 cm para 18 cm de comprimento, o elástico teve a sua espessura reduzida de 2 mm para 1 mm.

Nota:

Por hipótese, admitimos que, cessada a ação de uma força, cessa a tensão. Na verdade, em determinadas situações, mesmo cessada a ação de uma força, permanecem tensões, as chamadas tensões residuais. Um exemplo visível das consequências da existência das tensões residuais consiste no dobramento do aço da construção civil. Se peças dobradas de aço forem expostas ao tempo, suas partes dobradas começam a se oxidar antes das partes não deformadas, como fruto das tensões residuais que o dobramento gerou.

5.2.1 Reconheça as estruturas do dia a dia

- ***Como fazer embrulhos***

Por que é mais fácil amarrar peças usando elásticos em vez de barbantes de algodão?

É que, no ato de atar, procuramos tensionar o elemento ligante para depois soltá-lo ligando as peças. Como o E do elástico é bem menor que o E do algodão, conseguimos facilmente distender o elástico e, depois de soltá-lo, ele ata o embrulho. Com o barbante é muito mais difícil executar isso só com as mãos, devido ao E do algodão.

Observe:

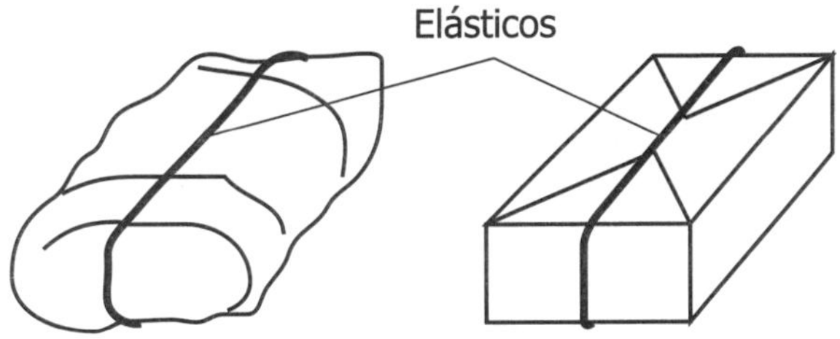

- ***A roupa de homens e de mulheres***

Homens e mulheres usam roupas de materiais como algodão, seda, couro e fibras sintéticas. Quanto menor o E do material, mais a peça molda-se ao corpo do usuário. Roupas de algodão e *lingerie* moldam bem o corpo.

Roupas de couro – como os gibões nordestinos – escondem as formas do corpo. Por extremo, uma armadura medieval pode ficar de pé sem que haja alguém dentro dela.

No romance *Grande Sertão: Veredas*, de Guimarães Rosa, o personagem Diadorim oculta por um certo tempo o fato de ser do sexo feminino. Isso só foi possível por usar roupa de couro. O leitor concordará com que, se Diadorim usasse roupa com material de mais baixo E (*lingerie*), seria quase impossível esconder tal fato.

- ***Sinta a ductilidade do aço***

Lembre: ductilidade é a capacidade de produzir deformações permanentes sem se romper. Para provar isso, usemos um grampeador de escritório. Grampeie várias folhas de papel. Note que o grampo anteriormente de forma U se deforma. Veja:

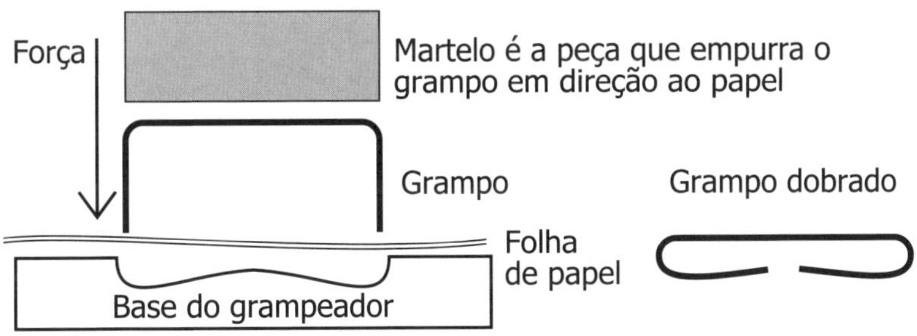

O grampo, uma estrutura de aço, deformou-se permanentemente numa outra prática estrutura que prende os papéis.

- ***Um carro espatifou-se em alta velocidade contra um poste de concreto armado***

Do terrível desastre é possível reconhecer o colapso dos vários tipos de materiais:

a) O concreto do poste, que é frágil, desintegra-se;
b) O aço das barras do concreto armado deforma-se enormemente sem desintegrar-se. O aço é ductil;
c) O aço da chapa do carro, sendo dúctil, deforma-se; chega a rasgar, mas não se desintegra;
d) Algum osso do pobre motorista, sendo material frágil, quebra-se (desintegra-se).

6 Quando as estruturas se apoiam: entendendo os vários tipos de apoio

Para compreender o funcionamento das estruturas é muito importante conhecer os tipos de apoio que essas estruturas possuem. A estrutura de apoio nada mais é do que um corpo rígido que recebe e transfere esforços das estruturas em estudo.

Árvores estão apoiadas (encravadas) pelas raízes na terra; caixas d'água podem estar apoiadas em lajes; vigas estão apoiadas em colunas; navios, na água; trampolins, em estruturas de grande rigidez etc.

Seja uma viga de madeira simplesmente lançada sobre dois apoios (pilaretes de madeira) A e B:

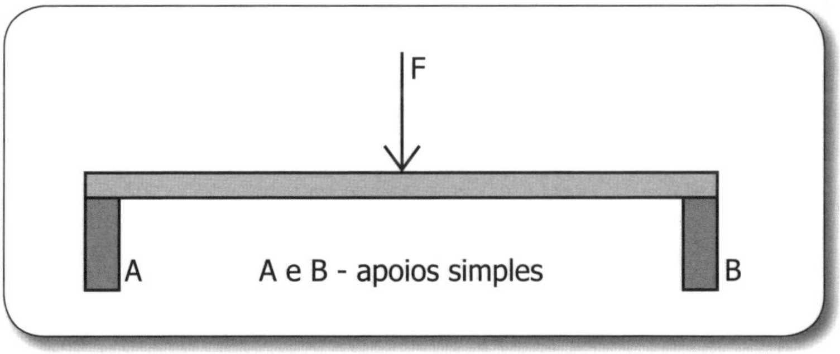

O senso comum indica que a viga trabalhará de uma maneira, se for simplesmente apoiada e de outra maneira, se as suas extremidades forem fixadas por pregos aos pilaretes e, ainda, de uma terceira maneira, se uma extremidade for pregada e a outra não.

6.1 Classificação dos tipos de apoio

- **Engastamento (encaixe)** – esse apoio não permite que a extremidade da viga que ele suporta se afaste na horizontal e na vertical, ou que gire. A ligação com pregos citada é um engastamento.
  Uma peça de aço numa reentrância de uma outra peça é também um exemplo de engastamento.

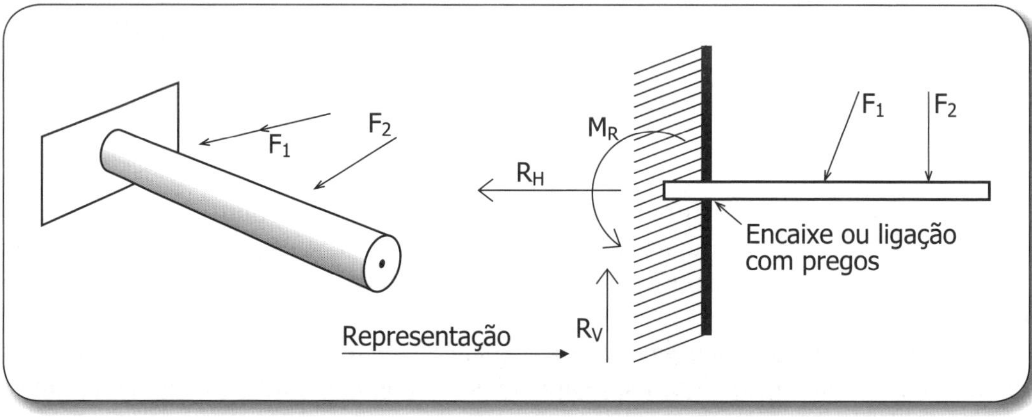

- **Articulação (pino)** – não permite que os apoios se afastem na horizontal tampouco na vertical, mas permite um giro do apoio num plano. A peça dobradiça de uma porta ou armário é um excelente exemplo de articulação. A relação biela-manivela se dá através de um pino.

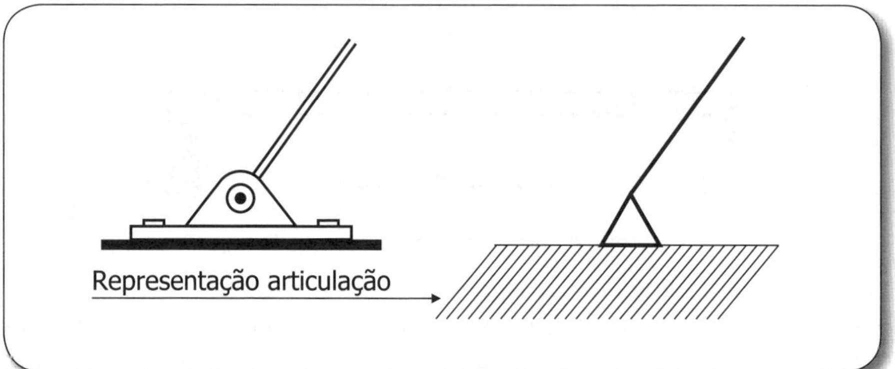

Nota:

A compreensão da importância dessas peças levou um famoso arquiteto paulista – Villanova Artigas – a criar uma frase-símbolo da Resistência dos Materiais. Ei-la: "É necessário fazer cantar os apoios".

- **Rótula** – essencialmente é uma esfera que permite rotações em qualquer plano. Espelhos de automóveis são rotulados às estruturas do carro. Há um prédio industrial em São Paulo em que se utiliza o andar térreo para testes de equipamentos de vibração. Os pilares que nascem do térreo são dotados, cada um, de uma esfera na extremidade inferior. Desse modo, por causa dos vínculos rótulas, não se transportam, para o prédio, as vibrações do andar térreo.

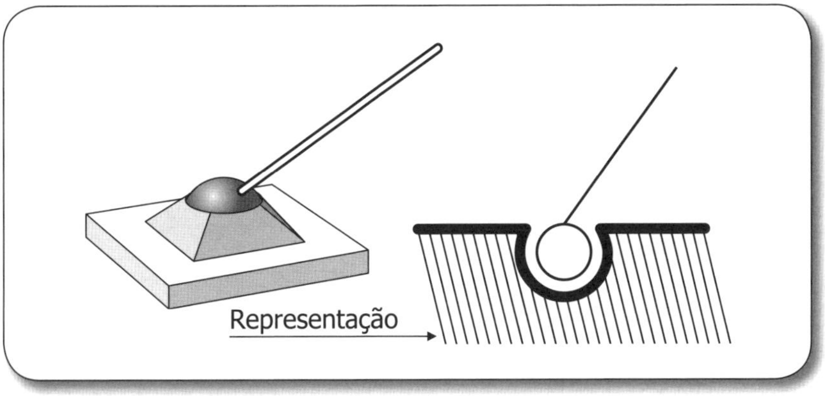

- **Carrinho (roletes)** – não permite que a peça suba ou desça, mas permite translação. Uma viga de madeira colocada sobre duas peças de madeira permite translação e rotação, porém, não permite um afundamento. Patins e bicicletas são dotados de roletes.

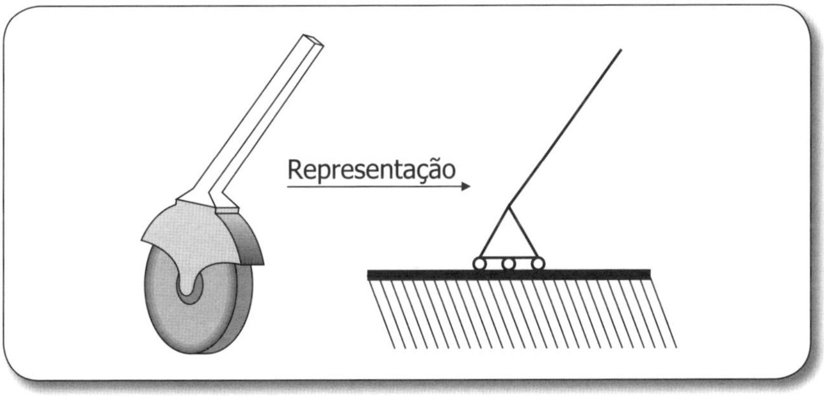

Esses são os quatro tipos principais. Há casos misturados.

- **Engastamento móvel** – permite translação, mas não rotação ou ascensão, ou ainda que a peça se desloque para baixo.

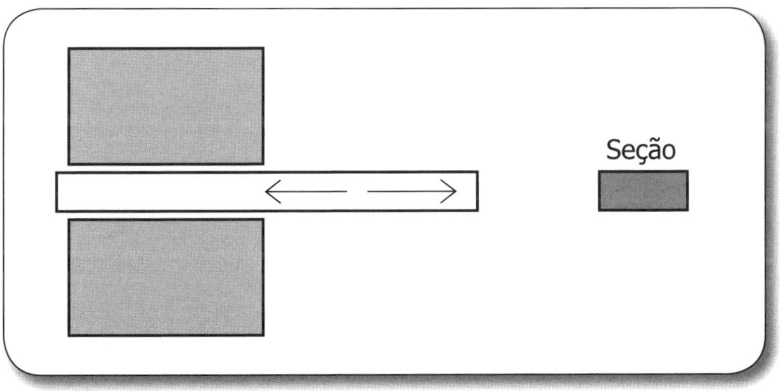

Nas construções mecânicas temos:

- **Mancal de apoio** – gira e permite translação.

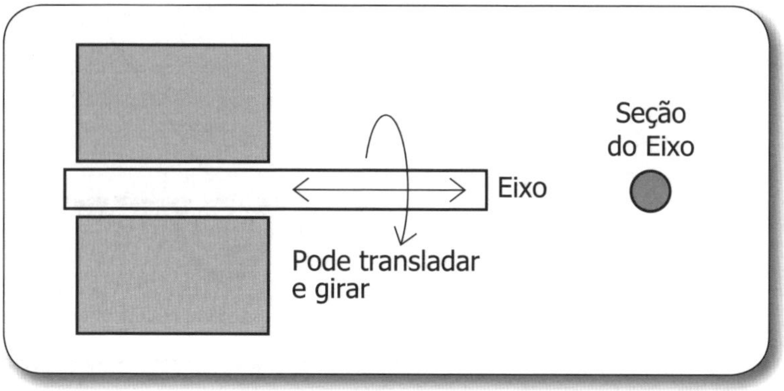

- **Mancal de escora** – só permite girar.

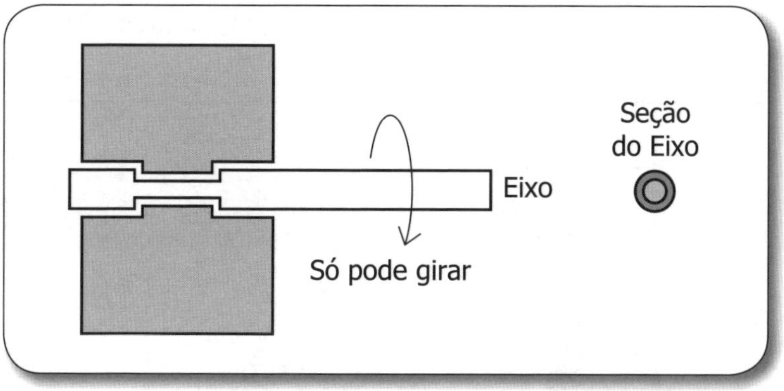

7 Estruturas isostáticas, hiperestáticas e hipostáticas

7.1 Definição

Quando uma estrutura tem um número de vínculos tal que eles possam ser resolvidos (conhecidas as reações) pela estática – as famosas quatro condições, ela é uma *estrutura isostática.*

Se o número de vínculos de uma estrutura cresce, então não bastam as quatro equações da estática. Para determinar seus esforços, temos que usar outras teorias (por exemplo, o estudo das deformações) a fim de descobrir os valores das reações nos apoios. São as *estruturas hiperestáticas.*

Quando o número de vínculos é insuficiente para dar estabilidade, temos as estruturas que se movimentam, denominadas *hipostáticas.* Observe:

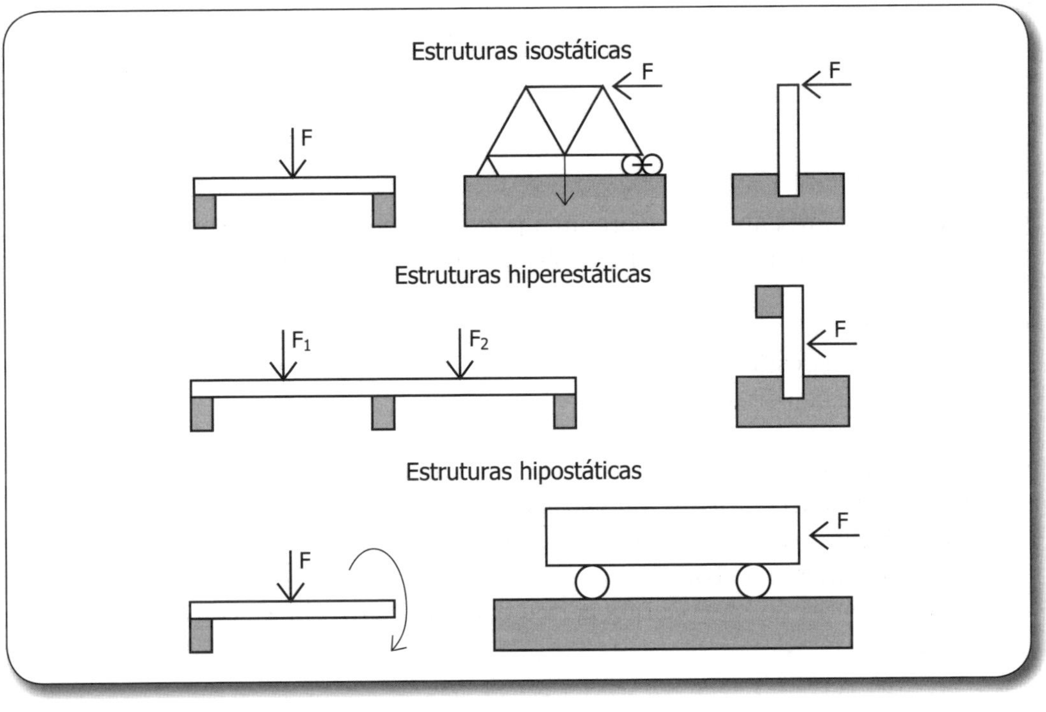

Há estruturas que são isostáticas para alguns esforços e hipostáticas para outros.

Nas construções pobres da periferia da cidade, por deficiência de fixação, é comum ver a colocação de pedras sobre o telhado. Nesse caso, podemos afirmar que telhados malconstruídos são estruturas isostáticas para efeito de seu peso e hipostáticas para ventos fortes.

Para todas as estruturas isostáticas e hiperestáticas valem as "quatro famosas condições":

$$\sum F_H = 0 \qquad \sum F_V = 0$$
$$\sum M_T = 0 \qquad \sum M_F = 0$$

Para estruturas isostáticas, essas quatro equações são necessárias e suficientes para determinarmos as reações nos apoios. Nas estruturas hiperestáticas, essas equações são necessárias, mas não suficientes.

7.2 Outros exemplos

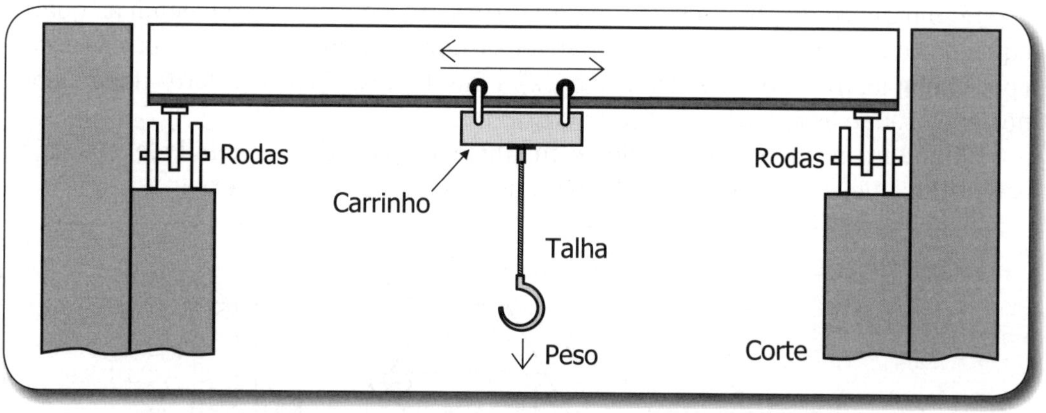

- Uma talha móvel apoiada sobre uma ponte rolante é uma estrutura hipostática apoiada em outra estrutura hipostática para esforços horizontais.

- Um barco a vela na água – é isostático se não soprarem ventos; hipostático em relação a um deslocamento horizontal se soprarem ventos; e perigosamente hipostático se começar a afundar.

- Um barco – flutua (estrutura isostática) quando seu peso e sua carga são iguais ao empuxo hidrostático E, que é reativo. Quando o peso total é maior que E, o barco afunda (estrutura hipostática). O E_{max} é o peso da água correspondente ao volume imerso do barco.
  A parte imersa do barco é que gera o empuxo (para cima), como na imagem a seguir.

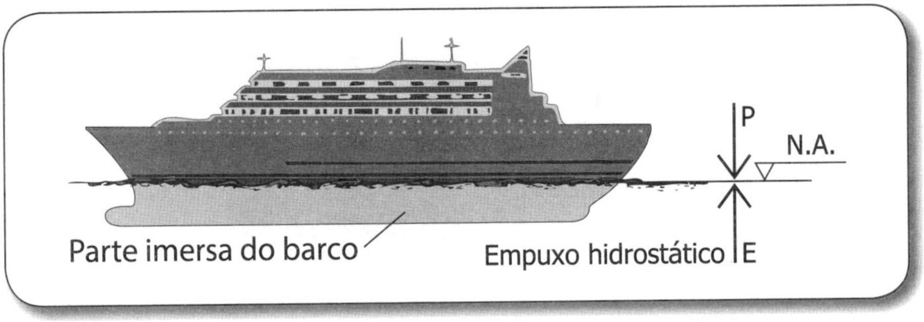

- Um banco de igreja de cinco pés.

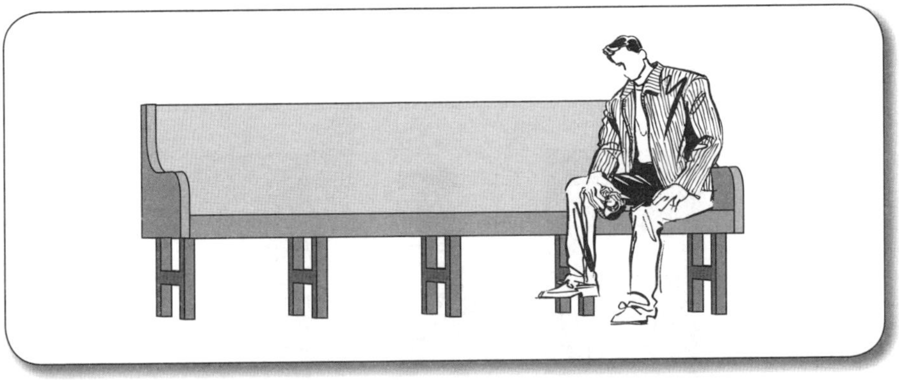

- Uma ponte rolante apoiada sobre dois apoios é uma estrutura hipostática apoiada em uma estrutura isostática para forças verticais.

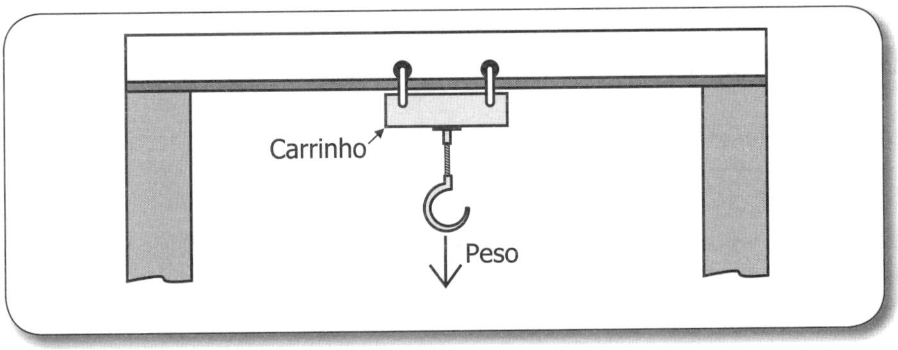

- Uma viga de três apoios sendo transportada em um caminhão é uma estrutura hiperestática sobre uma estrutura hipostática (o camihão andando).

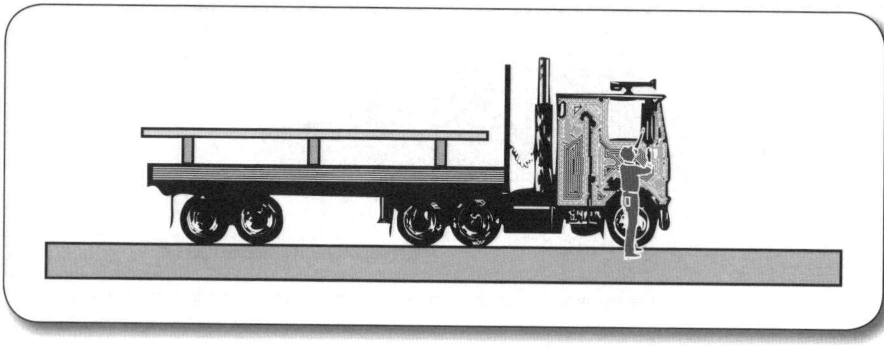

Ao longo deste livro, essas estruturas serão estudadas e descobriremos as reações que atuam sobre elas; podemos então calcular tensões e deformações.

Veja estes três casos:

- Bailarina: apoia-se apenas em um pé. É uma estrutura hipostática, tende a cair.

- Adulto: apoia-se em dois pontos. É uma estrutura isostática, pois se tirarmos um dos apoios, a bela mulher cai.

- Idoso: apoia-se em três pontos. É uma estrutura hiperestática. Um idoso que usa um andador é uma estrutura hiperestática de maior número de graus de hiperestaticidade.

8 Estudando os vários tipos de flexão:(*) flexão simples, flexão composta e flexão oblíqua

8.1 Definição

Imagine uma viga biarticulada de ponte e de seção retangular que suporta carga distribuída. Vejamos como atua o momento fletor a que ela está submetida.

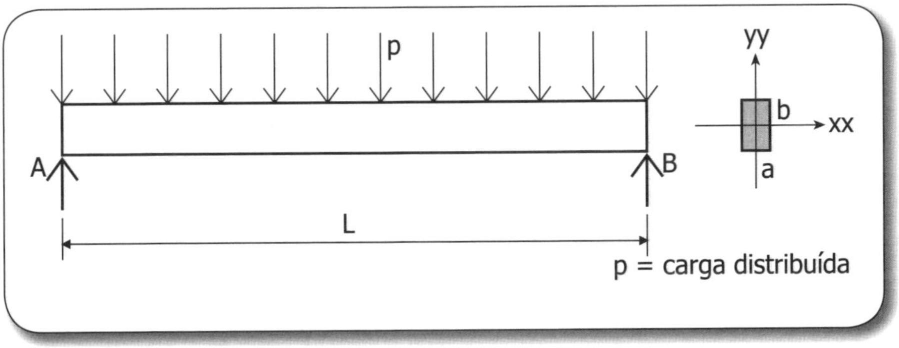

Como esforços *ativos* e *reativos* só temos forças, pois as articulações A e B não suportam momentos fletores (são articulações).

Como esforços *internos solicitantes* ocorrerão forças tangenciais às seções da viga e momentos fletores. O momento fletor em cada seção Z assim atua:

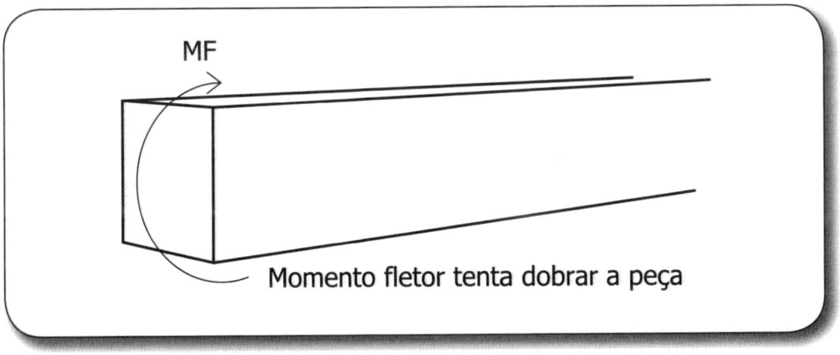

(*) Flexão, o mesmo que dobramento.

Nesse caso, em que as cargas estão distribuídas ao longo do eixo da viga, os momentos fletores atuarão perpendicularmente (ortogonalmente) à direção XX e paralelamente à direção YY. Esses eixos XX e YY são os eixos de simetria da seção. Esse tipo de flexão é *flexão normal*, também conhecida como *flexão reta*.

Imagine agora um outro tipo de viga, a que recebe as cargas verticais do peso de telhas. No caso, as cargas (peso) são verticais e gerarão momentos fletores num plano vertical que encontrará a seção da viga em eixos inclinados em relação aos eixos de simetria da seção. É a chamada *flexão oblíqua* ou *flexão desviada*.

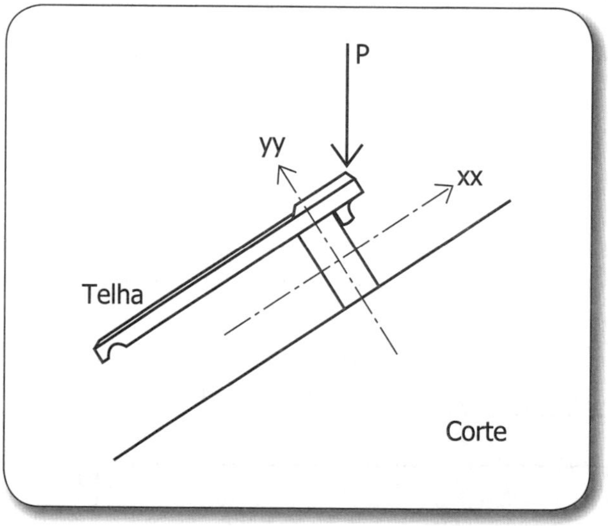

A divisão entre flexão normal ou flexão oblíqua é estabelecida levando em conta a posição do plano do momento em relação aos eixos de simetria da peça.

Se usássemos como vigas, peças de seção circular, não haveria distinções entre os dois tipos de flexão, uma vez que seções circulares não têm eixos de simetria ou, se quisermos, todos os eixos passando pelo centro do círculo são eixos de simetria.

Há casos de estruturas que usam barras e vigas, cuja seção não tem eixo de simetria. Para essas seções utiliza-se um conceito que é uma evolução do conceito de eixos de simetria. Esses novos eixos denominam-se *eixos principais de inércia*; são dois eixos ortogonais entre si, passando pelo centro de gravidade da figura; para um é máximo o momento de inércia da seção e para o outro, obrigatoriamente, o momento de inércia é mínimo.(*) Para seções com eixos de simetria, esses eixos coincidem com os eixos principais de inércia,

Há casos de vigas que, além da flexão, sofrem a ação de forças normais de tração e compressão. Temos então *flexão composta*.

(*) O conceito de momento de inércia será apresentado no próximo capítulo.

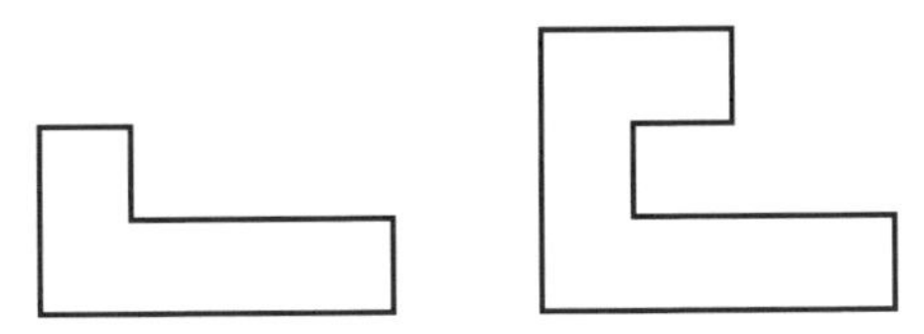

Seções sem eixo de simetria

O quadro seguinte resume os tipos de flexão:

flexão	se tiver	fica
flexão normal	força normal	flexão normal composta
flexão oblíqua		flexão oblíqua composta

8.1.1 Exemplo de flexão normal

Uma viga de madeira servindo de suporte a um tablado, em uma estrutura sobre um rio.

A viga sofre flexão normal. Se essa estrutura suporta o empuxo lateral do terreno, a viga sofre compressão.

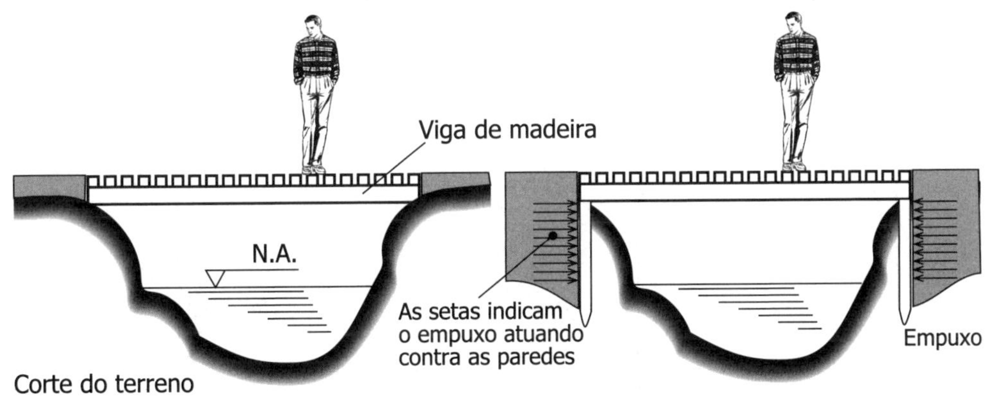

Temos aí um caso de flexão normal composta.

8.1.2 Exemplo de flexão oblíqua

- A terça de um telhado suportando seu peso próprio e o peso de telhas.

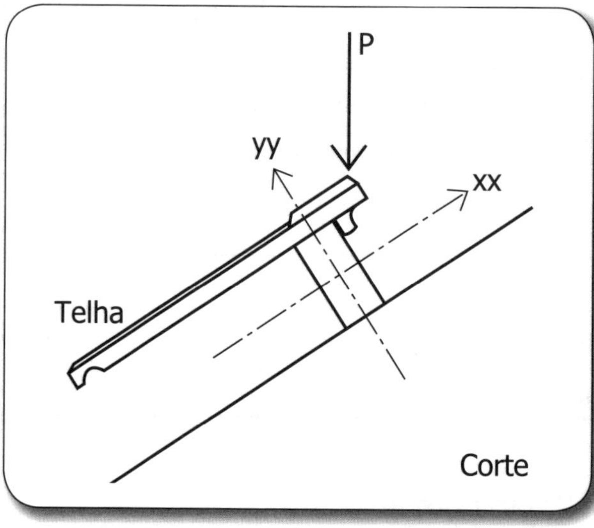

Esse é um caso de flexão oblíqua.

8.1.2.1 Exemplo de flexão oblíqua composta

- Mesa de quatro pés: às mesas de quatro pés chegam duas traves (vigas) e a esses pés elas são pregadas. Cada trava transporta ao pé da mesa um momento fletor. A soma dos dois momentos gera um momento fletor oblíquo. Veja:

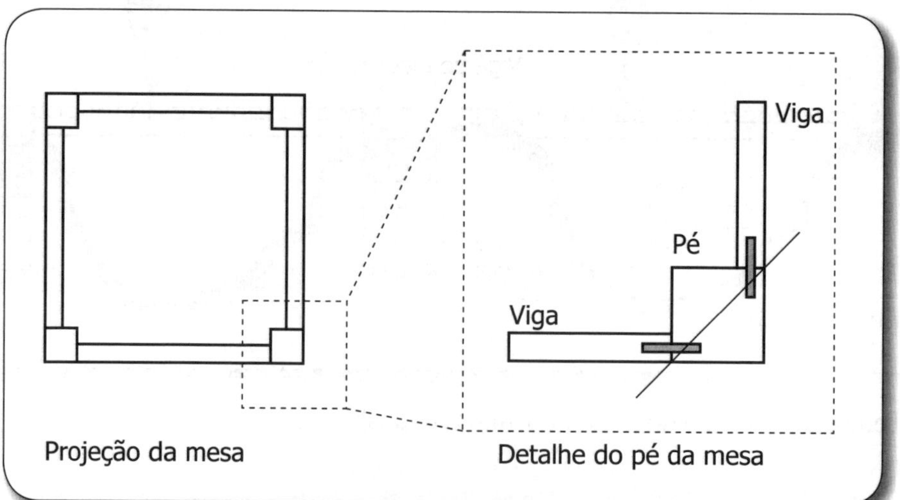

- Pilares de prédios: quando ao pilar chegam duas vigas que estão nele engastadas, temos um exemplo de flexão oblíqua composta, pois o plano do momento fletor resultante dos momentos de cada viga não coincide com os eixos de simetria da seção do pilar e a força normal de compressão atua no pilar.

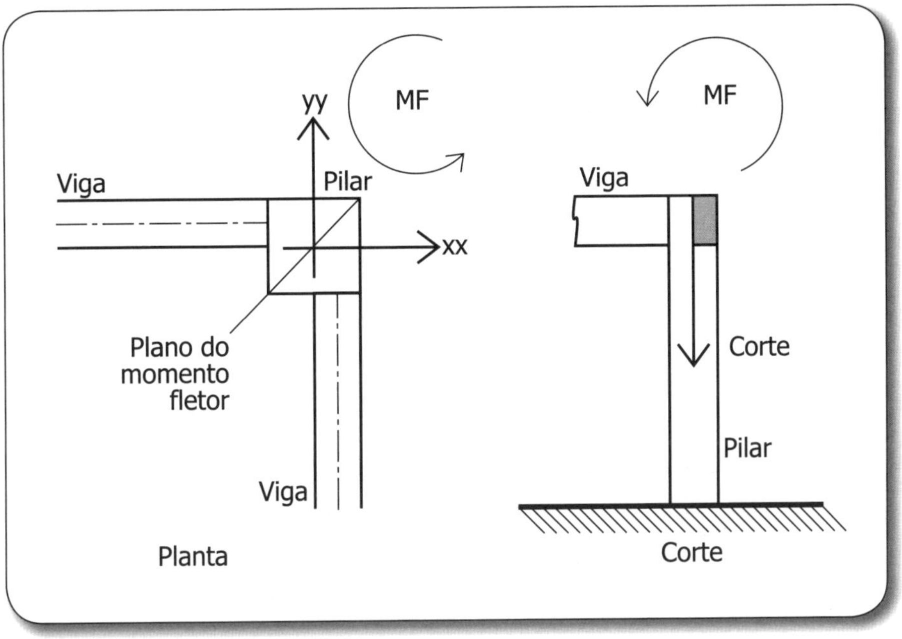

Nota:

Deformabilidade na flexão: as peças sofrendo flexão podem apresentar grandes deformações. A forma deformada da viga chama-se linha elástica deformada e ela será calculada a partir do estudo do E do material determinado num ensaio de tração/compressão.

Veja:

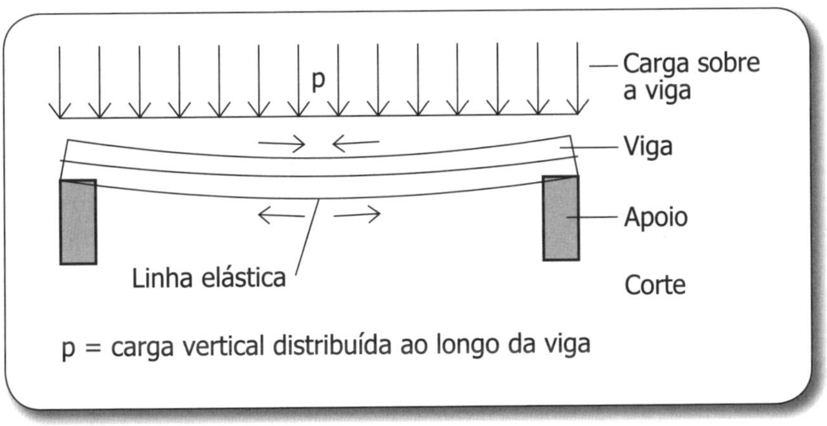

O estudo da linha elástica deformada levará em conta:

- o tipo de flexão;
- o tipo e o valor da carga;
- o vão;
- a forma da viga (retangular ou em perfil T, por exemplo) e suas dimensões (altura, largura da seção) (J);
- a característica do material da viga, ou seja, o seu módulo de elasticidade (E);
- os tipos de apoio (A e B, no caso de apoio simples).

Seja a viga a seguir:

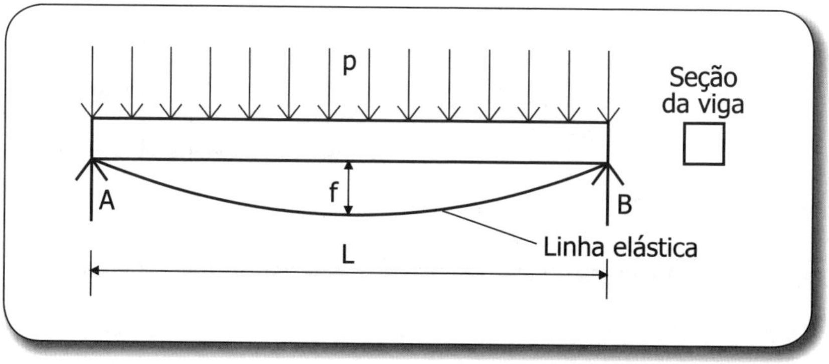

A flecha máxima f será dada por:

$$f = \frac{5\,p\,L^4}{384\,E\,J}$$

em que:

L – vão;
J – função de forma da seção transversal da viga (momento de inércia);
p – carga distribuída;
E – tipo de material quanto à sua deformabilidade (Módulo de Young);
Linha elástica – linha de deformação, numa linguagem popular, linha de embarrigamento. A linha totalmente embarrigada de um cabo suspenso em dois pontos bem distantes também é uma linha elástica.

9 Introdução aos conceitos de momento estático, momento de inércia, módulo resistente e raio de giração

Digamos que tivéssemos de usar uma cartolina para receber pequenos esforços de compressão e para funcionar como um minipilar. Todos percebem que a cartolina, pela sua forma lamelar e, portanto, com uma espessura reduzida, não funciona.

Se enrolássemos a cartolina em forma de cilindro, poderia então funcionar como um pilar ou como uma viga vencendo um vão. Se dobrássemos a cartolina, gerando na seção transversal com uma forma de dentes, a cartolina transformada começaria a trabalhar como desejado.

Vê-se que, quando afastamos áreas dos eixos de simetria, temos um ganho extraordinário de eficiência estrutural. Observe:

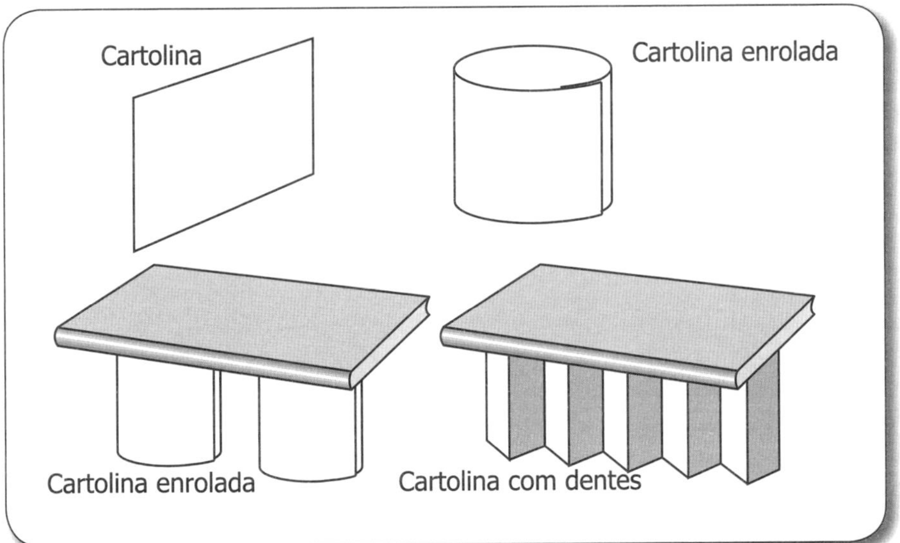

Podemos concluir que áreas, longe dos eixos centrais, funcionam melhor. Devemos agora introduzir coeficientes numéricos que meçam essas áreas no que diz respeito à sua distância aos eixos de simetria. Vamos introduzir os conceitos de momento estático, momento de inércia, módulo resistente e raio de giração.

Este capítulo introduz tais conceitos, de maneira a permitir trabalhar com eles.

9.1 Definições

9.1.1 Momento estático (M_S)

Momento estático é o integral de um elemento de área (ds) por sua distância a um eixo considerado.

$$M_{SX} = \int y \cdot ds$$

M_{Sx} – momento estático em relação ao eixo x

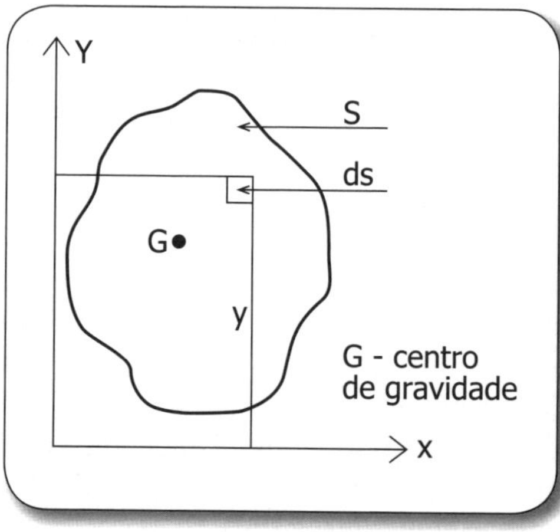

Características do momento estático – J_x:

- Sua unidade é dimensão ao cubo.
- $Ms = 0$, se x passa pelo centro de gravidade da figura.

9.1.2 Momento de inércia – J_x:

Momento de inércia é a integral de um elemento de área pelo quadrado de sua distância a um eixo considerado.

$$J_x = \int y^2 \cdot ds$$

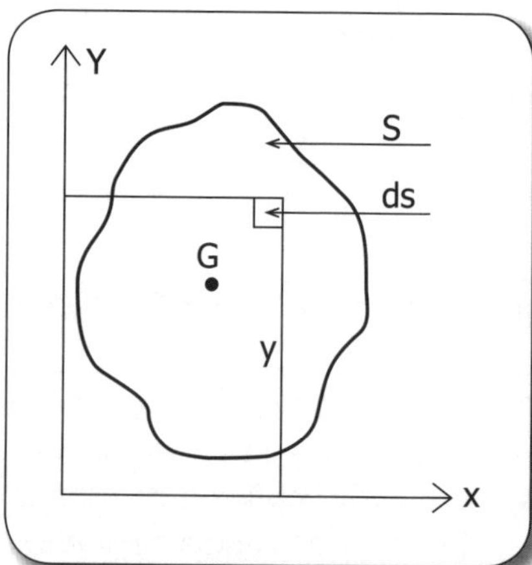

Características do momento de inércia:

- Sua unidade é dimensão à quarta;
- É sempre positivo.

Tabela dos valores de cada conceito para as figuras mais comuns

	M_{Sx} (1)	J_x (2)	W_x (3)	i_x (4)
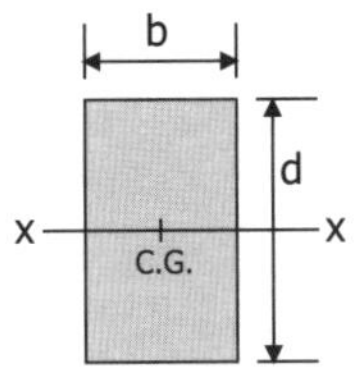	0	$\frac{bd^3}{12}$	$\frac{bd^2}{6}$	$\frac{d}{\sqrt{12}}$
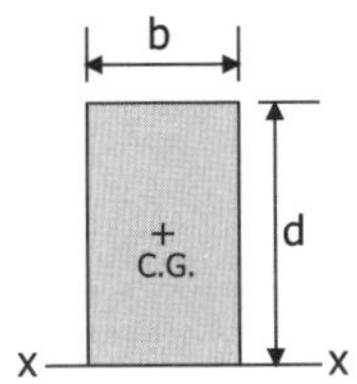	$\frac{bd^2}{2}$	$\frac{bd^3}{3}$	$\frac{bd^2}{3}$	$\frac{d}{\sqrt{3}}$
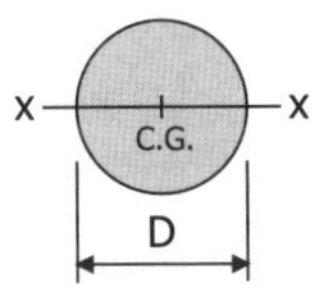	0	$\frac{\pi D^4}{64}$	$\frac{\pi D^3}{32}$	$\frac{D}{4}$
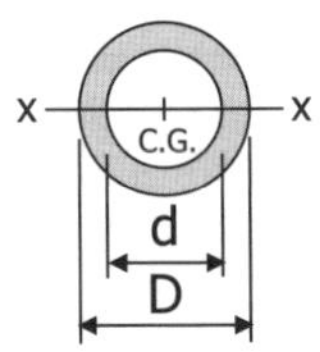	0	$\frac{\pi(D^4-d^4)}{64}$	$\frac{\pi(D^4-d^4)}{32D}$	$\frac{\sqrt{(D^2-d^2)}}{4}$
Perfis industriais 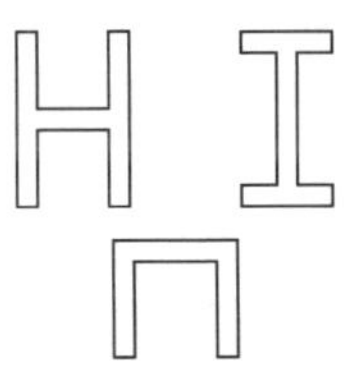		Consultar catálogos dos fabricantes		

(1) Momento estático; (2) Momento de inércia; (3) Módulo resistente; (4) Raio de giração.

x eixo de referência

9.1.3 Raio de giração – i

Trata-se do resultado do cálculo $i=\sqrt{\frac{J}{S}}$ e tem como característica uma dimensão linear. J é o momento de inércia e S é a área da figura.

9.1.4 Módulo resistente – W_x

Ao longo do texto mostraremos o uso de módulo resistente W_x.

Notas:

1. Existe o conceito de *produto de inércia*, importante em outros estudos da Resistência de Materiais.
2. Em certas publicações e normas, o símbolo de *momento de inércia* é I, e não J.
3. Entendamos os perfis metálicos. Exemplo de perfil **I** padrão americano de peça de aço.

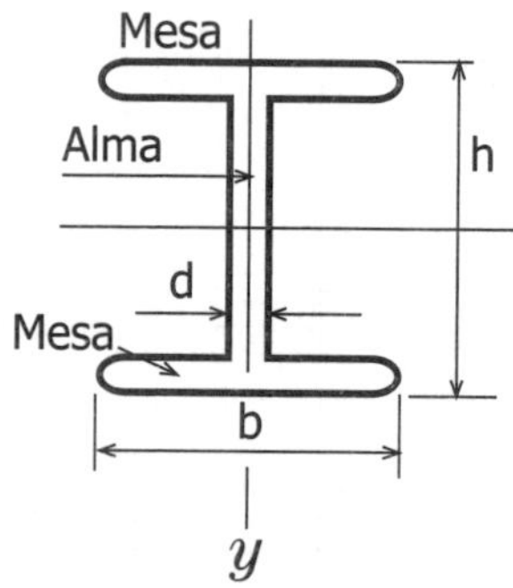

Perfil metálico

Dados

Tamanho nominal		b (mm)	d (mm)	Área (cm^2)	Peso (kg/m)	J_x (cm^4)	J_y (cm^4)	W_x (cm^3)	i_x (cm)
polegadas	mm								
5 × 3	127,0 × 76,2	76,2	5,33	18,8	14,8	511	50,2	80,4	5,21

O perfil afasta ao máximo a principal parte resistente (mesas) do eixo central (x), gerando uma estrutura mais leve e, com isso, além do aspecto de leveza, economiza material (aço).

Mistério. Algumas medidas são em décimo de milímetro (b), algumas em centésimo de milímetro (d), algumas em cm (J) e até medidas em metro (peso). Por quê? A extrema precisão nas medidas (b) e (d) são para garantir ligações com outras peças de aço. Para outras medidas, como os pesos, não há necessidade dessas precisões, pois ninguém calcula peso por milímetro.

10 Estudando a flexão normal nas vigas isostáticas: diagramas de momentos fletores, forças cortantes e forças normais

Vamos resolver várias vigas isostáticas e traçar seus diagramas de momentos fletores (MF), forças tangenciais (Q) e forças normais (N),(*) determinando assim os esforços internos solicitantes ponto a ponto. Em capítulo posterior serão calculados os esforços internos resistentes. O traçado de diagramas como mostrado aqui pode ser feito também para estruturas hiperestáticas após determinação das reações nos apoios. O acompanhamento dos exemplos numéricos ajudará entender os conceitos.

Exercício 1

Determine reações e diagramas da viga a seguir.

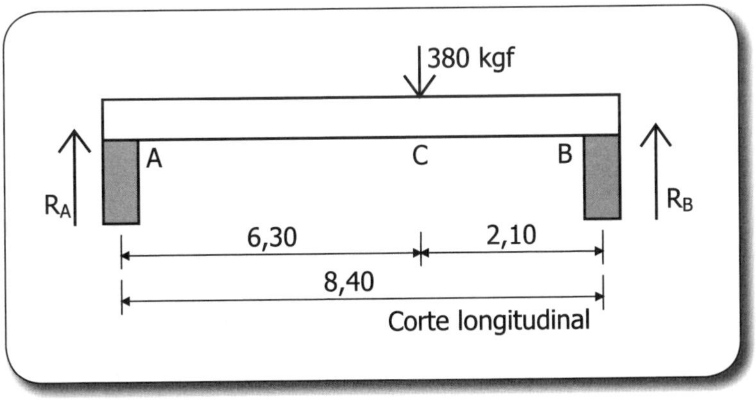

$\Sigma F_H = 0$ não aplicável, pois não há forças horizontais.

Nota:

Não ocorrem momentos fletores externos.

(*) Força normal é a força perpendicular à seção transversal da estrutura. O peso de um ser humano é uma força normal ao solo.

$$\sum F_V = 0$$
$$R_A + R_B - 380 = 0$$
$$R_A + R_B = 380 \text{ kgf}$$

$$\sum M_B = 0$$
$$R_A \cdot 8,40 - 380 \times 2,10 = 0$$
$$R_A = \frac{380 \times 2,10}{8,40} = 95 \text{ kgf}$$
$$R_B = 380 - 95 = 285 \text{ kgf}$$

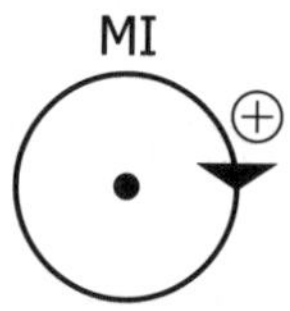

Convenção de momentos fletores positivos

Portanto:

$$R_A = 95 \text{ kgf}$$
$$R_B = 285 \text{ kgf}$$

(momento fletor interno)

$$M_C = R_A \cdot 6,30 = 95 \times 6,30 = 598,50 \text{ kgfm}$$

Nota:

O momento fletor em C pode ser calculado vindo pela direita. O valor será o mesmo, porém de sinal contrário.

$$M_C = -R_B \cdot 2,10 = -285 \times 2,10 = -598,50 \text{ kgfm}$$

Diagramas de Q e MF (esforços internos)

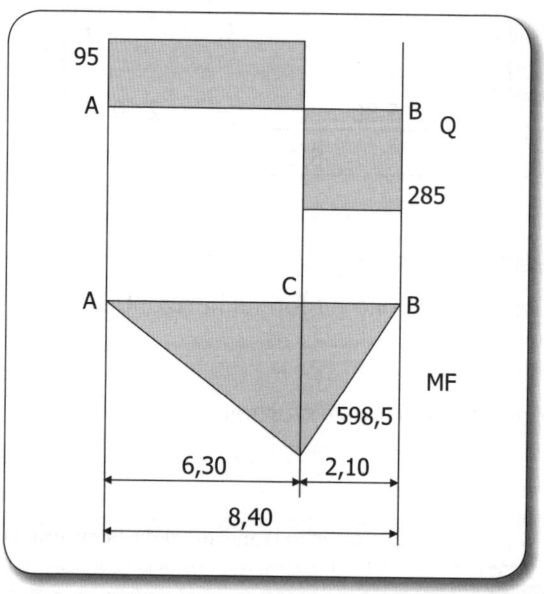

Notas:

1. A maior força cortante na viga é de 285 kgf e não 380 kgf, que é a carga externa.
2. No ponto *C*, há duas forças cortantes, à esquerda (95 kgf) e à direita (285 kgf). Se usarmos a força cortante no dimensionamento de forças em *C*, o valor será o maior (285 – valor em módulo).
3. No ponto *C*, a força cortante passa de valores positivos para negativos.
   Nesse ponto, ocorre o maior momento fletor.
   Vamos voltar a discutir o Exercício 1.
   Vejamos a peça em perspectiva.

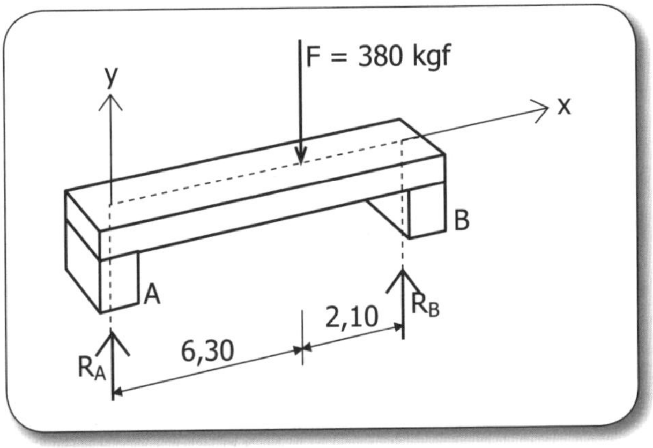

Trata-se de uma viga (vence um vão) de eixo reto, de seção constante. A carga *F* está aplicada normal ao eixo longitudinal. As reações R_A e R_B, para dar equilíbrio, estão no mesmo plano de *F*; portanto, toda a estrutura pode ser representada num plano que contém o eixo *xy* da viga.

Notemos que, *se a força* F *estivesse aplicada fora do eixo de simetria da viga*, teríamos torção e a estrutura não seria contida num plano, como se vê a seguir:

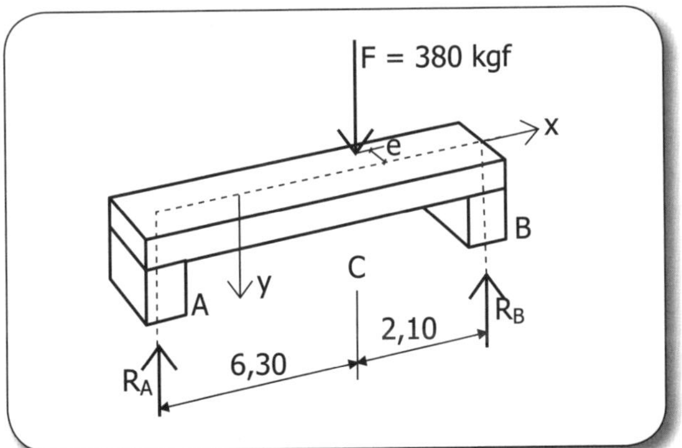

A viga com a força *F* não centrada em relação ao eixo *x* torna-se uma estrutura espacial e haverá torção na viga causada pelo momento torçor $M_T = F \cdot e$.

Voltemos à viga original, em que a força F está contida num plano de simetria xy.

Como toda a estrutura está contida num plano, vamos resolvê-la a partir do esquema:

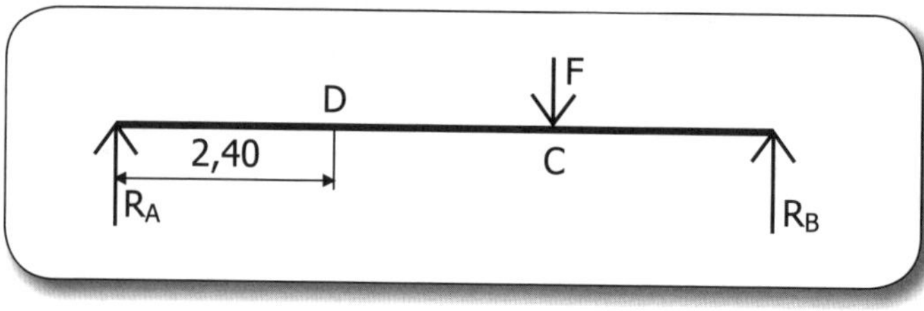

em que:

F – força ativa em C

R_A e R_B – forças reativas em A e B

Seja uma seção em D como indicado. Essa seção está em equilíbrio. Para a seção estar em equilíbrio, o trecho AD deve estar em equilíbrio.

Para essa seção em D estar em equilíbrio é necessário:

- Haver uma força interna R_D, oposta em sentido a R_A e com módulo de intensidade igual a R_A.
  R_D é tangencial à seção em D (força cortante).

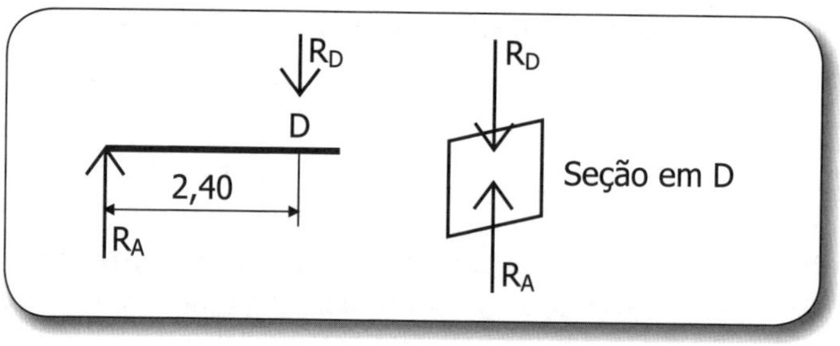

Logo, à esquerda de D, temos R_A e, à direita, R_D.

- Para que não haja giro em D, temos que vencer o momento
  $$R_A \cdot 2{,}40 = 95 \times 2{,}40 = 228 \text{ kgfm}.$$
  Vê-se que, à esquerda e à direita de D, temos:

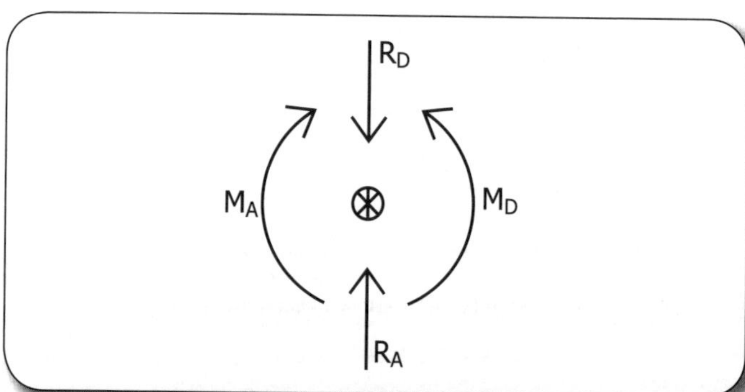

Condição de equilíbrio:

$R_A + R_D = 0$
$M_A + M_D = 0$
$R_D = -95$ kgf
$M_D = -228$ kgf

M_A, R_D e M_D são esforços internos que equilibram o ponto *D*. Apesar de o ponto *D* estar em equilíbrio, ocorrem nele esses esforços.

Analisemos agora uma seção em *E*.

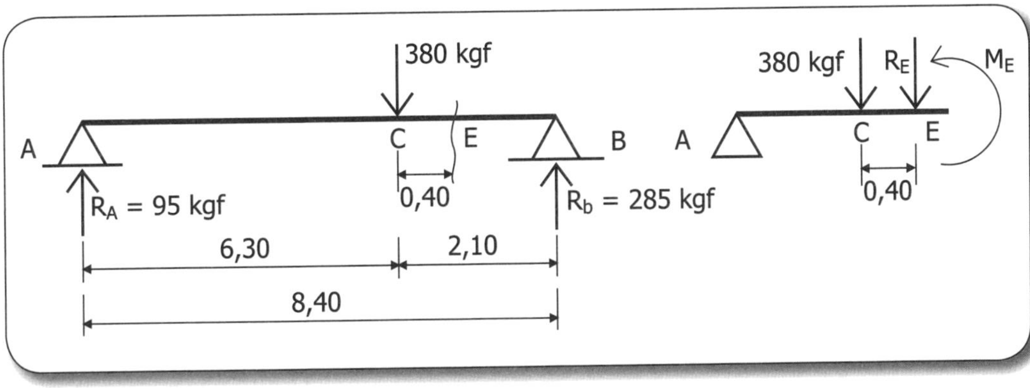

Para o equilíbrio do trecho *AE*,

$$\sum M_E = 0$$
$$95 \times (6,30 + 0,40) - 380 \times 0,40 - M_E = 0$$
$$M_E = 484,5 \text{ kgfm}$$

Logo, para o trecho *AE* estar em equilíbrio é necessário haver as reações internas R_E e M_E. Os diagramas de *Q* e *M* representam os esforços à esquerda da seção *E*.

Exercício 2

Resolva a viga a seguir.

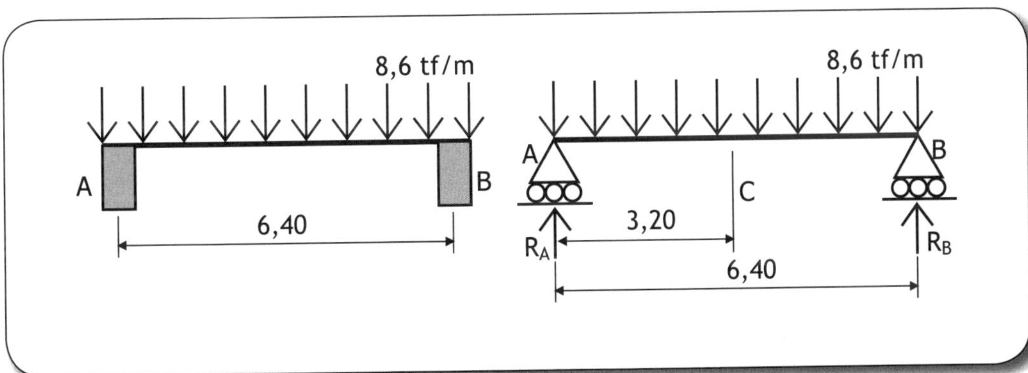

$$\sum F_V = 0 \qquad R_A + R_B = 8{,}6 \times 6{,}4 = 55 \text{ tf}$$

$$\sum M = 0 \qquad \sum M_A = 0$$

A resultante da carga distribuída vale (8,6 × 6,40 = 55 tf) e está no meio do vão (C).

$$\sum M_A = 0$$

$$+\ 55 \times 3{,}20 - 6{,}4 \cdot R_B = 0$$

$$R_B = 27{,}50 \text{ tf}$$

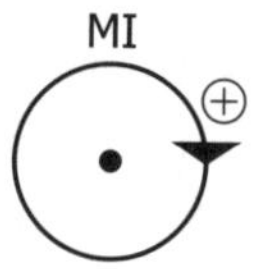

Convenção de momentos fletores positivos

Por simetria:

$$R_A = 27{,}50 \text{ tf}$$

Diagramas

Onde $Q = 0$, o momento fletor é máximo.

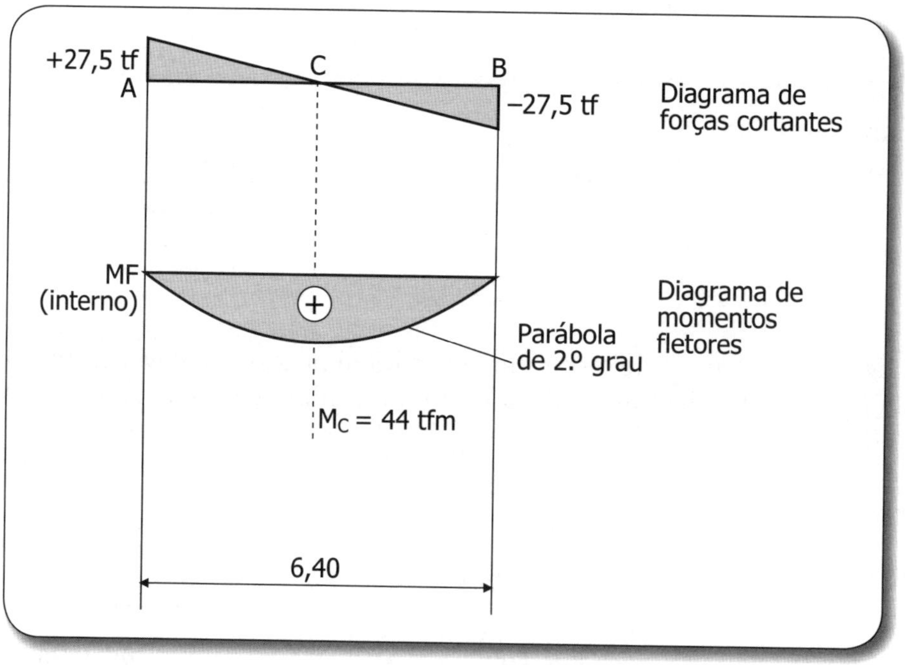

Notas:

1. No ponto C, Q (força cortante) é nula e, nesse ponto, M_F (momento fletor) é máximo.(*)

(*) Essa é uma regra geral e implacável. Onde o diagrama de forças cortantes passa por um valor nulo, o diagrama de momentos fletores passa por um máximo ou mínimo.

2. Em qualquer ponto Z distante x de A, o M_F vale:

$$M_Z = R_A \cdot x - x \cdot 8{,}6 \cdot \frac{x}{2}$$

Nota:

Em pontes é comum usar-se uma viga Gerber no caso de alguns pilares poderem sofrer recalques, diferentemente do restante da estrutura.

Veja:

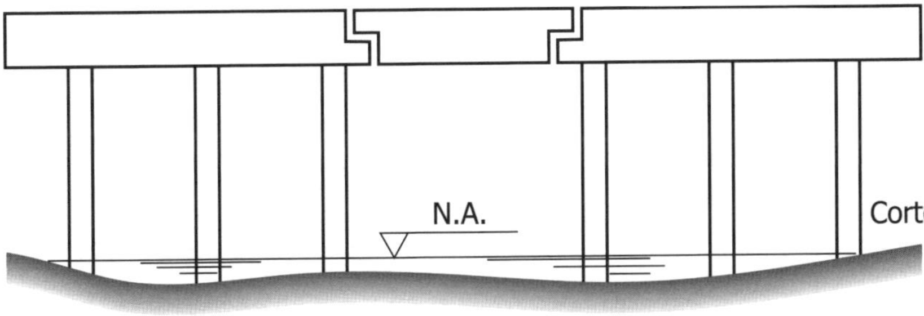

Passemos agora a estudar, seja para aplicação direta, seja para outras aplicações, o formulário de vigas de um só vão, com várias condições de apoio e vários tipos de carregamento.

Curiosidade já para uma segunda leitura

As estruturas I e II funcionam ligeiramente diferentes.

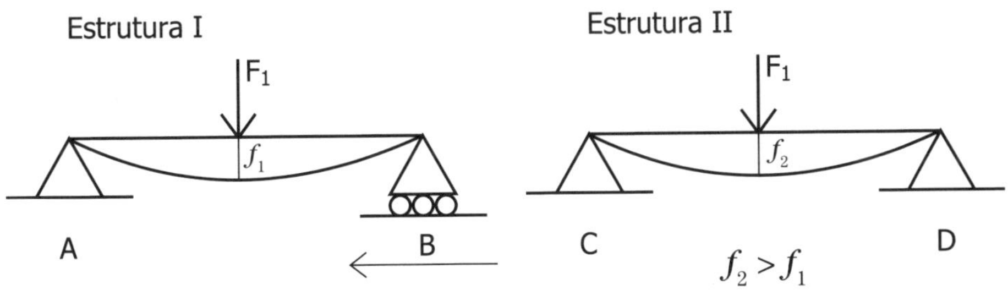

Ao sofrer flexão, a barra fletida da estrutura I corre para dentro no lado B. Ao sofrer flexão, a barra da estrutura II tenta se dobrar, mas o apoio D é fixo e não deixa. Assim a barra da estrutura II sofre tração face à não movimentação do apoio D e a flecha f_2 é maior que a flecha f_1.

Espaço reservado para suas anotações

11 Tensões normais em vigas isostáticas: a flexão normal

Uma estrutura sofrendo flexão se deformará e nas suas seções transversais e em cada ponto das seções sofrerá:

- tensões (pressões) normais de compressão;
- tensões (pressões) normais de tração;
- tensões (pressões) tangenciais de cisalhamento (deslizamento);
- e se for o caso, tensões de tração.

O conceito corrente de tensão – força dividida por área – refere-se, na linguagem comum, à situações de compressão. Vamos aqui ampliá-lo também para situações de tração e cisalhamento.

Vejamos estas duas vigas:

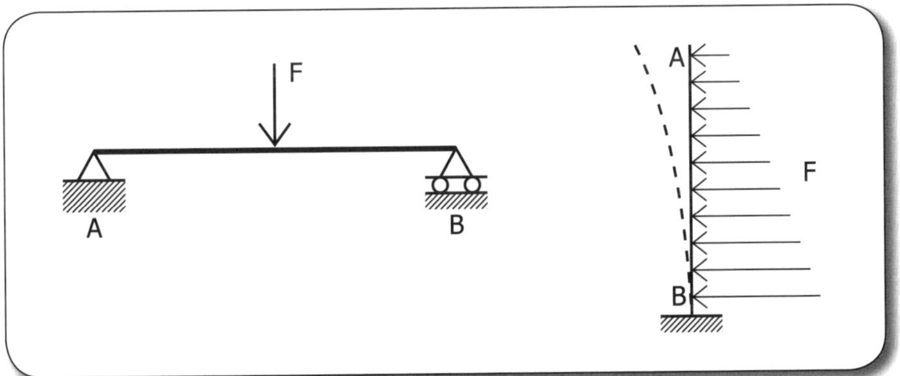

As tensões de tração, de compressão e de cisalhamento variam de seção para seção e, em uma seção, de ponto a ponto.

Para facilitar o entendimento, o estudo será dividido em tensões normais (tração e compressão) e tangenciais. Neste capítulo, abordaremos as tensões normais. No próximo capítulo, as tensões tangenciais (de cisalhamento).

11.1 Tensões normais de compressão e tração

Partindo de um caso simples de uma viga de seção retangular, vamos generalizar para outras seções.

11.1.1 Exercícios numéricos

Exercício 1

Seja uma prancha de aço de 10 × 30 cm apoiada sobre duas colunas e sujeita a uma carga concentrada de 9,2 tf situada no meio do vão. Por ser pequeno, o peso próprio da viga será desprezado.

$$R_A = R_B = 9{,}2/2 = 4{,}6 \text{ tf}$$

$$M_{\max} = \frac{F \cdot L}{4} = \frac{9{,}2 \times 4{,}8}{4} = 11{,}04 \text{ tfm} = 11.040 \text{ kgfm}$$

$$M_{\max} = 1.104.000 \text{ kgfcm}$$

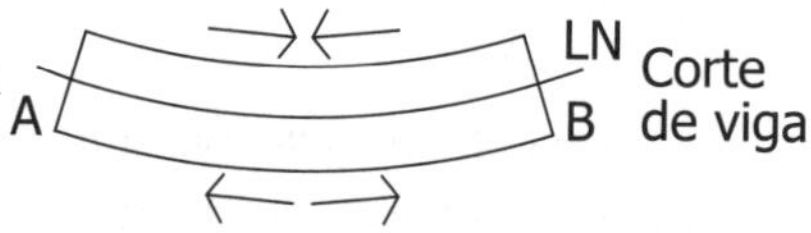

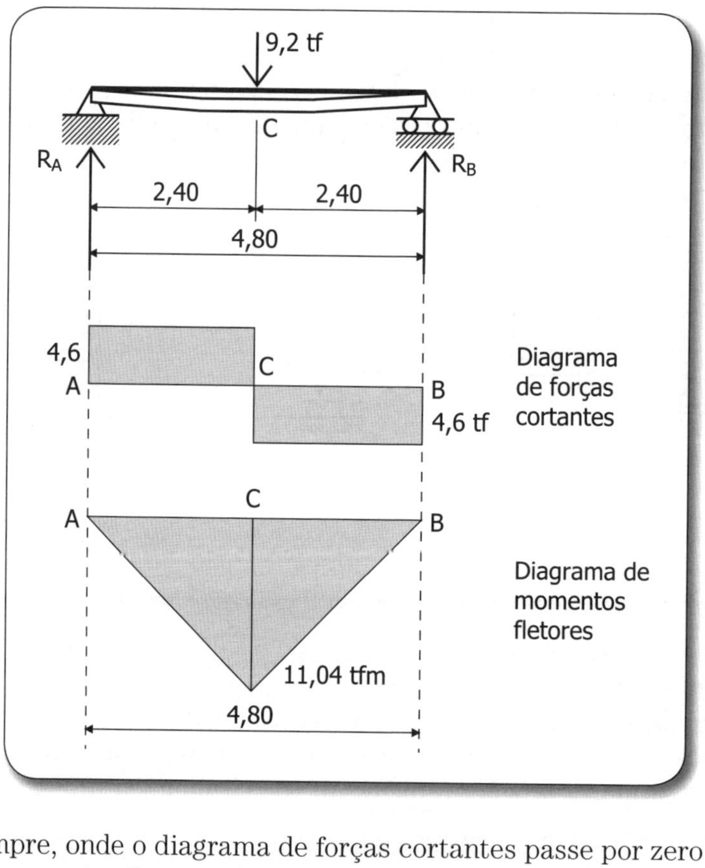

Como sempre, onde o diagrama de forças cortantes passe por zero (ponto C) o diagrama de momentos fletores alcança um máximo ou mínimo.

Analisando a deformação da viga numa seção, vê-se que as partes superiores da viga sofrem um processo de encurtamento (compressão) e as partes inferiores, estiramento (tracionamento).

Seja agora uma seção transversal ao eixo no ponto *C*. Nos pontos da borda superior da seção *C* acontecem as máximas tensões de compressão, que irão decair conforme nos aproximamos do eixo. Nesse eixo, as tensões de compressão deixam de existir e nos primeiros pontos abaixo do eixo começam a ocorrer tensões de tração, que serão máximas na borda inferior da seção.

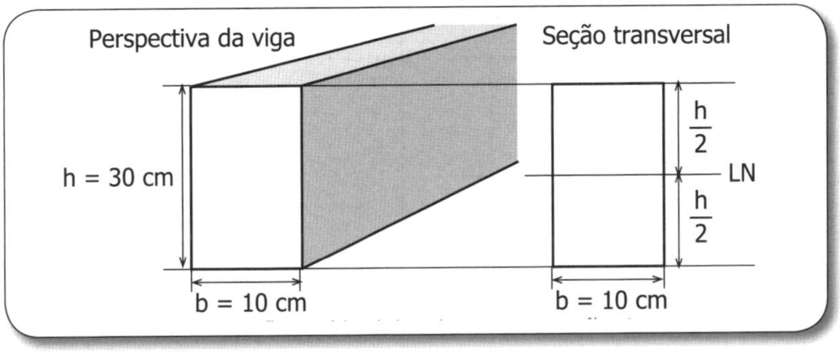

Como tensões de compressão e tração são tensões opostas, elas devem passar por um ponto em que se anulam. Tal ponto, localizado no eixo horizontal de simetria, localiza-se na *linha neutra* (*LN*).

Com base na hipótese de o material atender à lei de Hooke, a variação de tensão é linear da linha neutra para as bordas. No caso da seção retangular, teremos:

$$\boxed{\sigma_C = \sigma_t = \frac{M}{J} \cdot \frac{h}{2} = \frac{M}{W}}$$

em que:

J – momento de inércia
W – módulo resistente

Vamos calcular as tensões σ na seção em *C* da viga, que é o ponto médio em que ocorre o maior momento fletor:

$$M_C = 1.104 \text{ tfm} = 1.104.000 \text{ kgfcm}$$

$$J = \frac{b \cdot h^3}{12} = \frac{10 \times 30^3}{12} = 22.500 \text{ cm}^4$$

Tensões máximas:

$$\sigma_C = \sigma_t = \frac{M}{J} \cdot a = \frac{1.104.000}{22.500} \cdot a = 49 \cdot a$$

em que *a* é distância de uma borda até a linha neutra.

Se $a = 0$ $\sigma_C = \sigma_t = 0$, se $a = h/2$, temos o máximo de $\sigma_C = \sigma_t = 49 \cdot 15 = 735$ kgf/cm^2.

Logo,

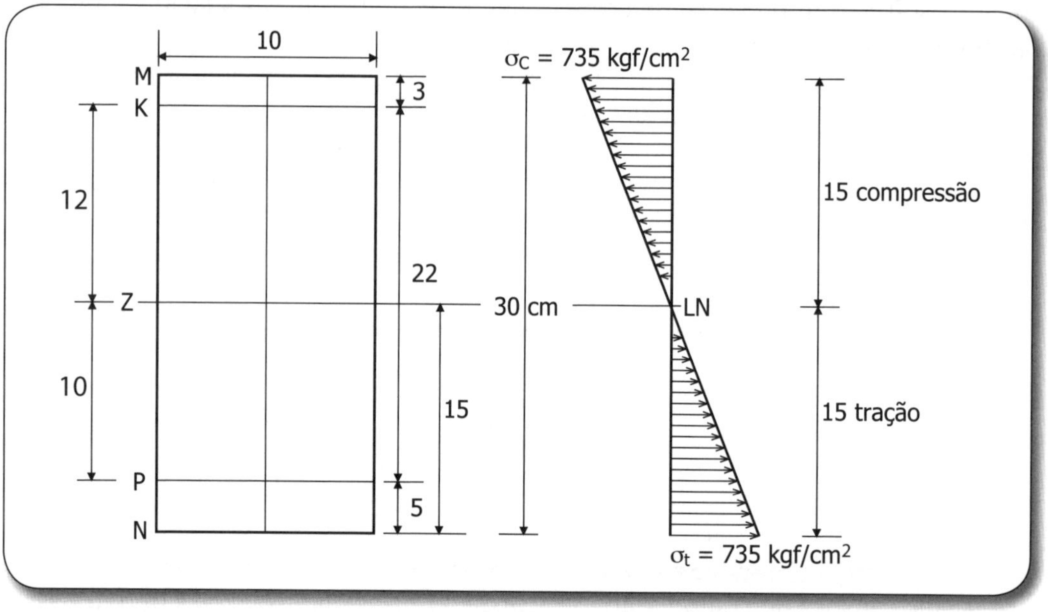

As tensões em qualquer ponto nas retas passando por *M*, *N*, *K*, *P* e *Z* são:

$\sigma_M = 49 \cdot a = 49 \times 15 = 735$ kgf/cm² (compressão)
$\sigma_K = 49 \cdot a = 49 \times 12 = 588$ kgf/cm² (compressão)
$\sigma_Z = 0$ (nem tração, nem compressão)
$\sigma_P = 49 \cdot a = 49 \times 10 = 490$ kgf/cm² (tração)
$\sigma_N = 49 \cdot a = 49 \times 15 = 735$ kgf/cm² (tração)

Exercício 2

Calcule as tensões normais nos pontos *Z* e *K* de uma prancha de madeira tipo peroba e verifique se esse material pode ser aceito.

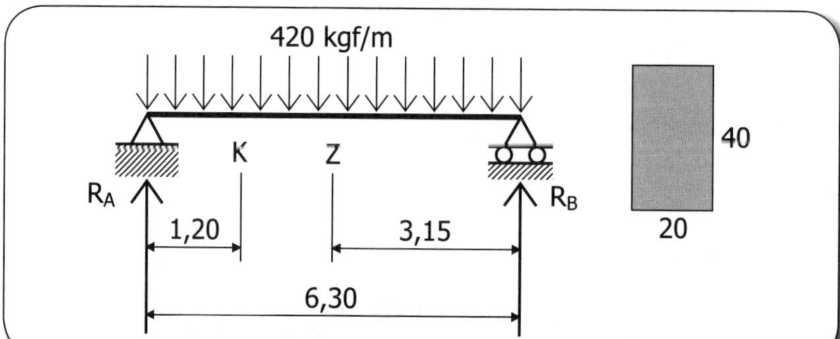

$$R_A = R_B = \frac{420 \times 6{,}3}{2} = 1.323 \text{ kgf} \qquad J = \frac{bh^3}{12} = \frac{20 \times 40^3}{12} = 106{,}666 \text{ cm}^4$$

Para calcular M_K e M_Z,

$$M_K = 1.323 \times 1,2 - 1,2 \times 420 \times \frac{1,2}{2} = 1.284 \text{ kgfm}$$

$$M_Z = \frac{p \cdot L^2}{8} \text{ (ponto médio)} = \frac{420 \times 6,3^2}{8} = 2.083 \text{ kgfm}$$

$$\sigma_c = \sigma_t = \frac{M}{J} \cdot \frac{h}{2} = \frac{208.300}{106.666} \times \frac{40}{2}$$

$$\sigma_c = \sigma_t = 39 \text{ kgf/cm}^2$$

Essa tensão é bem inferior à tensão admissível da peroba, logo pode ser usada.

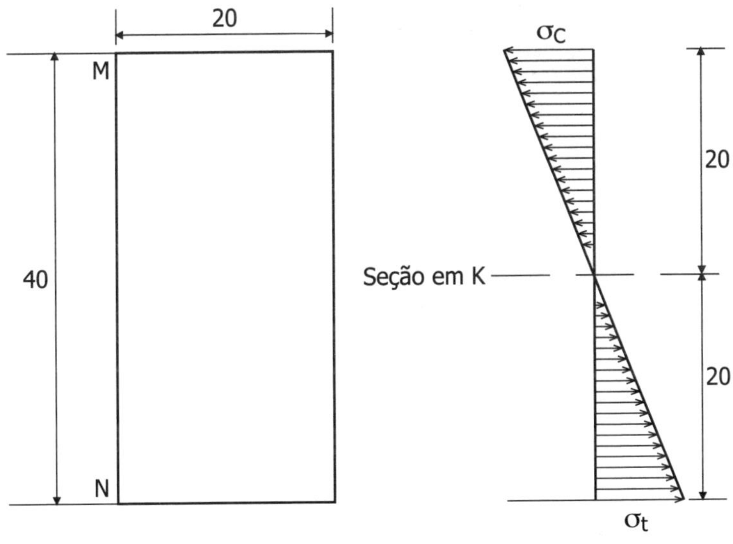

Nota:
A tensão admissível da peroba à tração e/ou compressão é superior a 100 kgf/cm^2.

Exercício 3

Analise a tensão máxima em um poste de concreto simples encravado na base e sofrendo no seu topo uma força de 1.300 kgf.

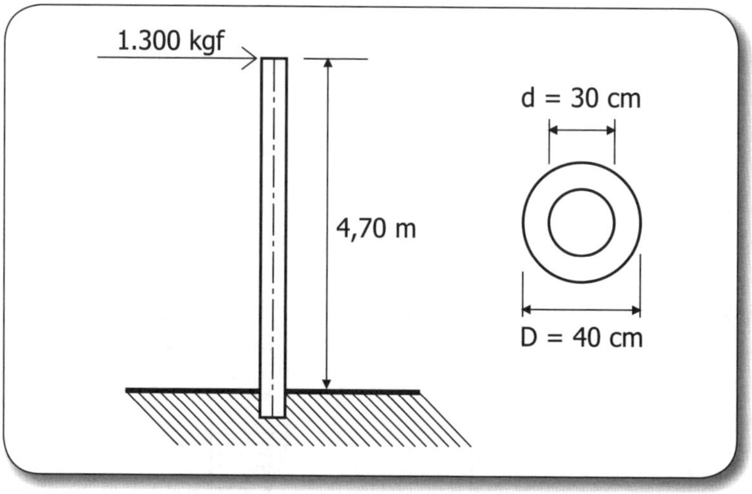

σ_{limite} = 15 kgf/cm^2, na tração e compressão.

Para calcular o momento fletor:
O maior momento fletor será em *A* e vale

$$M_A = F \cdot L = 1.300 \times 470 = 611.000 \text{ kgfcm}$$

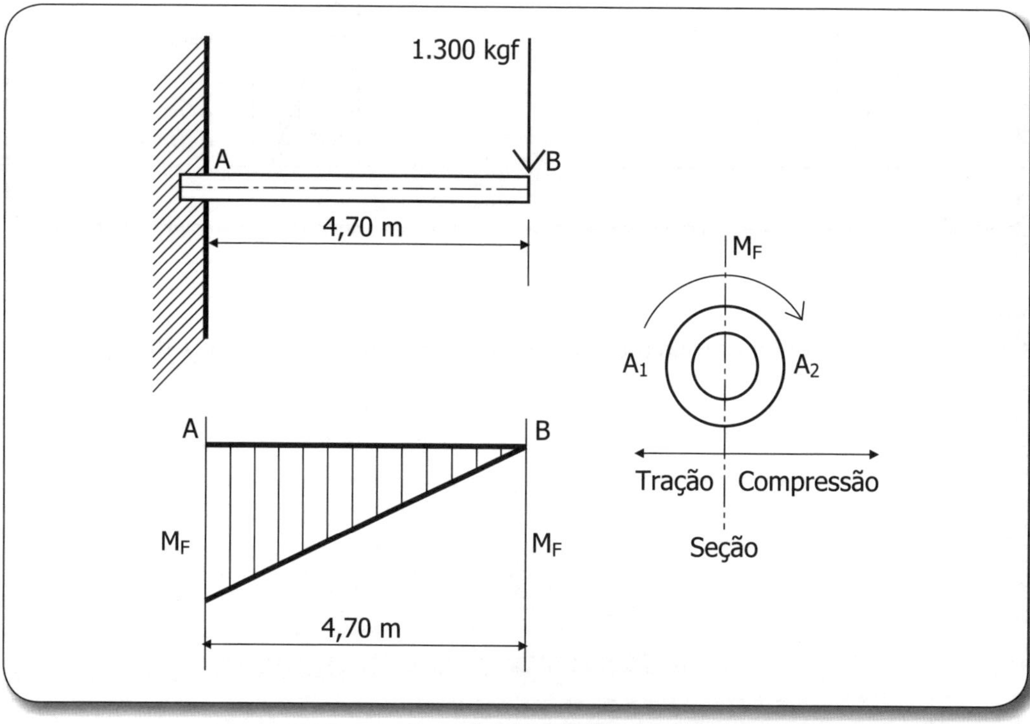

O cálculo da tensão máxima será no ponto A.

$$\sigma_c = \sigma_t = \frac{M}{J} \cdot \frac{y}{2}$$

$$J = \frac{\pi(D^4 - d^4)}{64} = \frac{3{,}14 \times (40^4 - 30^4)}{64} = 85.859 \text{ cm}^4$$

$$\sigma_c = \sigma_t = \frac{611.000}{85.859} \cdot \frac{40}{2} = 142 \text{ kgf/cm}^2$$

Atenção: essa estrutura é inaceitável, pois $\sigma_{limite} = 15 < 142$ kgf/cm². A solução é aumentar o D.

Exercício 4

Uma peça de seção circular d = 40 cm será usada como estrutura de uma viga. Analise as consequências em vários pontos da viga.

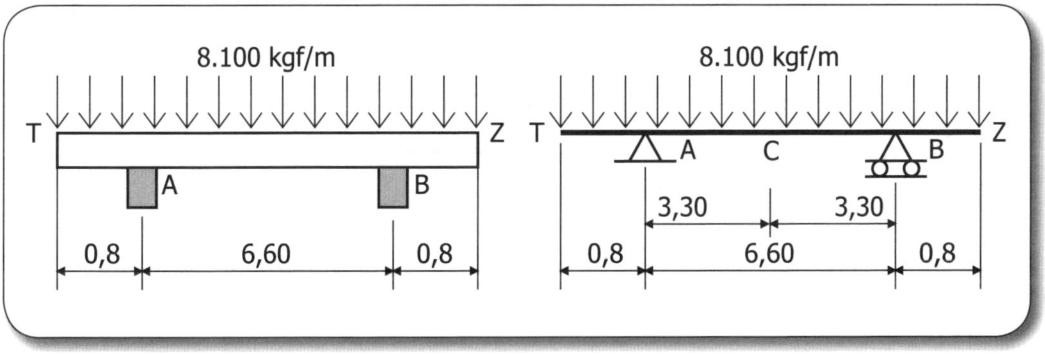

$$R_A + R_B = 8.100 \times (6{,}60 + 1{,}60) = 66.420 \text{ kgf}$$
$$R_A = R_B \text{ (simetria)} = 33.210 \text{ kgf}$$

Diagrama MF

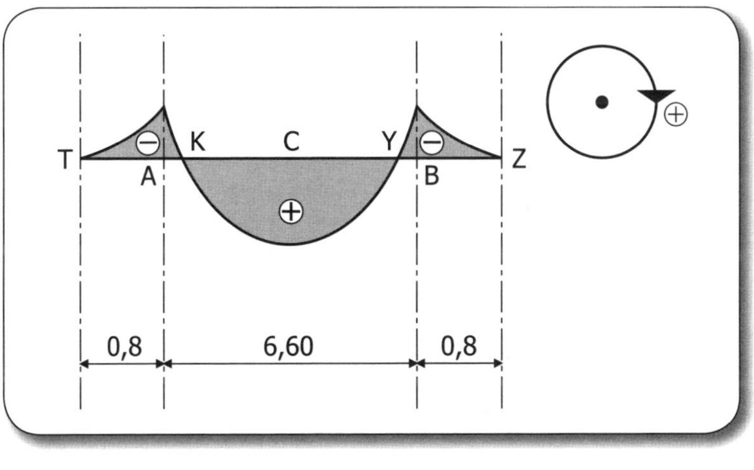

$$M_T = 0$$

$$M_A = 8.100 \times 0{,}8 \times \frac{0{,}8}{2} = 2.592 \text{ kgfm}$$

$$M_C = -8.100(3{,}30 + 0{,}80) \times \frac{(3{,}30 + 0{,}80)}{2} + 33.210 \times 3{,}30$$

$$M_C = 41.513 \text{ kgfm}$$

O maior momento fletor na viga é M_C = 41.513 kgfm.

$$M_B = M_A \quad M_Z = M_T = 0$$

Calculemos as tensões ponto a ponto. A linha elástica deformada é:

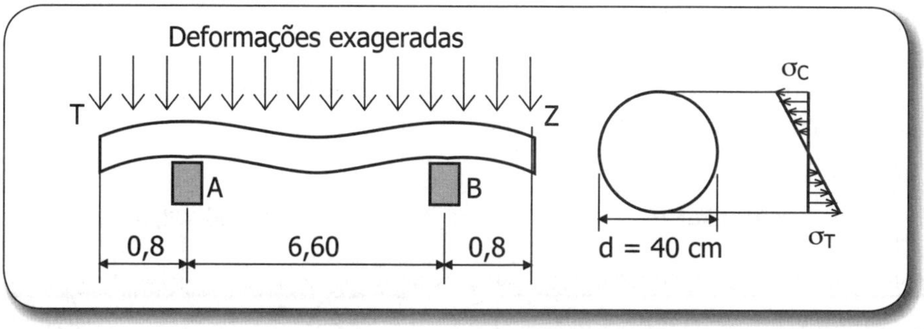

Do ponto *T* ao ponto *K*. O momento fletor é negativo, o que significa que as fibras superiores da viga são tracionadas e as fibras inferiores são comprimidas. O mesmo acontece com o trecho *YZ*. No trecho *KY*, as fibras superiores são comprimidas e as inferiores, tracionadas.

As tensões são:

$$\text{Seção circular} \quad W = \frac{\pi D^3}{32} = \frac{3{,}14 \times 40^3}{32} = 6.280 \text{ cm}^3$$

$$\sigma_A = \frac{M}{W} = \frac{259.200 \text{ kgfcm}}{6.280} = 41{,}2 \text{ kgf/cm}^2$$

$$\sigma_C = \frac{M}{6.280} = \frac{4.151.300 \text{ kgfcm}}{6.280} = 661 \text{ kgf/cm}^2$$

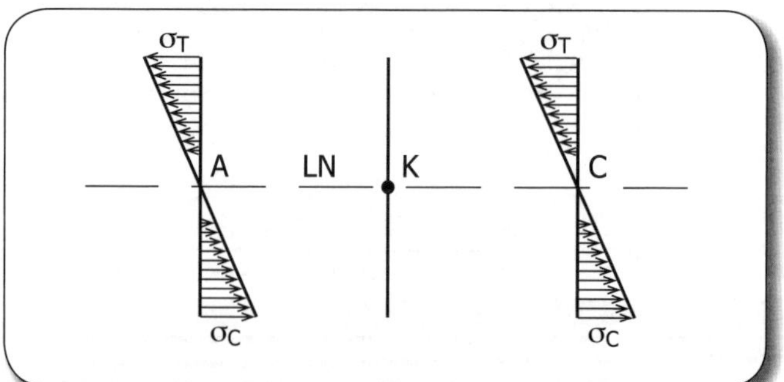

Vamos determinar a coordenada do ponto K, em que $M = 0$.

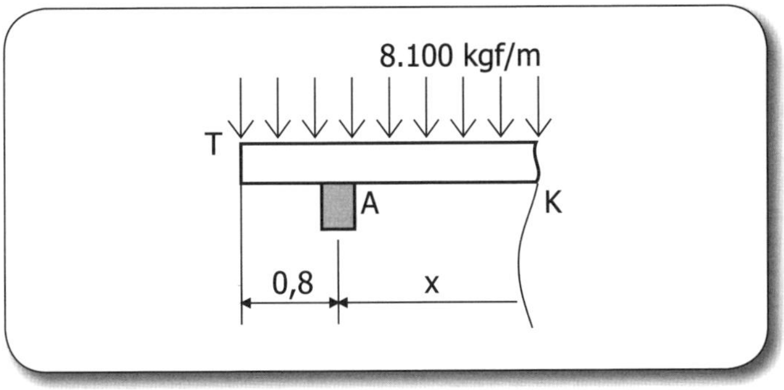

$$M_K = 0 = -8.100 \cdot x \cdot \frac{x}{2} + 33.210 \times (x - 0{,}8) = 0$$

$$-4{,}050x^2 + 33.210x - 26.568 = 0$$

Dividindo-se por –4.050,

$$x^2 - 8{,}2x + 6{,}6 = 0$$

$$x = \frac{-b \pm \sqrt{b^2 - 4ac}}{2a} = \frac{8{,}2 \pm \sqrt{8{,}2^2 - 4 \times 6{,}6}}{2} = \frac{+8{,}2 - 6{,}39}{2} = 0{,}905 \text{ m}$$

Logo,

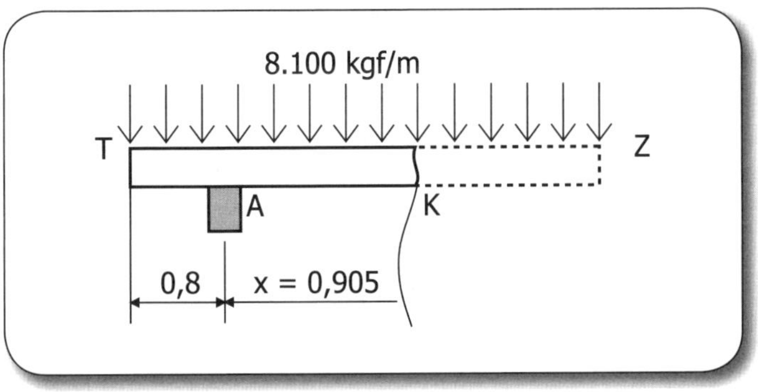

K é o ponto em que o diagrama de momentos fletores deixa de ser negativo para ficar positivo.

11.2 Vigas compostas sofrendo flexão – casos a considerar

Sejam duas pranchas que vão sofrer flexão nos vários casos possíveis.

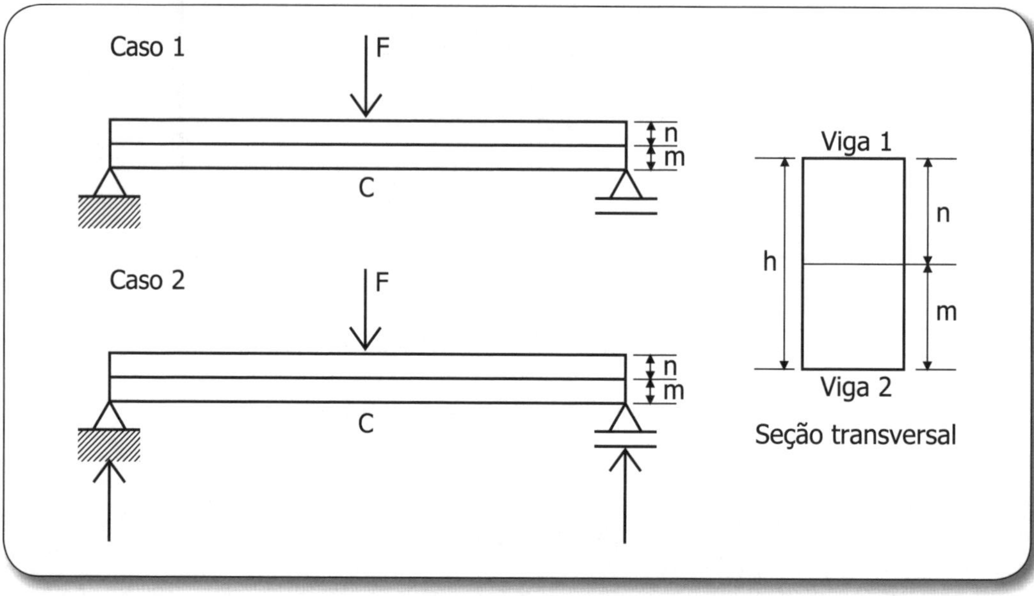

Temos dois casos a considerar, admitindo que ambas as pranchas sejam do mesmo material.

- Caso 1: as duas vigas são simplesmente justapostas;
- Caso 2: as duas vigas estão solidarizadas por cola ou pregos.

Para a mesma força F, a estrutura do caso 2 terá menor flecha que no caso 1.

No caso 1 são duas vigas que sofrem flexão e no caso 2 face à ligação entre elas, as duas vigas funcionam como uma só viga, com altura $h = n + m$ e tendo maior altura, tem maior rigidez e portanto, menor flecha.

11.3 Reconheça as estruturas do dia a dia

O hábito de projetar estruturas convencionais pode levar o iniciante no estudo das estruturas a considerar obrigatório procurar sempre obter nas estruturas as mínimas tensões e as mínimas deformações. Há casos, entretanto, em que isso não é o desejado. Ao estruturar vigas de seção retangular, normalmente as colocamos de pé, ou seja, com a maior dimensão da seção na vertical e, por consequência, a menor dimensão na horizontal. Isso gerará as menores tensões e as menores deformações, levando a uma maximização do uso do material. Se, no entanto, formos projetar um trampolim flexível, desejamos uma estrutura de máxima flexibilidade para poder, sem maiores esforços, acumular energia. Neste caso, a viga será colocada deitada.

Igualmente, isso ocorre se formos usar vigas nos estrados das camas, nos quais se deseja também o máximo da flexibilidade, ou seja, a maior deformabilidade.

Seja este tipo de cadeira:

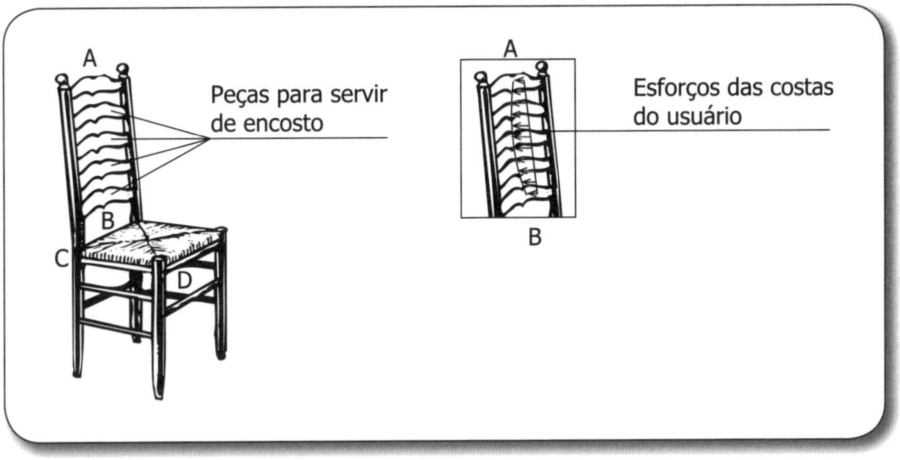

Note que os encostos (vigotas de A a B) são colocadas na posição de maior deformabilidade para gerar maior conforto.

A viga CD (apoio do assento) é colocada na posição de menor deformabilidade e de maior resistência. Cada caso é um caso.

O que vale para cadeiras, vale para uma cama. Analise na sua cama, as vigas de apoio do colchão (deitadas) e as vigas principais da cama de pé.

Outra estrutura projetada para ser deformável: uma prancha de saltos, de madeira.

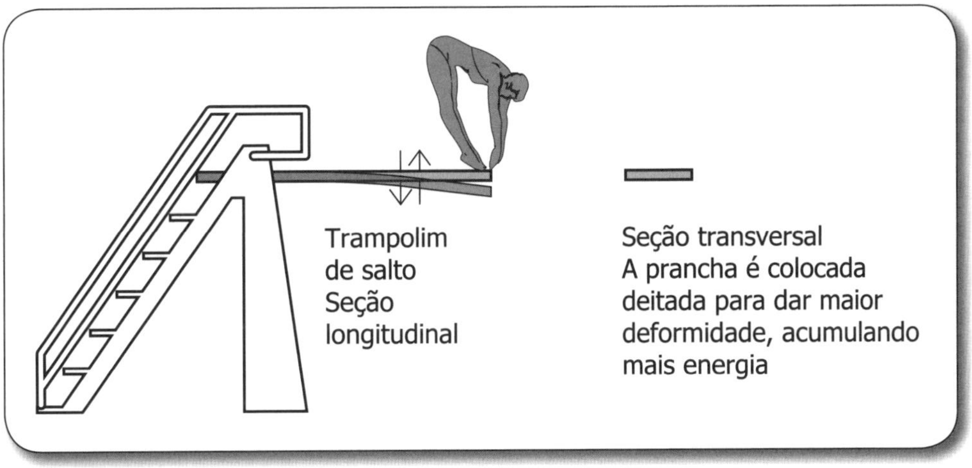

Espaço reservado para suas anotações

12 A flexão oblíqua nas vigas

12.1 Viga com eixos de simetria

Seja a força F que está aplicada no ponto Z da peça horizontal engastada numa parede. A força F causará uma flexão em um plano que não contém um dos eixos de simetria da viga. Esse tipo de flexão é chamado de *flexão oblíqua*.

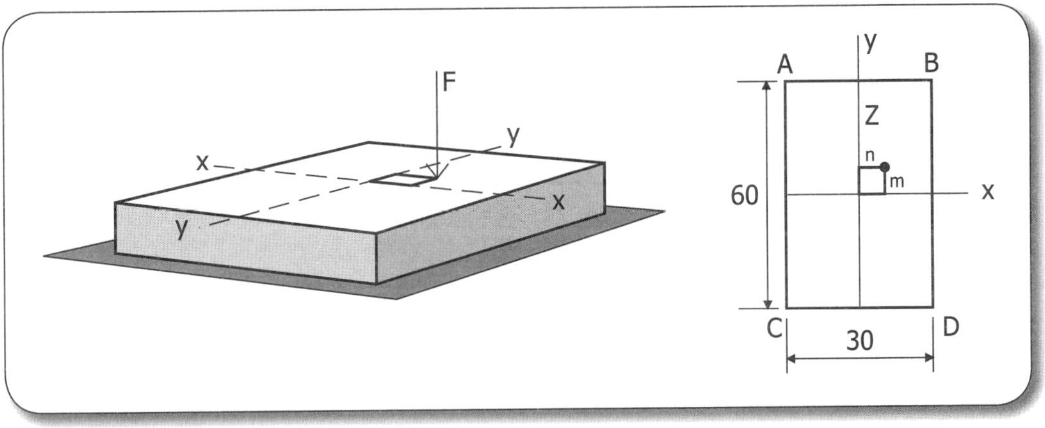

Pelo princípio da superposição, a flexão obíqua pode se decompor em duas flexões normais mais uma carga centrada. Veja:

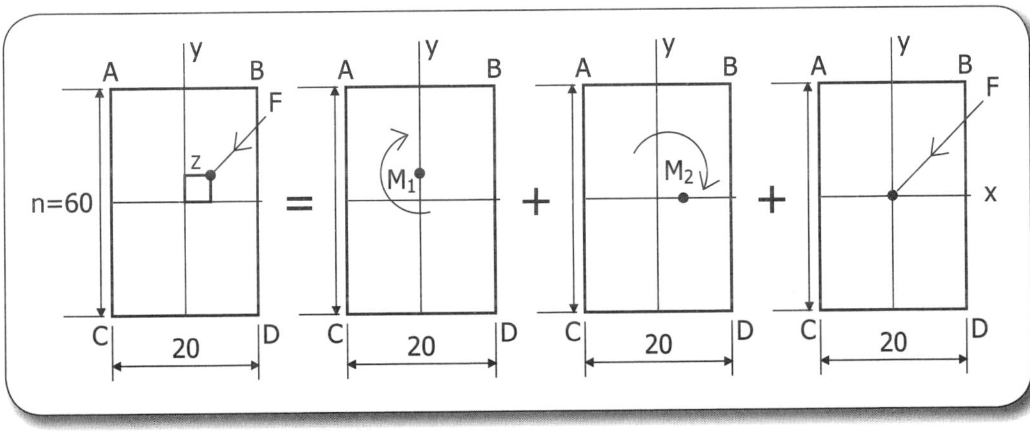

Flexão oblíqua = Flexão normal contendo o eixo y + Flexão normal contendo o eixo x + Compressão no centro da seção

Isso significa que podemos calcular os esforços na viga sofrendo flexão oblíqua, face a excentricidade da carga, somando:

- Efeito de um momento fletor M_1, contido no plano que passa por y;
- Efeito de um momento fletor M_2, contido no plano que passa por x;
- Efeito de uma força F considerada centrada, distribuindo sua carga em toda a seção.

12.1.1 Exemplo de cálculo de flexão oblíqua

Seja a coluna de seção retangular de baixa altura (pode-se, então, desprezar a flambagem) com uma carga F que deslocaremos normalmente à seção transversal da peça. Para ficar bem claro o estudo de flexão oblíqua em seção com eixo de simetria, admitimos que a força F esteja atuando:

- *Caso a*: fora do centro, mas em um eixo de simetria;
- *Caso b*: fora dos dois eixos de simetria (x e y).

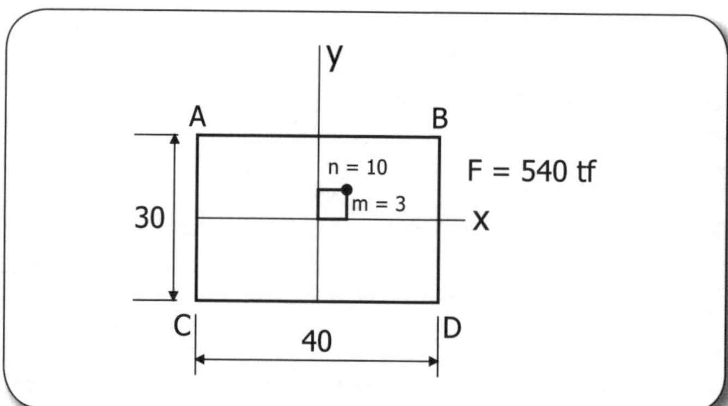

Posições da força F:

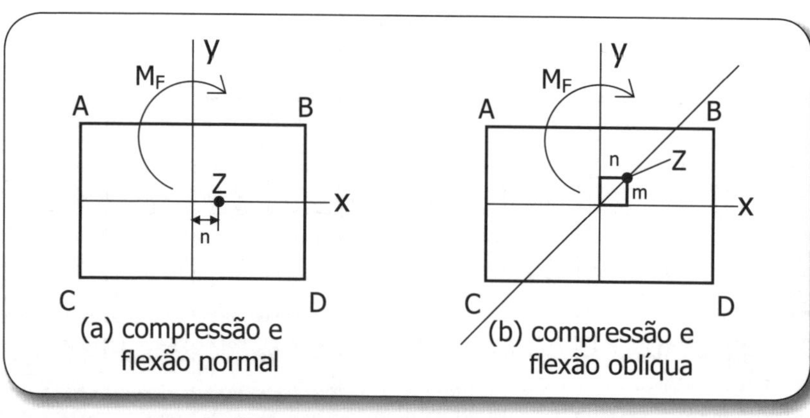

(a) compressão e flexão normal

(b) compressão e flexão oblíqua

Resolução a) Compressão e flexão normal

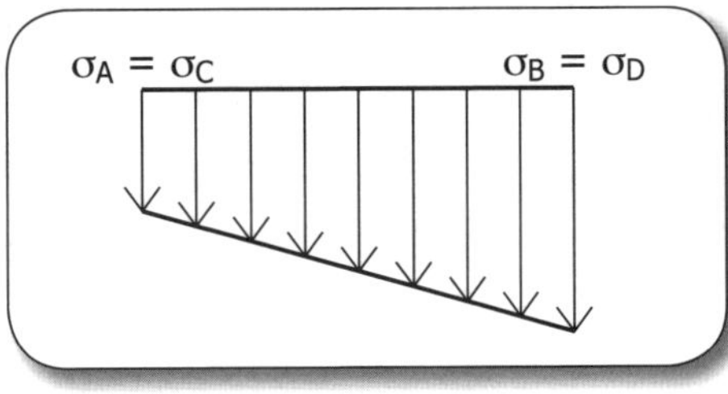

$$\left| \begin{array}{l} F \\ M = F \cdot n \end{array} \right.$$

Vamos determinar σ_A, σ_B, σ_C, σ_D. Somente para comparação, consideremos duas situações:

- *Situação 1*: força centrada
- *Situação 2*: força excêntrica (Compressão e flexão normal)

Situação 1

$$\sigma = \frac{F}{S} = \frac{540}{30 \times 40} = 0,45 \text{ tf/cm}^2$$

$$\sigma_A = \sigma_B = \sigma_C = \sigma_D = 450 \text{ kgf/cm}^2$$

Situação 2

$$\sigma_B = \sigma_D = \frac{F}{S} + \frac{M}{W}$$

$$\sigma_A = \sigma_C = \frac{F}{S} - \frac{M}{W}$$

$$W = \frac{bh^2}{6} = \frac{30 \times 40^2}{6} = 8.000 \text{ cm}^3$$

$$M = F \cdot n = 540.000 \times 10 = 5.400.000 \text{ kgfcm} = 5.400 \text{ tfcm}$$

$$\sigma_B = \sigma_D = \frac{540}{30 \times 40} + \frac{5.400}{8.000} = 1,11 \text{ tf/cm}^2$$

$$\sigma_A = \sigma_C = \frac{540}{30 \times 40} - \frac{5.400}{8.000} = -0,2 \text{ tf/cm}^2 \text{ (tração!!!)}$$

Note que ocorreu tração. Isso se deve ao fato de ser grande a excentricidade n. Se fosse o caso (mas não é) de não se desejar tração, poderíamos calcular a máxima excentricidade n pela fórmula:

$$\boxed{\sigma_C = \frac{F}{S} - \frac{F \cdot n}{W} = 0}$$

$$\frac{540}{30 \times 40} + \frac{540 \cdot n}{8.000} = 0$$

$$n = \frac{8.000}{30 \times 40} = 6,7 \text{ cm}$$

Resolução b)

Assim como em a), somamos tensões provenientes de compressão com tensões de tração, dividiremos o momento fletor oblíquo em dois momentos normais projetados nos eixos x e y.

Seja o ponto Z onde está aplicada a força F.

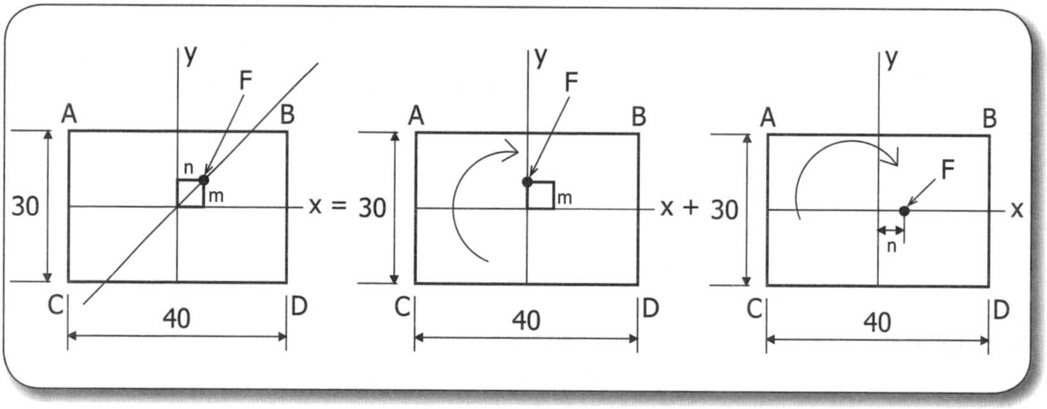

Assim, a tensão no ponto Z será:

$$\sigma_Z = \frac{F}{S} + \sigma_{Mx} + \sigma_{My}$$

O cálculo de σ_{mx} e σ_{nx} seguirá a metodologia utilizada no caso a) (flexão normal), com dois momentos fletores.

12.1.2 Exemplo numérico de viga com eixos de simetria

$$M_x = F \cdot n = 540 \times 10 = 5.400 \text{ tfcm}$$

$$M_y = F \cdot m = 540 \times 3 = 1.620 \text{ tfcm}$$

Calculemos W nas direções x e y.

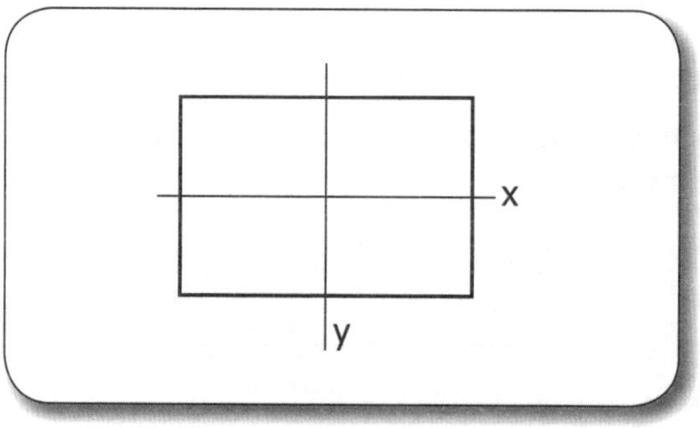

$$W = \frac{bh^2}{6}$$

$$W_x = \frac{30 \times 40^2}{6} = 8.000 \text{ cm}^3$$

$$W_y = \frac{40 \times 30^2}{6} = 6.000 \text{ cm}^3$$

Analisando cada um dos pontos *A*, *B*, *C* e *D*, temos:

$$\sigma_A = \frac{F}{S} + \frac{M_y}{W_y} - \frac{M_x}{W_x} = \frac{540}{30 \times 40} + \frac{1.620}{6.000} - \frac{5.400}{8.000}$$

$$\sigma_B = \frac{F}{S} + \frac{M_y}{W_y} + \frac{M_x}{W_x} = \frac{540}{30 \times 40} + \frac{1.620}{6.000} + \frac{5.400}{8.000}$$

$$\sigma_C = \frac{F}{S} - \frac{M_y}{W_y} - \frac{M_x}{W_x} = \frac{540}{30 \times 40} - \frac{1.620}{6.000} - \frac{5.400}{8.000}$$

$$\sigma_D = \frac{F}{S} - \frac{M_y}{W_y} + \frac{M_x}{W_x} = \frac{540}{30 \times 40} + \frac{1.620}{6.000} + \frac{5.400}{8.000}$$

$$\sigma_A = 0,045 \text{ tf/cm}^2 \qquad \sigma_B = 1,395 \text{ tf/cm}^2$$

$$\sigma_C = 0,495 \text{ tf/cm}^2 \qquad \sigma_D = 0,855 \text{ tf/cm}^2$$

O problema está resolvido.

12.2 Resumo

Conseguimos determinar as tensões nas quatro extremidades, calculando para cada ponto a somatória do efeito da carga N na seção (supondo-se a carga uniformemente distribuída na área S) mais os efeitos dos momentos fletores em duas direções ortogonais x e y.

Espaço reservado para suas anotações

13 Tensões tangenciais (cisalhamento) em vigas

Já vimos que ocorrem, nas seções de estruturas que sofrem flexão, tensões de compressão e de tração, variando de ponto a ponto de cada seção. Essas tensões são máximas nas bordas e nulas na metade da seção, no caso da seção retangular.

Nessa estrutura que sofre flexão ocorrem tensões de cisalhamento, seção por seção,(*) e os seus valores dependem da seção e de cada ponto nessa seção. Tais tensões variam inversamente às de compressão e tração. Quanto às tensões de cisalhamento (tangenciais), elas são máximas no centro da seção e nulas nas bordas da seção.

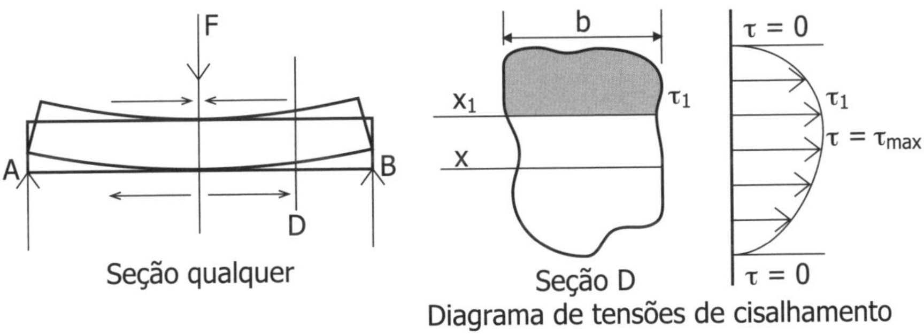

A fórmula que correlaciona o valor da força cortante em uma seção e a tensão em um ponto dessa seção é:

$$\boxed{\tau_1 = \frac{QMs}{bJ}}$$

τ_1 = tensão de cisalhamento na linha horinzontal x_1

em que: Q = força cortante na seção
Ms = momento estático da área acima de x_1
b = largura da seção em x_1
J = momento de inércia da seção
τ = tensão de cisalhamento na flexão (medida da tensão de separação das lamelas horizontais da viga)

(*) As tensões de cisalhamento em vigas são chamadas de tensões de cisalhamento na flexão para serem diferenciadas das tensões de cisalhamento puro, como as tensões de cisalhamento nos rebites.

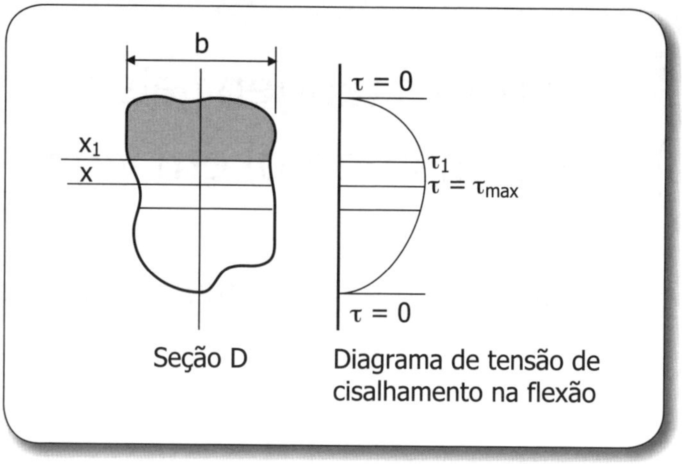

Para a seção retangular,

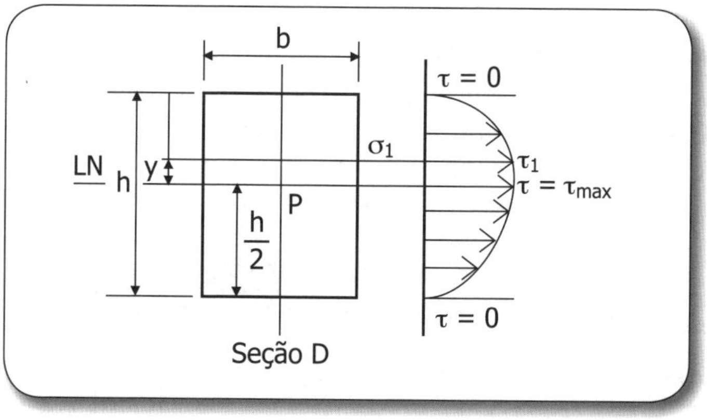

$$\tau_D = \frac{QMs}{bJ}$$

sendo a seção retangular

$$\tau_D = \frac{Q}{2J}\left(\frac{h^2}{4} - y^2\right)$$

Se $y = \frac{h}{2}$ $\tau = 0$ (extremidades)

Se $y = 0$ τ_D = máximo, calculemos τ_D máximo:

$$J(\text{seção retangular}) = \frac{bh^3}{12}$$

$$\tau_D = \frac{Q}{2 \cdot \frac{bh^3}{12}} \cdot \frac{h^2}{y} = \frac{12}{8}\frac{Q}{bh} = 1{,}5\frac{Q}{bh}$$

Para as vigas de tipo **I**, o cálculo das tensões de cisalhamento pode tirar partido da simplificação.

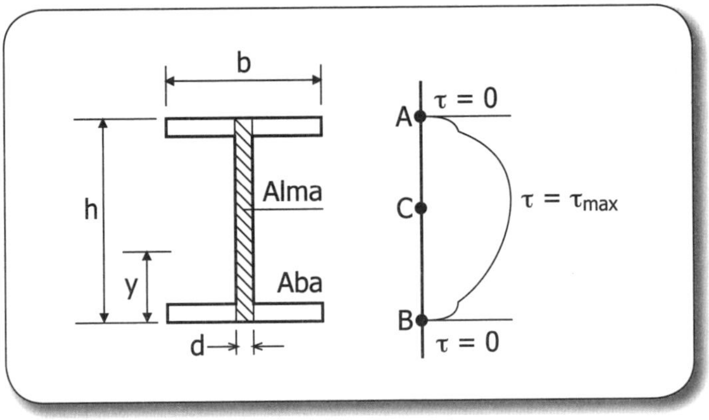

$$y = 0 \rightarrow \tau_A = \tau_B = 0$$

$$y = \frac{h}{2} \therefore \tau_{\max} = \frac{Q}{S} = \frac{Q}{d \cdot h}$$

Ou seja, na prática, o cálculo é feito usando-se a área da parte hachurada da viga (alma), desprezando-se a contribuição das abas.

Nota 1:

Só há tensões de cisalhamento nas seções transversais de uma viga, nas quais ocorre força cortante. Na viga a seguir, não há força cortante no trecho *CD*, portanto não há tensões de cisalhamento.

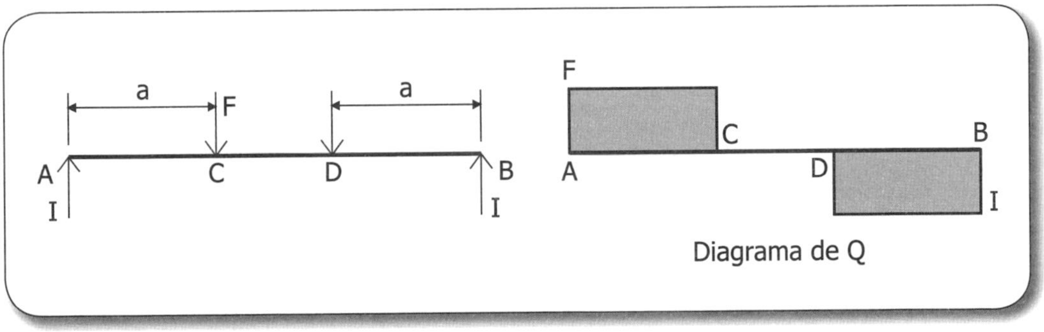

Nota 2:

No caso de viga de seção circular, numa seção em que atue a força Q, a maior tensão de cisalhamento está na linha neutra e vale

$$\tau_{\max} = \frac{4}{3} \cdot \frac{Q}{S}$$

em que S é a área da seção transversal.

13.1 Exercícios numéricos

Exercício 1

Calcule a tensão de cisalhamento na viga de seção retangular a seguir na seção Z e no ponto K.

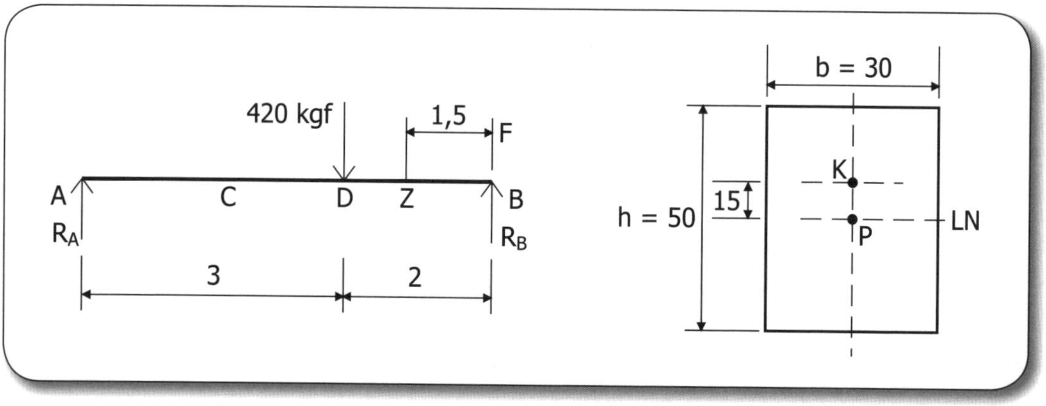

$$\sum F_V = 0 \qquad R_A + R_B = 420$$

$$\sum M = 0 \qquad \sum M_B = R_A \cdot 5 - 420 \times 2 = 0$$

$$R_A = 168 \text{ kgf}$$

$$R_B = 252 \text{ kgf}$$

O valor de força cortante na seção Z é de 252 kgf.

Conhecida a força cortante na seção, calcule a tensão de cisalhamento no ponto K dessa seção.

A fórmula geral é

$$\boxed{\tau = \frac{Q}{bJ} Ms} \quad \text{(para a seção retangular).}$$

$$\tau_K = \frac{Q}{2J}\left(\frac{h^2}{4} - y^2\right)$$

$$Q = 252 \text{ kgf} \qquad b = 30 \text{ cm} \qquad h = 50 \text{ cm} \qquad y = 15 \text{ cm}$$

$$J = \frac{bh^3}{12} = \frac{30 \times 50^3}{12} = 312.500 \text{ cm}^4$$

$$\tau_K = \frac{252}{2 \times 312.500}\left(\frac{50^2}{4} - 15^2\right) = 0{,}16 \text{ kgf/cm}^2$$

Nota:

Lembremos que a maior tensão de cisalhamento ocorre na linha neutra da seção.

Exercício 2

Estamos usando o perfil **I** para verificar o cisalhamento na flexão. Calcule a máxima tensão de cisalhamento e compare-a com a tensão admissível.

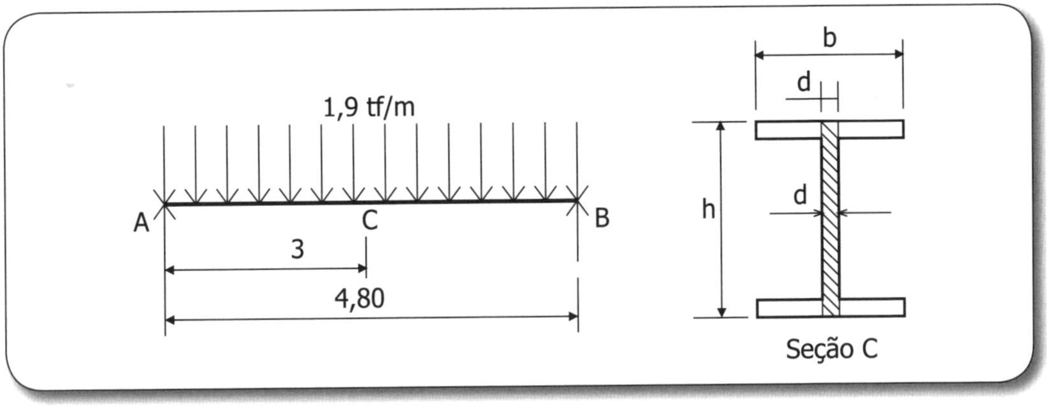

O perfil de 10" tem peso de 37,8 kgf/m.

d = 12,5 mm h = 254 mm

O maior momento fletor é no meio do vão e seu valor é:

$$M_C = \frac{pl^2}{8} = \frac{1{,}9 \times 4{,}8^2}{8} = 5{,}4 \text{ tfm}$$

$$Q = \frac{pl}{2} = \frac{1{,}9 \times 4{,}8}{2} = 4{,}56 \text{ tf} = 4.560 \text{ kgf (nos apoios)}$$

$$\tau = \frac{Q}{dh}$$

em que d é a espessura da alma do perfil.

Ao usar essa fórmula, estamos admitindo que só a alma do perfil responderá como seção resistente ao cisalhamento.

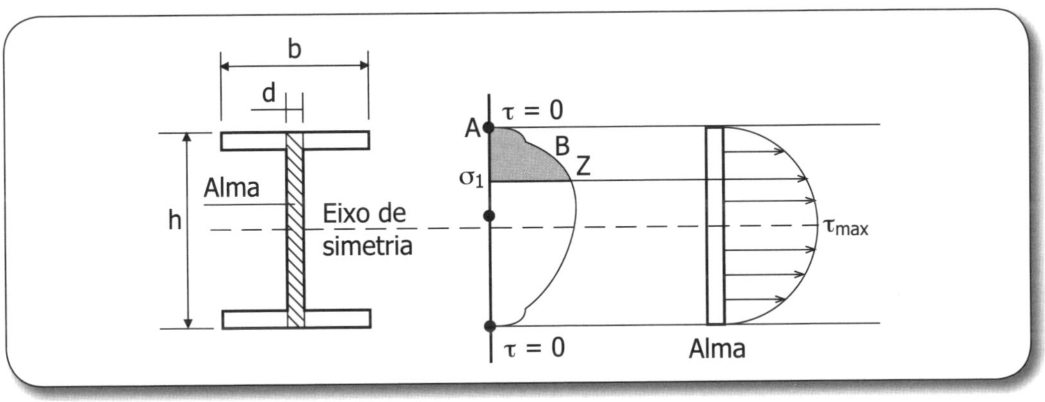

Interpretemos:

$\tau_A = 0$ – a tensão de cisalhamento é nula nas bordas.

$\tau_B = 0$ – a tensão de cisalhamento vai crescendo de A para B e as tensões no trecho são baixas, pois há bastante área (área de mesa) para resistir.

τ_Z – Há um aumento de tensão, pois diminui a área a resistir e, a partir daí, a área da alma é que resiste.

τ_D – No eixo de simetria ocorre a maior tensão de cisalhamento.

Se estivermos usando perfil I = 10" – 37,8 kgf/m, a alma será:

$$S = h \cdot d = 25{,}4 \times 1{,}25 = 31{,}7 \text{ cm}^2$$

Logo, a tensão de cisalhamento máxima será de:

$$\tau = \frac{Q}{S} = \frac{4.560}{31{,}7} = 143{,}6 \text{ kgf/cm}^2 < 900 \text{ kgf/cm}^2$$

Como a tensão admissível de cisalhamento do aço é 900 kgf/cm^2, conclui-se que a peça é adequada.

Nota:

A substituição do funcionamento de toda a seção do perfil **I** pelo funcionamento exclusivo da alma se dá em virtude de que no estudo do cisalhamento interessa saber somente o valor máximo da tensão, isto é, uma relação de força e área. Como as tensões maiores acontecem próximas da *LN*, as áreas dela distantes pouco influenciam; portanto, as áreas que interessam são as próximas da *LN*. Com esse raciocínio, podemos considerar como área resistente unicamente a área da alma. Especificamente no perfil **I** a tensão de cisalhamento máxima é bem próxima da tensão de cisalhamento média.

Intervalo didático

Neste capítulo, estudamos as tensões tangenciais e, no capítulo anterior, as tensões normais de tração e compressão. Quando vamos dimensionar ou verificar estruturas para que resistam aos esforços devemos nos certificar de que elas irão:

- resistir às tensões de compressão;
- resistir às tensões de tração;
- resistir às tensões de cisalhamento.

O exemplo a seguir consolida os três critérios.

Analise se a viga de um material com as resistências a seguir atende às três exigências.

$$\bar{\sigma}_c = \bar{\sigma}_t = 110 \text{ kgf/cm}^2$$

$$S = 35 \times 12 = 420 \text{ cm}^2 \qquad L = 2{,}10 \text{ m}$$

$$\bar{\tau} = 10 \text{ kgf/cm}^2$$

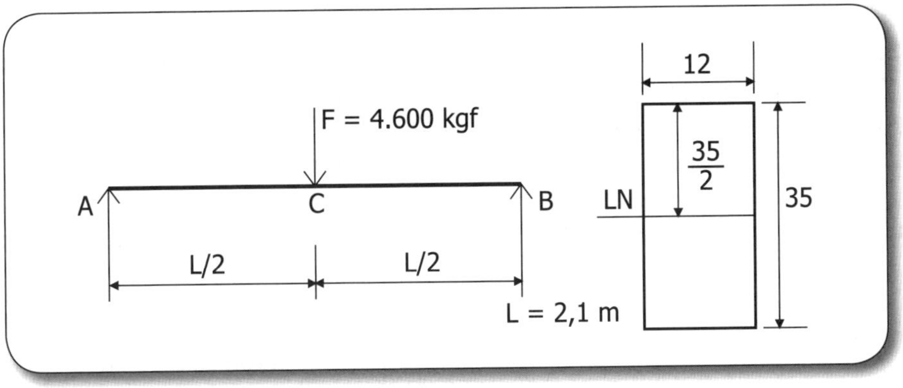

Momento fletor máximo

$$F=\frac{PL}{4}=\frac{4.600\times 2{,}1}{4}=2.415\text{ kgfm}=241.500\text{ kgfcm}$$

$$Q_{max}=\frac{F}{2}=2.300\text{ kgf}$$

$$\sigma_c=\sigma_t\text{ (máximo)}=\frac{M}{W}=\frac{241.500}{2.450}=98{,}5\text{ kgf/cm}^2$$

$$\tau_{max}=\frac{3Q}{2S}=\frac{3\times 2.300}{2\times 12\times 35}=8{,}2\text{ kgf/cm}^2\text{ (na linha neutra da seção)}$$

Quadro comparativo

Tensões máximas que ocorrerão (kgf/cm²)	Tensões admissíveis (kgf/cm²)
σ_c = 98,5(*)	110
σ_t = 98,5(*)	110
τ = 8,2(*)	10

Conclusão: essa viga com carga vertical de 4.600 kgf no seu ponto médio resiste aos esforços gerados. É adequada para uso.

(*) A tensão máxima de compressão que ocorre na seção em *C*, ocorre na borda superior. A tensão máxima de tração que ocorre na seção em *C*, ocorre na borda inferior esquerda. A tensão máxima de cisalhamento que ocorre na seção em *C*, ocorre na Linha Neutra.

Notas:

1 Nos perfis **I**, no dimensionamento das seções ao cisalhamento, basta considerar a área de alma e pouca influência há de considerar a alma com ou sem o prolongamento dela até as extremidades das abas.

2 A tensão de cisalhamento em vigas ocorre seção por seção e, em cada seção ocorre em igual valor nos planos horizontal e vertical. Para efeito de dimensionamento basta, regra geral, considerar as tensões no plano horizontal. Veja:

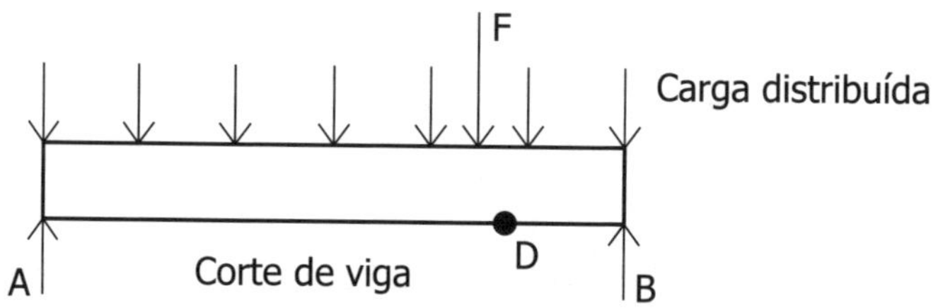

Seção transversal de uma viga qualquer em D

Seja o ponto K na seção em D

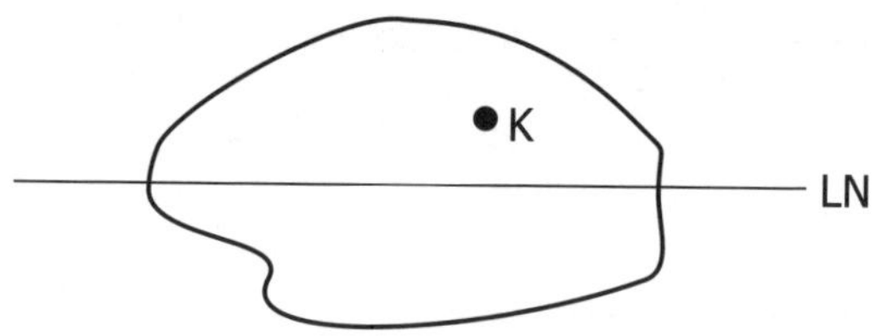

Seção transversal em D

Em K ocorre (de igual valor) tensões verticais e horizontais de cisalhamento.

13.2 Ficha-resumo do cisalhamento na flexão

13.2.1 Fórmulas para cada seção

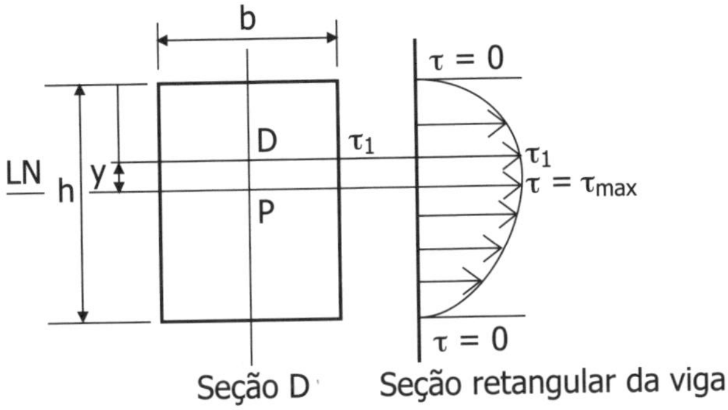

$$\tau_{\max} = \frac{3}{2}\frac{Q}{S}$$

$$S = bh$$

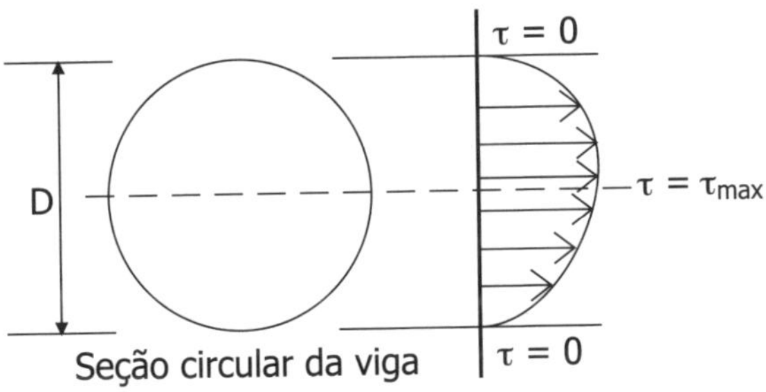

$$\tau_{\max} = \frac{4}{3}\frac{Q}{S}$$

$$S = \frac{\pi D^2}{4}$$

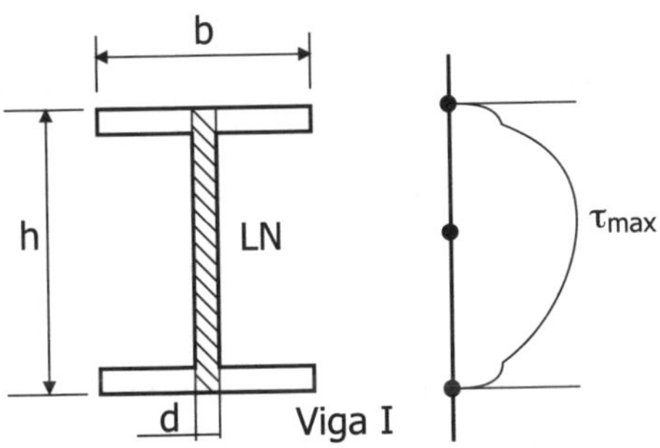

$$\tau_{\max} = \frac{Q}{dh}$$

$\tau_{máx}$ = tensão máxima de cisalhamento.

13.3 Reconhecendo as estruturas do dia a dia

Coloque dois livros afastados uns vinte centímetros e tente usar folhas soltas de papel funcionando como vigas (lajes).

Você não conseguirá. Ao tentar, essas folhas escorregam umas em relação às outras (cisalham-se) e a estrutura desmorona, afundando no vão.

Agora grampeie as folhas com vários grampos. Você verá que a nova estrutura (com uma coesão interna criada pelos grampos ligando as folhas) consegue, de alguma forma, trabalhar como viga (laje).

Nas vigas de concreto armado, os estribos funcionam como os grampos.

O grampeamento substituiu uma coesão interna desse material. Quando usamos uma prancha de aço para viga ou laje é a coesão interna do aço que dá solidariedade às lamelas que constituem as estruturas.

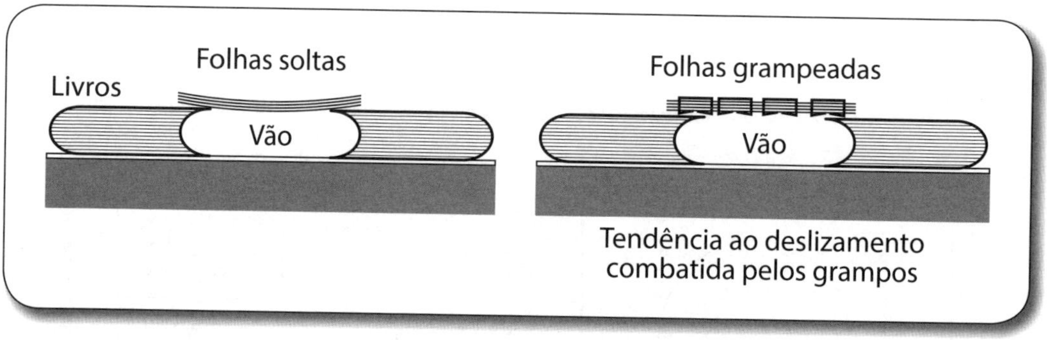

13.4 Repisando

Uma viga de seção retangular de aço e usado para vencer um vão.

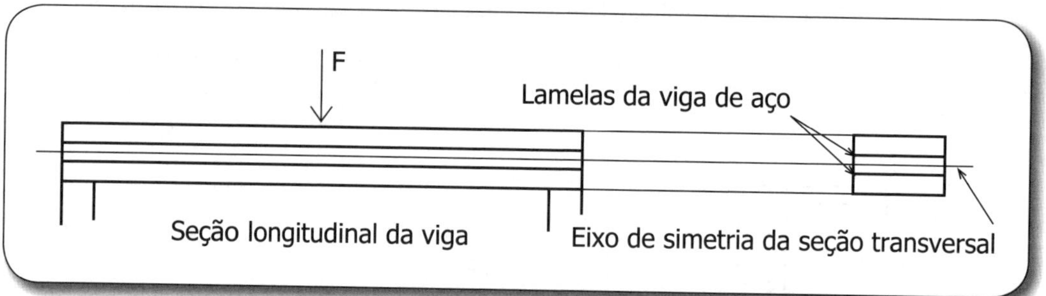

Face à ação de força F, a viga de aço sofre uma leve deformação e as lamelas técnicas que compõem a viga tendem a se separar (cortar, cisalhar) uma das outras e, isso é máximo no eixo de simetria da viga (Linha Neutra). Essa tendência a se separar é a tensão de cisalhamento.

A tensão de cisalhamento criada pela força F na viga tem que ser menor que a tensão de cisalhamento admissível do material.

14 Como as vigas se deformam: linhas elásticas

Os esforços solicitantes – forças normais de compressão, forças normais de tração, forças tangenciais, momentos fletores e momentos torçores causam deformações nas estruturas. O fato de a maioria das deformações serem menores que a acuidade visual permite detectar, sua importância teórica, entretanto, é enorme.

Devemos estudar as deformações por dois motivos. O primeiro consiste em aprender a limitar (ou não) as deformações nas estruturas.(*) O segundo motivo é que o estudo das deformações permite resolver estruturas hiperestáticas determinando suas reações. Particular interesse proporcionam as deformações por flexão e torção, em geral maiores que as deformações por compressão e tração. Vamos estudar, neste momento, as deformações (linha elástica – *LE*) de barras sofrendo flexão.

Sejam as vigas:

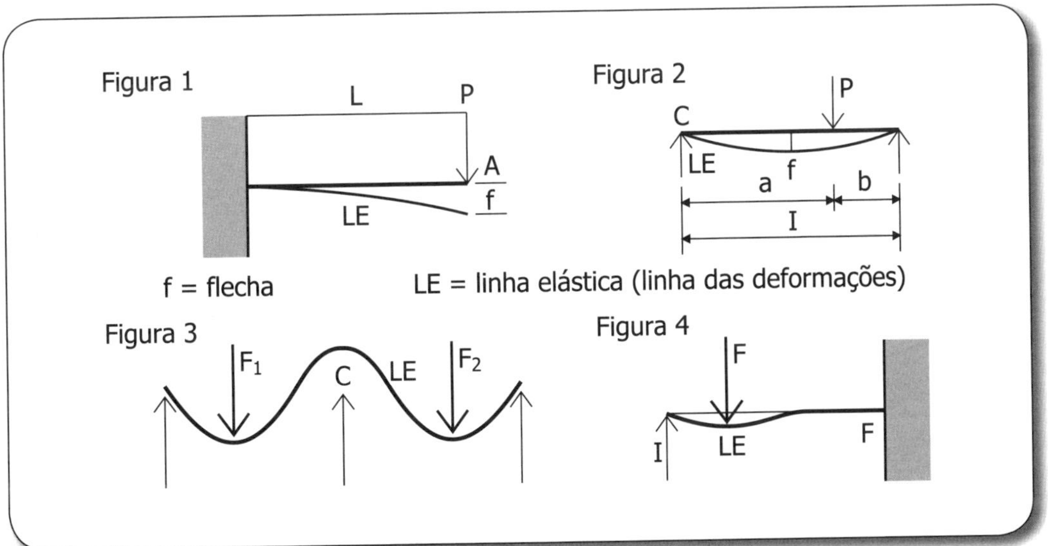

(*) Já vimos que nas camas, as vigas que recebem as cargas das pessoas e dos colchões são colocadas deitadas para se deformar (sem romper) dando conforto aos usuários.

Na Figura 1, a extremidade A é totalmente livre para se deformar. A LE é tangente ao eixo não deformado da viga. Na Figura 2, não há engastamento na extremidade C, o apoio é simples (articulação). Na Figura 3, no ponto C, a viga tem que se esforçar para que as deformações sejam compatíveis à esquerda e à direita. Na Figura 4, a linha elástica tem que satisfazer as características de I ser articulação e F, um engastamento.

As linhas elásticas dependem, além das características dos apoios, do vão, do formato ou seção da viga, do material da viga e dos carregamentos. O formulário a seguir dá exemplo da equação das linhas elásticas admitindo que as vigas sejam prismáticas (seção constante ao longo do vão).

Conhecida a equação da LE, podemos determinar as flechas de uma viga, ponto a ponto.

Nota:

x é a ordenada horizontal, y a ordenada vertical e f a maior flecha.

E = Módulo de Young; J = Momento de inércia

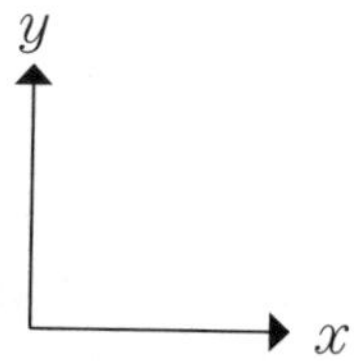

$L = a + b$

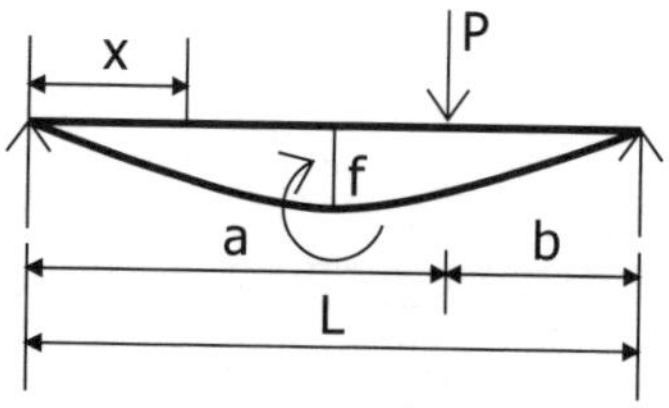	$y = \frac{Pbx}{6LEJ}(L^2 - b^2 - x^2) \quad x \le a$ $y = \frac{Pbx}{6LEJ}(L^2 - b^2 - x^2) + \frac{P(x-a)^3}{6EJ} \quad x \ge a$ $f = \frac{5PL^3}{384EJ}$
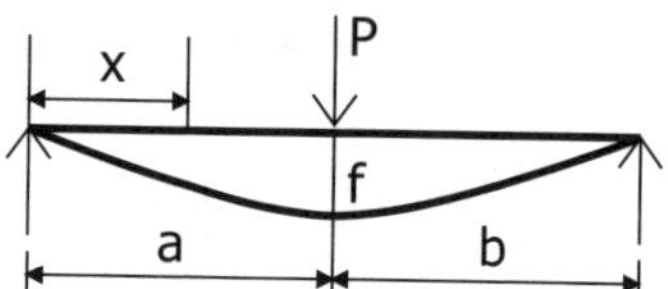	$a = b$ $y = \frac{PL^3}{16EJ}\left[\frac{x}{L} - \frac{4}{3}\left(\frac{x}{L}\right)^3\right]$ $f = \frac{PL^3}{48EJ}$
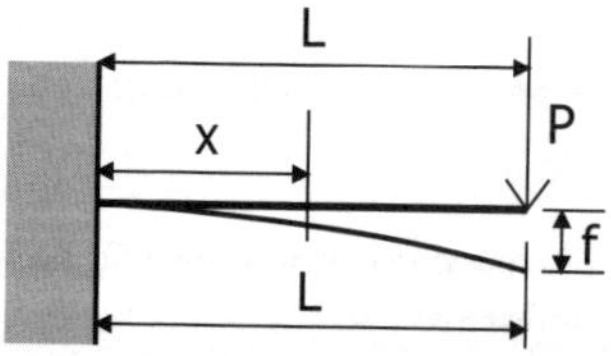	$y = \frac{P}{EJ}\left(\frac{Lx^2}{2} - \frac{x^3}{6}\right)$ $f = \frac{PL^3}{3EJ} \quad f = f_{max}$

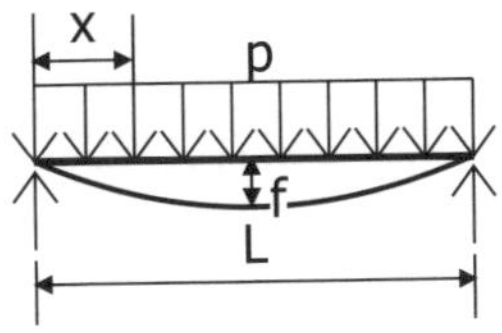	$y = \frac{pL^4}{24EJ}\left[\frac{x}{L} - 2\left(\frac{x}{L}\right)^3 + \left(\frac{x}{L}\right)^4\right]$ $f = \frac{5pL^4}{384EJ}$ $f = f_{max}$
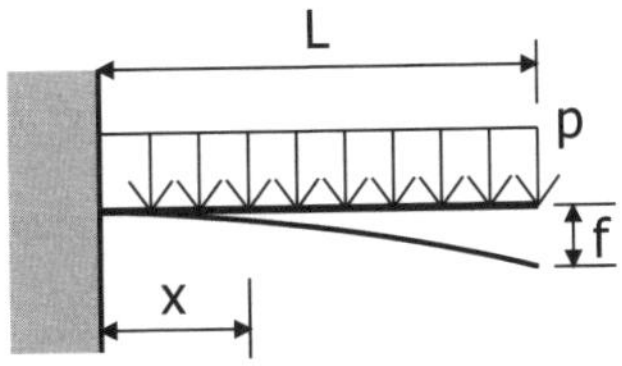	$y = \frac{pL^4}{24EJ}\left[3 - \frac{4x}{L} + \left(\frac{x^4}{L}\right)\right]$ $f = \frac{pL^4}{8EJ}$ $f = f_{max}$
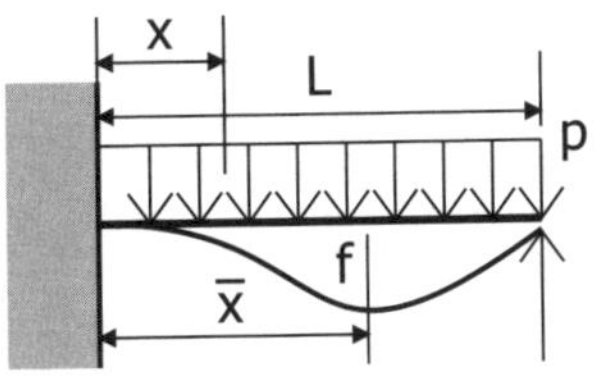	$y = \frac{pL^4}{48EJ}\left[\frac{x}{L} - 3\left(\frac{x}{L}\right)^3 + 2\left(\frac{x}{L}\right)^4\right]$ $f_{max} = f = \frac{pL^4}{EJ} \cdot 0{,}00542$ $\bar{x} = 0{,}578L$
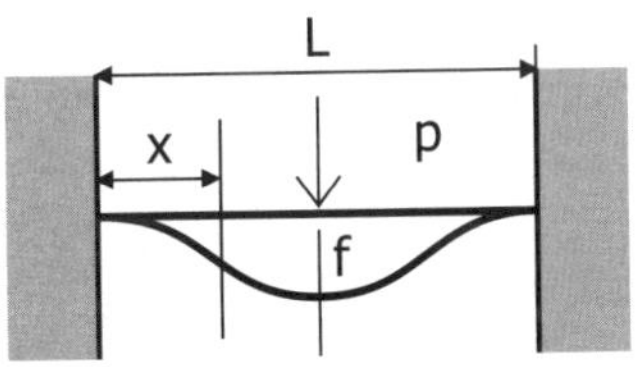	$y = \frac{PL^3}{16EJ}\left[\left(\frac{x}{L}\right)^2 - \frac{4}{3}\left(\frac{x}{L}\right)^3\right]$ $f = \frac{PL^3}{192EJ}$ $f = f_{max}$

$\bar{x}$ – ordenada horizontal do ponto de maior flecha.

Nota:

Observe nessas fórmulas que a ordenada da deformação y é função linear da carga (P ou p). Conclui-se que, para essas estruturas, vale o princípio da superposição, ou seja, se tivermos uma viga carregada por dois tipos diferentes de carregamento, a flecha resultante pode ser calculada a partir da soma ponto a ponto das flechas da mesma viga carregada, em uma situação, com uma carga e, em outra situação, com outra carga.

No caso da procura da flecha máxima de uma viga carregada por dois carregamentos, não podemos somar as flechas máximas de cada carregamento, uma vez que elas não se localizam obrigatoriamente no mesmo ponto da viga.

Atenção:

Calcule a linha deformada da viga a seguir:

a + b = L

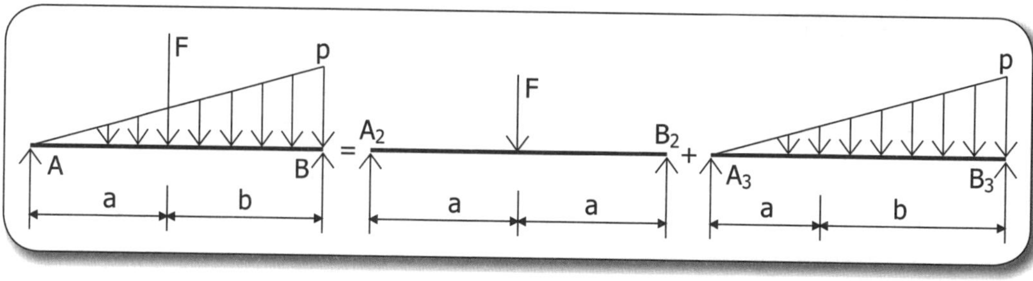

A linha deformada da viga é a soma das linhas elásticas deformadas das vigas A_2B_2 e A_3B_3.

Portanto,

$$y = \frac{FL^3}{16EJ}\left[\frac{x}{L} - \frac{4}{3}\left(\frac{x}{L}\right)^3\right] + \frac{pL^4}{360EJ}\left[\frac{7x}{L} - \frac{10x^3}{L} + 3\left(\frac{x}{L}\right)^5\right]$$

Não podemos calcular a flecha máxima somando as flechas máximas de cada carregamento isolado, pois os pontos de flechas máximas são diferentes. A solução é encontrada pelo método do máximo e mínimo – achar um ponto x tal que y seja máximo.

O mesmo raciocínio vale para a localização do ponto de máximo momento fletor, que exigirá o tratamento matemático da equação que correlacione M com a ordenada x.

14.1 Exemplos numéricos

Exemplo 1

Vejamos a variação da flecha máxima ao inverter a posição de uma viga de seção retangular.

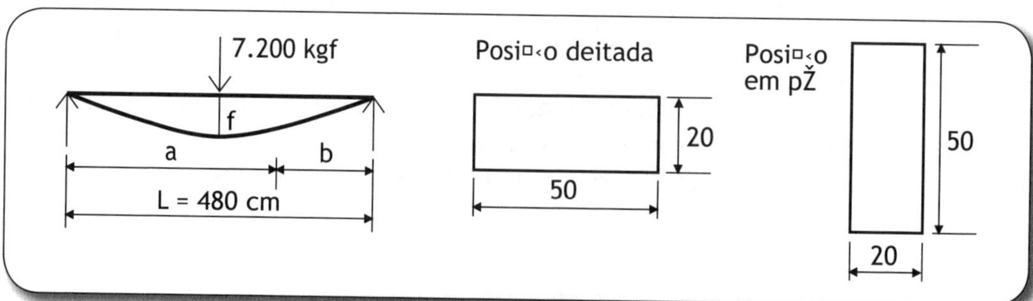

$E = 121.000$ kgf/cm^2

Para a posição deitada, tem-se:

$$J = \frac{50 \times 20^3}{12} = 33.333 \text{ cm}^4$$

$$f = \frac{1}{48} \frac{PL^3}{EJ}$$

$$f = \frac{1}{48} \times \frac{7.200 \times (480)^3}{121.000 \times 33.333} = 4,1 \text{ cm}$$

Para a posição de pé, tem-se:

$$J = \frac{20 \times 50^3}{12} = 202.333 \text{ cm}^4$$

$$f = \frac{1}{48} \cdot \frac{PL^3}{EJ} \times \frac{7.200 \times (480)^3}{121.000 \times 208.333} = 0,65 \text{ cm}$$

Como já era esperado, a viga de pé tem flecha menor (0,65 cm) que a viga deitada (4,1 cm). A relação entre as duas flechas é de 4,1/0,65 = 6,3, que é na verdade a relação dos J, ou seja, 208.333/33.333 = 6,25. Se fizermos o mesmo estudo para o perfil I, 20" 148,9 kgf/m, teremos Ix/Iy = 69.220/2.140 = 32. Isso significa que o perfil I, de pé, produz flechas 32 vezes menores que o perfil I deitado. Essa eficiência enorme do I deve-se ao fato de ser construído para ter o maior J em uma direção. Veja catálogo de fabricantes de perfil de aço.

Exemplo 2

Para a prática do futebol, exige-se que a trave tenha uma flecha máxima de, digamos, 2 cm. Vamos estudar o tipo de madeira e a seção necessária para atender a essa exigência.

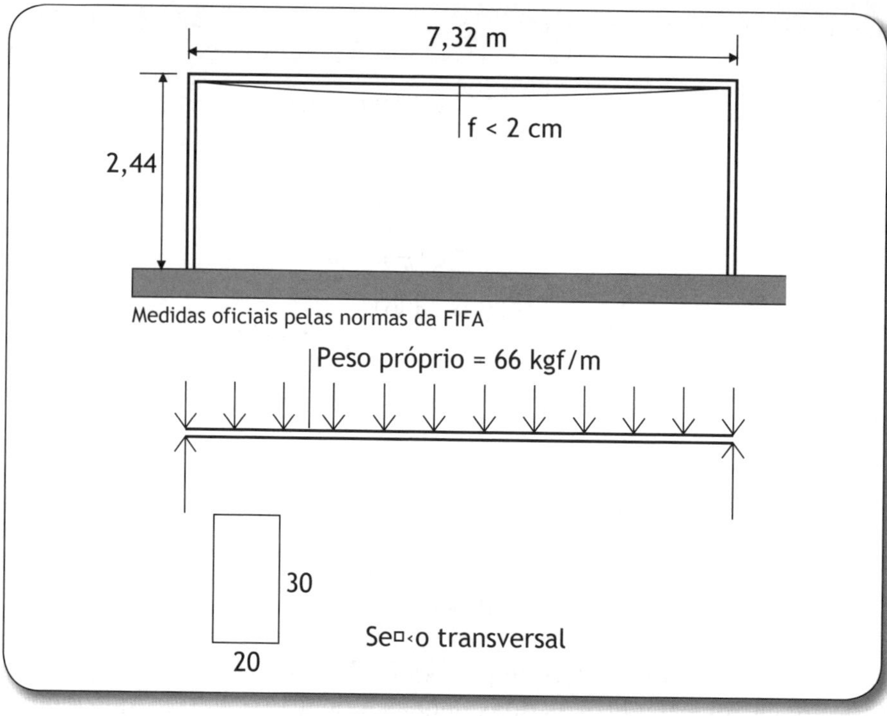

Material: madeira, E = 160.000 kgf/cm^2
Peso específico da madeira = 1.100 kgf/m^3

$$J = \frac{bh^3}{12} = \frac{20 \times 30^3}{12} = 45.000 \text{ cm}^4$$

Peso linear = 1 m · 0,2 × 0,3 × 1.100 = 66 kgf/m = 0,66 kgf/cm

$$f_{\max} = \frac{5pL^4}{384EJ} = \frac{5 \times 0,66 \times (732)^4}{384 \times 160.000 \times 45.000} = f_1 = 0,34 \text{ cm} < 2,0 \text{ cm}$$

Portanto, está tudo ok.

Alguns goleiros têm o mau hábito de se pendurar no meio da trave. Vamos agora calcular o acréscimo de flecha que isso propicia. Admitamos que o goleiro pese 75 kgf.

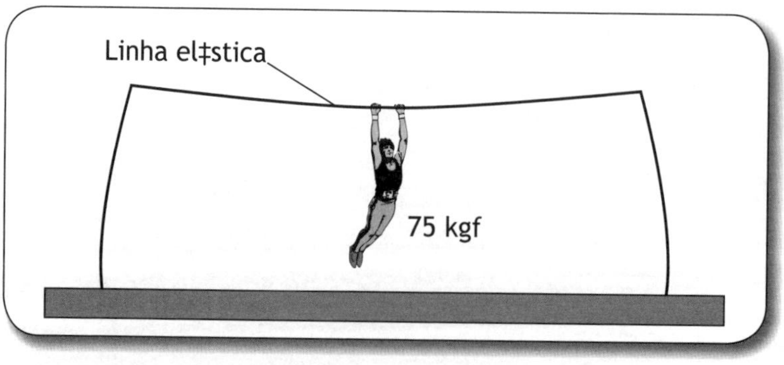

$$f_{\max} = \frac{PL^3}{48EJ} = \frac{75 \times (732)^3}{48 \times 160.000 \times 45.000} = f_2 = 0,08 \text{ cm}$$

Conclusão: $f_1 + f_2 = 0,34 + 0,08 = 0,42 < 2$ cm. Logo, está ok!

Nota:

Na realidade, a trave horizontal não está simplesmente apoiada nas traves verticais. Se assim fosse, a trave horizontal seria hipostática(*) para o efeito das boladas. Ocorre um certo engastamento propiciado pelos pregos (estamos admitindo que a trave horizontal é pregada nas traves verticais), que apresenta como consequências:

- um certo momento fletor transmitido a cada trave vertical;
- a flecha no meio do vão é menor que a calculada com a hipótese de apoios simples (apoio sem pregos);
- os momentos transmitidos às traves verticais provocam uma deformação nelas.

Veja:

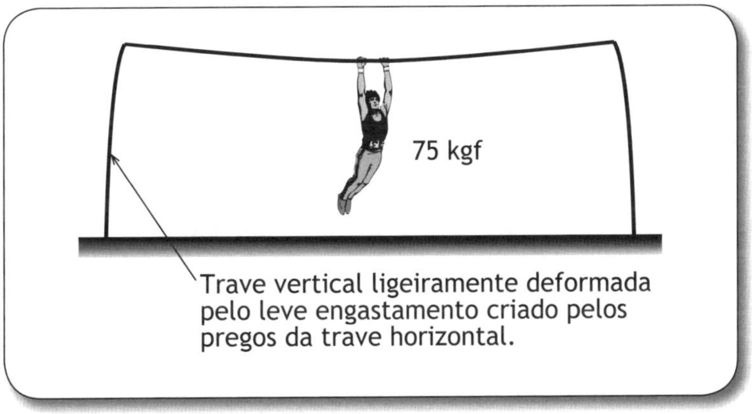

Nota:

Os que se iniciam na Resistência dos Materiais estudam primeiramente as vigas de um só vão, com dois apoios simples e com carregamento uniforme. Nesse caso, o diagrama de momentos fletores é parabólico com valor máximo no meio do vão e a máxima flecha acontece também no meio do vão. Tal fato pode levar o estudante a ter a noção de que isso seria uma situação constante.

Vejamos outros tipos de viga:

(*) Hipostático – o que se movimenta.

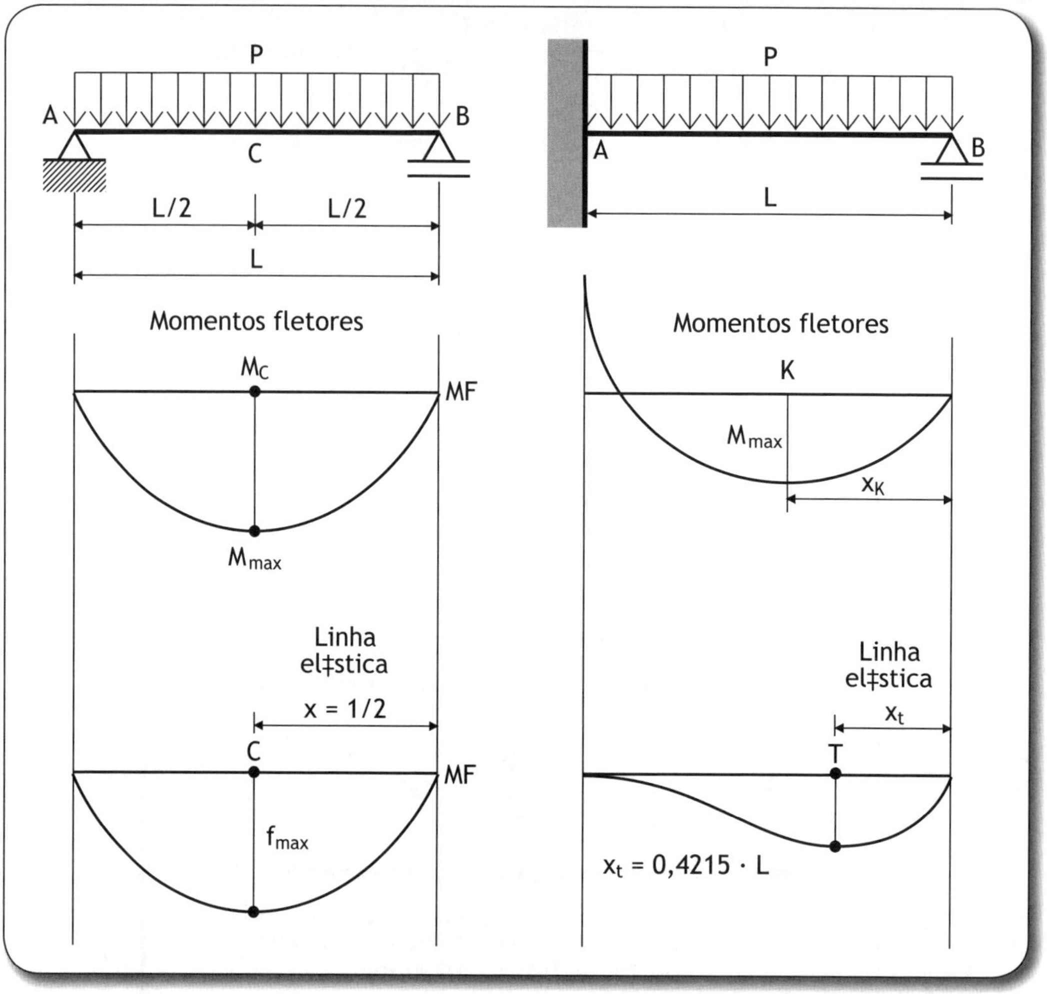

Para uma viga com um engastamento (ponto A), vejamos os diagramas de momento fletor e linha elástica (deformações).

Para vigas em balanço, note que o máximo momento fletor acontece onde a flecha é nula e onde a flecha é máxima, o momento fletor é nulo.

Apoio	Flecha	Momento
A	0	máximo
B	máxima	0

Nota:

Já que mostramos uma viga de um só tramo (vão), com uma carga na extremidade, vamos agora apresentar como aperitivo estrutural, o fenômeno do saltador que vai ganhando altura com saltos sucessivos, em uma prancha de madeira (trampolim).

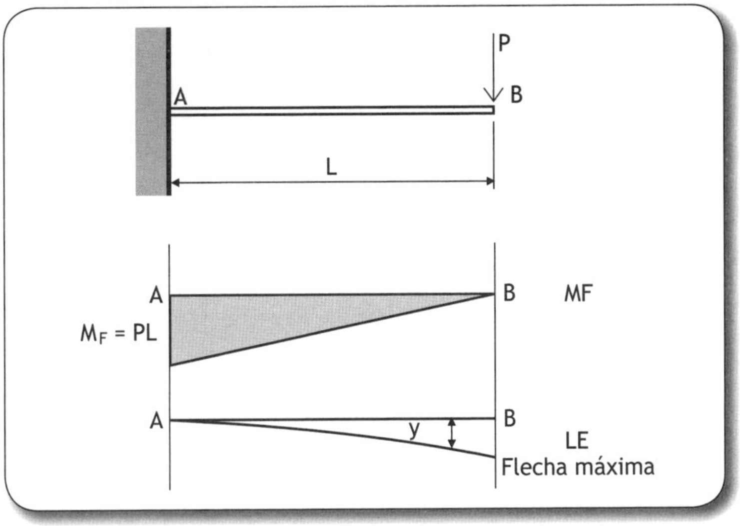

A estrutura da prancha de salto tem um período e o saltador precisa transmitir energia (impulso) de acordo com o ritmo da estrutura e, assim, a nova energia transmitida pelo saltador soma-se à energia acumulada na prancha, que é visível pela deformação da prancha. O saltador não poderá ir subindo se:

- não sincronizar seus saltos com os períodos de deformação da prancha;
- se o trampolim não se deformar e, portanto, não acumular energia.

Logo, a prancha de salto tem que deformar no ritmo do saltador.

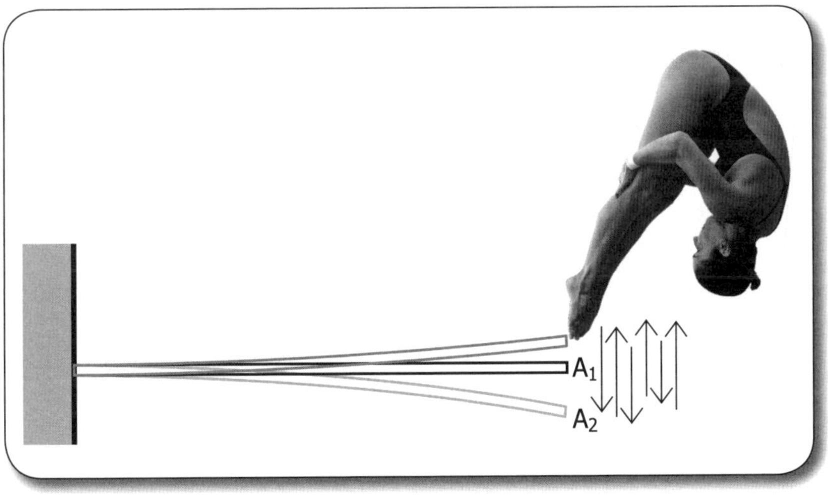

Seção longitudinal do trampolim. O saltador tem que "sentir" como vibra o trampolim.

Nota:

Nos exercícios das páginas 114 e 115, temos dois casos nos quais o local em que ocorre o maior momento fletor não é o local de maior deformação.

Espaço reservado para suas anotações

15 Estudando as vigas hiperestáticas: equação dos três momentos e Método de Cross

Sejam as três estruturas seguintes:

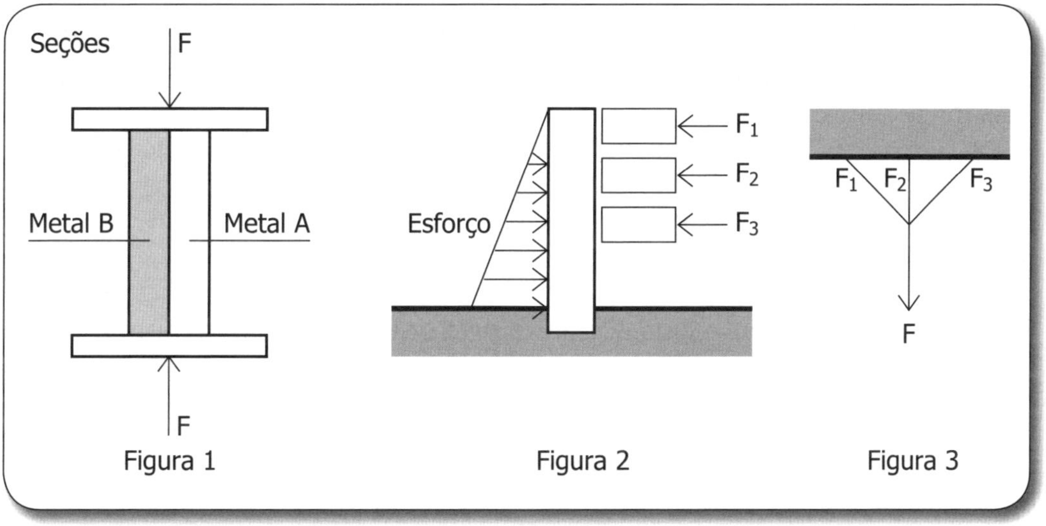

Na Figura 1 temos uma prensa comprimindo com força F duas peças de materiais com E diferentes. Quanto de força vai para cada peça? Qual a tensão em cada peça?

A Figura 2 representa uma parede de concreto engastada na base e apoiada em três outros apoios. Quanto da força se divide por cada apoio?

Na Figura 3 temos um peso suspenso por três cabos de aço. Qual a força resistente em cada cabo?

Essas três estruturas são hiperestáticas e para elas valem as três famosas condições $\Sigma FH = 0$, $\Sigma \mathrm{FV} = 0$ e $\Sigma \mathrm{MF} = 0$, mas a aplicação dessas condições não é suficiente para levantar os dados das reações nos apoios. É necessário usar a teoria das deformações, que se baseia na lei de Hooke.

Neste capítulo, vamos estudar as vigas contínuas, que são as vigas com três ou mais apoios e, portanto, uma estrutura hiperestática.

15.1 Exemplos de vigas contínuas

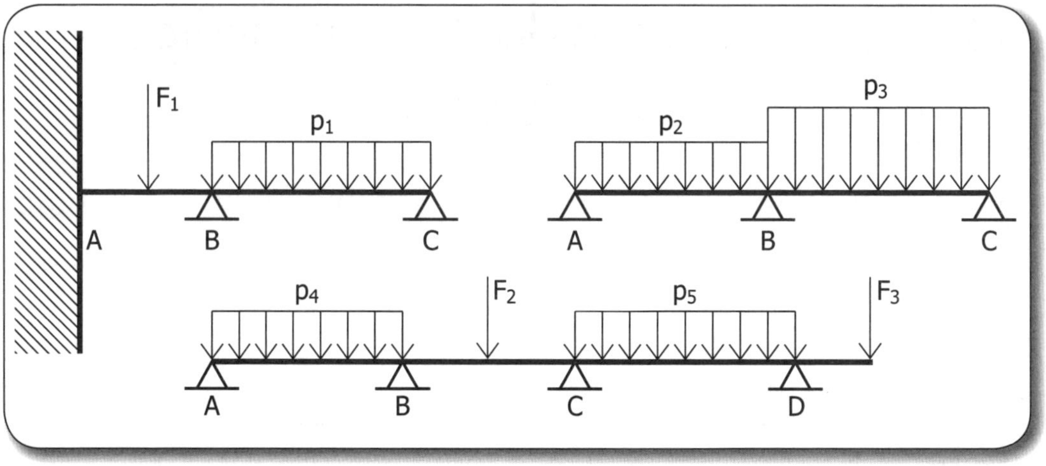

Para resolver vigas contínuas existem muitos processos, dos quais dois são os mais importantes:

- a equação dos três momentos (importante pelo seu aspecto conceitual);
- método de Cross (importante pelo seu aspecto prático).

A equação dos três momentos é usada na preparação de programas de computador por permitir fácil tratamento matemático.

15.1.1 Resolução de uma viga contínua pela equação dos três momentos

Numa viga contínua, pode-se provar que os valores dos momentos fletores de três apoios sucessivos estão relacionados por uma equação que leva em conta tanto os aspectos geométricos da viga como o tipo da carga. Essa equação tem o nome de *equação dos três momentos ou equação de Clapeyron.*

15.1.2 Resolução de uma viga contínua pelo método de Cross

O *método de Cross,*(*) que é um método de aproximações sucessivas, inicia-se com a divisão de uma viga contínua em n tramos independentes e com o cálculo de seus momentos fletores nos apoios. Por essa razão, apresentamos nesta página uma tabela de momentos fletores nos apoios, em vigas de um só tramo.

A fim de facilitar a compreensão, estamos anexando a tabela de Grinter, que será usada no método de Cross.

A tabela de Grinter fornece momentos de engastamento já com sinal de Grinter para vigas de um só vão.

(*) O método de Hardy Cross é um método geral e é usado também no dimensionamento de redes hidráulicas.

15.2 Tabela de barras prismáticas (seção constante) Convenção de Grinter para os sinais

	Hipóteses de tipos de apoios	
Tipo de carregamento	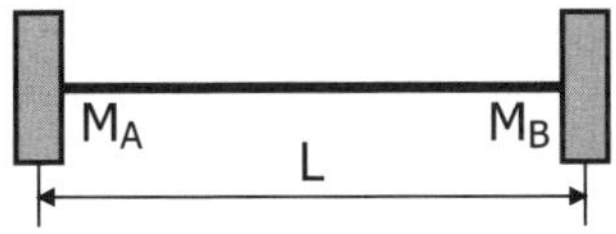	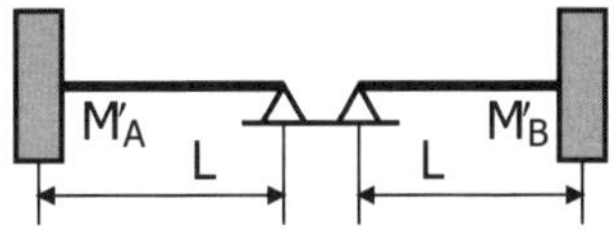
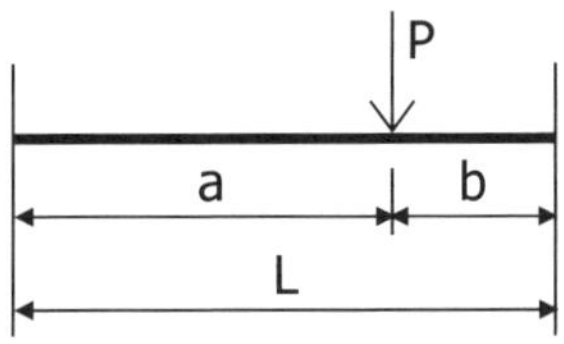	$M_A = P\frac{ab}{L^2}$ $-M_B = P\frac{ab}{L^2}$	$M'_A = P\frac{ab}{2}\cdot\frac{L+b}{L^2}$ $-M'_B = P\frac{ab}{2}\cdot\frac{L+b}{L^2}$
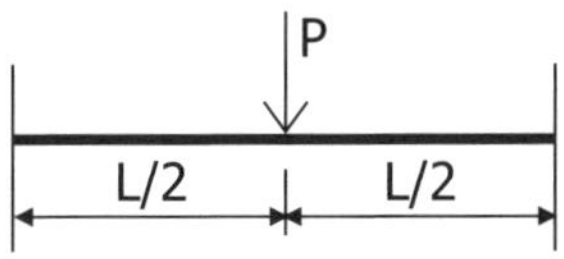	$M_A = -M_B = \frac{PL}{8}$	$M'_A = -M'_B = \frac{3PL}{16}$
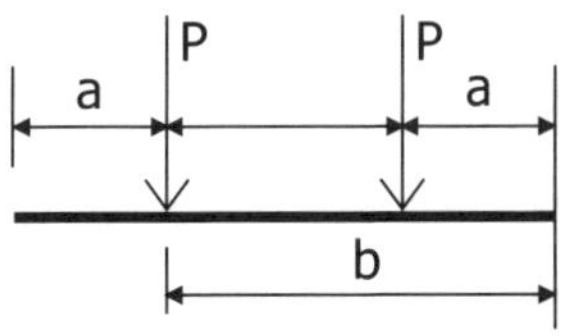	$M_A = -M_B = \frac{Pab}{L}$	$M'_A = -M'_B = \frac{3Pab}{2L}$
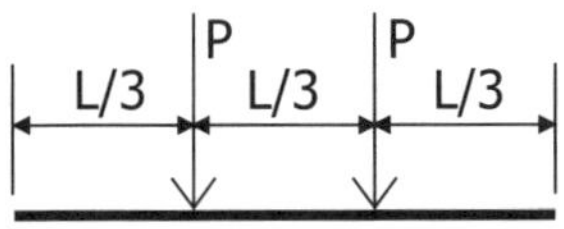	$M_A = -M_B = \frac{2PL}{9}$	$M'_A = -M'_B = \frac{PL^2}{3}$
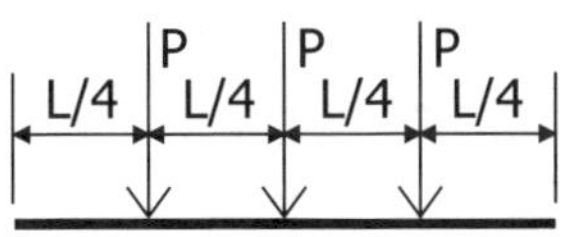	$M_A = -M_B = \frac{5PL}{16}$	$M'_A = -M'_B = \frac{15PL}{32}$
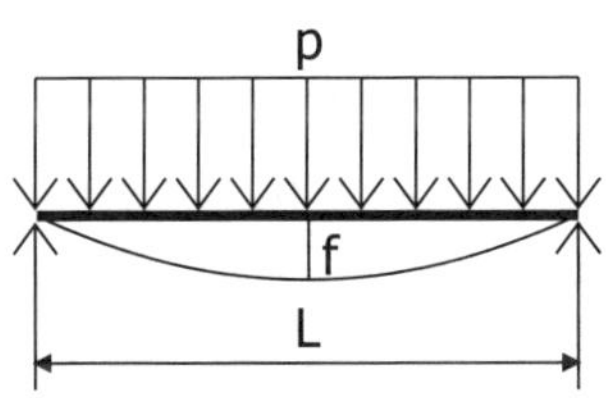	$M_A = -M_B = \frac{pL^2}{12}$	$M'_A = -M'_B = \frac{pL^2}{8}$

L = vão; P = carga centrada; p = carga distribuída

15.3 Método de Cross

Estudaremos a resolução das vigas contínuas pelo método de Cross. A viga-exemplo é mostrada a seguir:

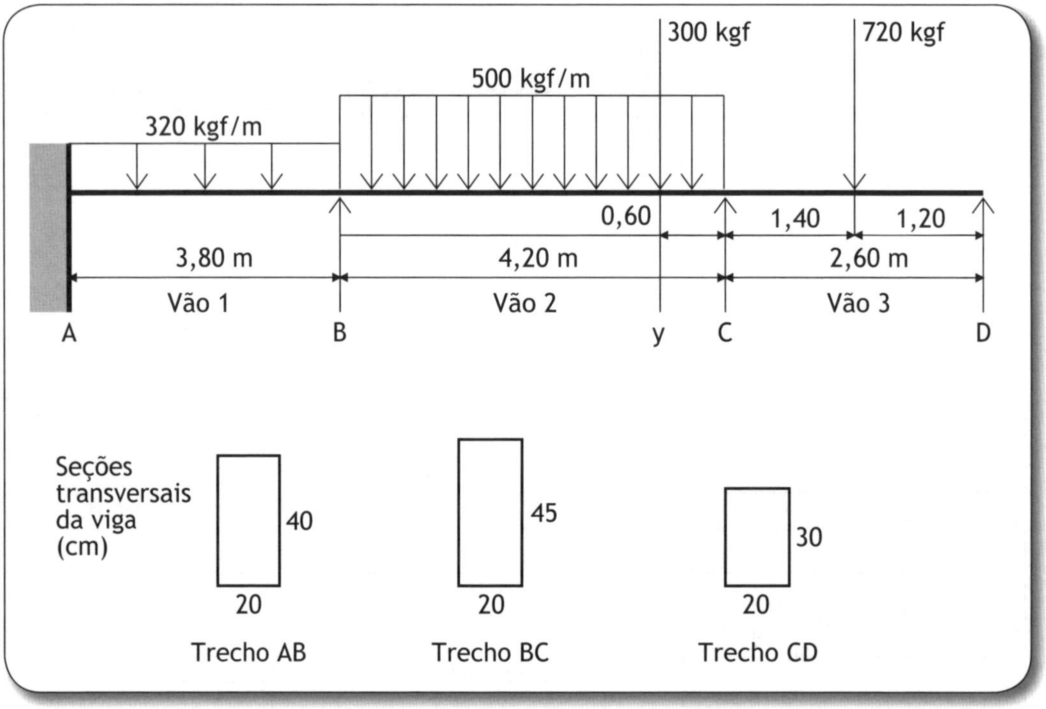

Construtivamente, a viga seria:

apoio A: engastamento

apoios B, C e D: articulação (apoio simples)

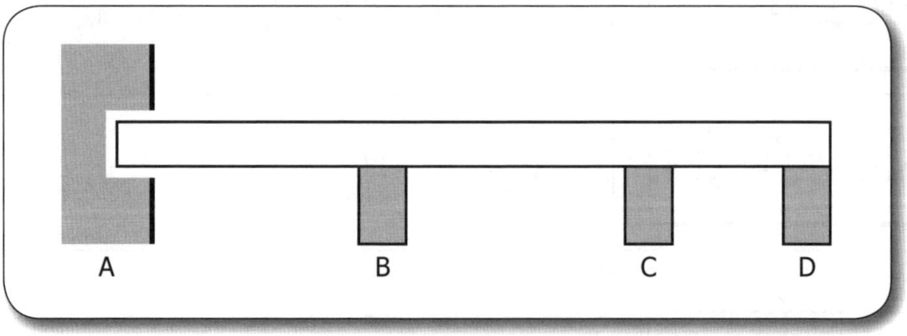

Essa viga tem três vãos e quatro apoios, A, B, C e D. São dados os valores dos vãos, as seções da viga nos seus três vãos e as cargas externas. Cabe agora determinar as reações nos apoios e os momentos fletores nos apoios. Isso será obtido a partir da determinação dos momentos fletores internos nos apoios e, para isso, usaremos o método de Cross.

Inicialmente será calculado, para cada vão, o seu índice de rigidez pelo quociente entre o momento de inércia e o tamanho do vão. Haverá três momentos de inércia e três índices de rigidez.

$$\boxed{\overline{W} = \frac{J}{L}}$$

$$J_1 = \frac{b \cdot h^3}{12} = 20 \times \frac{40^3}{12} = 106.666 \text{ cm}^4$$

$$\overline{W}_1 = \frac{J_1}{L_1} = \frac{106.666}{380} = 280 \text{ cm}^3$$

$$J_2 = \frac{b \cdot h^3}{12} = 20 \times \frac{45^3}{12} = 151.875 \text{ cm}^4$$

$$\overline{W}_2 = \frac{J_2}{L_2} = \frac{151.875}{420} = 361 \text{ cm}^3$$

$$J_3 = \frac{b \cdot h^3}{12} = 20 \times \frac{30^3}{12} = 45.000 \text{ cm}^4$$

$$\overline{W}_3 = \frac{J_3}{L_3} = \frac{45.000}{260} = 173 \text{ cm}^3$$

$\overline{W}$ = índice de rigidez *P*. Para balancear os momentos nos apoios internos, usaremos os coeficientes que resultam das fórmulas:

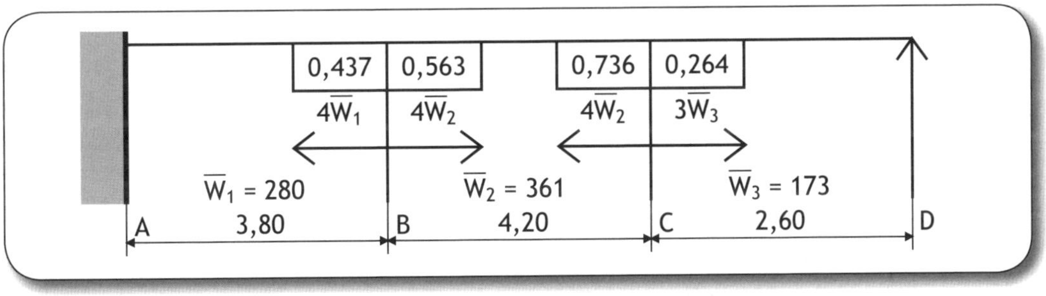

$$\beta_{BA} = 4\overline{W}_1 = 4 \times 280 = 1.120 \qquad \frac{\beta_{BA}}{\beta_{BC} + \beta_{BA}} = \frac{1.120}{1.120 + 1.444} = 0,437$$

$$\beta_{BC} = 4\overline{W}_2 = 4 \times 361 = 1.444 \qquad \frac{\beta_{BC}}{\beta_{BC} + \beta_{BA}} = 1 - 0,437 = 0,563$$

$$\beta_{BC} = 4\overline{W}_2 = 4 \times 361 = 1.444 \qquad \frac{\beta_{CB}}{\beta_{CB} + \beta_{CD}} = \frac{1.444}{1.444 + 519} = 0,736$$

$$\beta_{CD} = 3\overline{W}_3 = 3 \times 173 = 519 \qquad \frac{\beta_{CD}}{\beta_{CB} + \beta_{CD}} = 1 - 0,736 = 0,264$$

Informação:

β_{BA}, β_{BC} e β_{CD} são multiplicados os valores $\overline{W}$ por 4, por serem direcionados para engastamento (em A) ou apoios internos B e C. β_{CD} vale $3\overline{W}$ por ser direcionado para apoio externo (apoio simples).

No método de Cross, adota-se a pressuposição de que cada vão seja duplamente engastado, com exceção do vão 3, que, já sabemos, tem um apoio simples na extremidade. Para o sinal do momento fletor das extremidades de cada uma dessas três vigas será empregada a notação de Grinter. Admitindo-se esse duplo engastamento, ocorrerão nos apoios internos B e C dois momentos, que teremos de balancear: um pela direita e outro pela esquerda, e esse balanceamento de apoio por apoio é feito utilizando-se o método de Cross.

Para calcular os momentos fletores de engastamento perfeito com a convenção de Grinter,

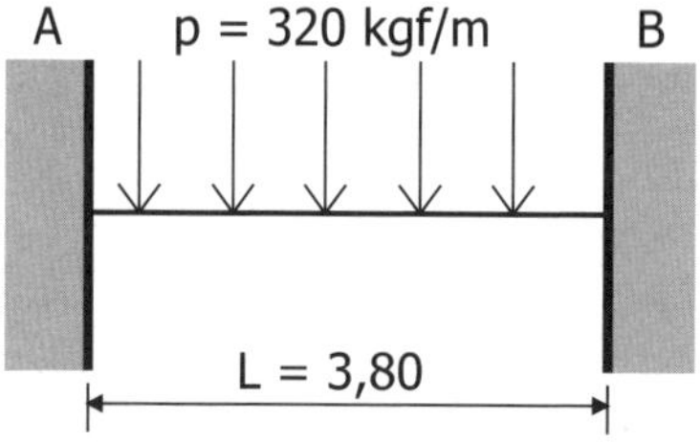

$$M_A = +\frac{pl^2}{12} = 320 \times \frac{3,8^2}{12} = +385$$

$$M_B = -\frac{pl^2}{12} = -320 \times \frac{3,8^2}{12} = -385$$

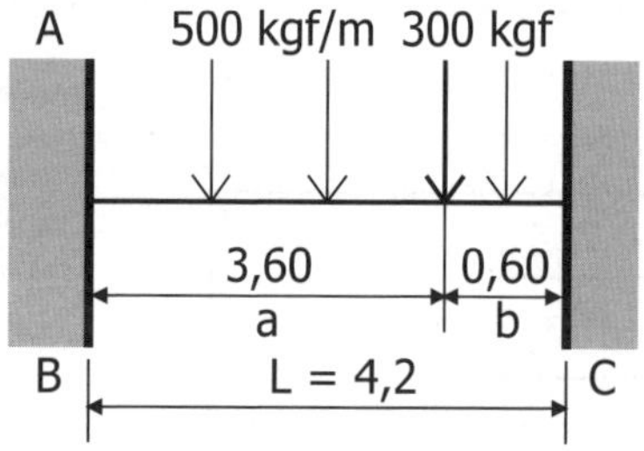

$$M_B = \frac{pl^2}{12} + \frac{pab^2}{L^2} = \frac{500 \times 4,2^2}{12} + \frac{300 \times 3,6 \times 0,6^2}{4,2^2} = +757$$

$$M_C = \frac{pl^2}{12} + \frac{pab^2}{L^2} = \frac{500 \times 4,2^2}{12} - \frac{300 \times 3,6 \times 0,6^2}{4,2^2} = -867$$

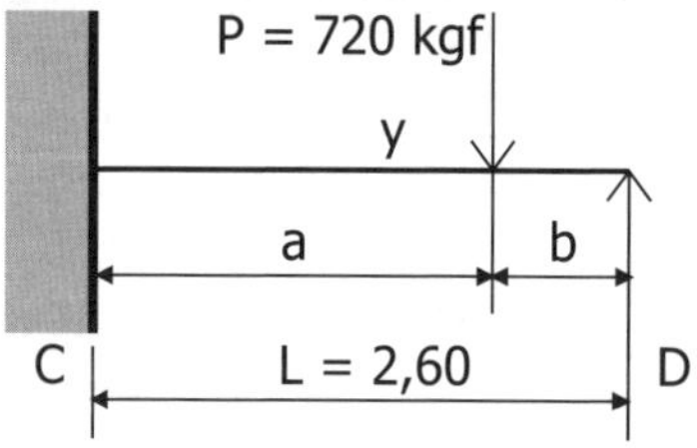

$$M_C = Pab \cdot \frac{L+b}{2L^2}$$

$$M_D = 0 \qquad a = 1,40$$

$$M_C = 720 \times 1,4 \times 1,2 \frac{2,6+1,2}{2,6^2} = 679$$

O método de Cross introduz no apoio mais desequilibrado (no nosso caso o apoio B) uma parcela de reajuste, cuja soma resultaria num valor igual (757 – 385 = 372) que dá parcelas de reajustes iguais a 163 e 209, os quais, por sua vez, resultam da multiplicação de 372 pelos coeficientes 0,437 e 0,563. Balanceado o nó (apoio B), propagam-se para os apoios de cada lado as parcelas 385 e 757 multiplicadas pelo fator 0,5. Feito isso, o equilíbrio do nó B introduz perturbações nos nós A e C. Vamos agora equilibrar o nó interno C. O valor de equilíbrio para o nó C é da ordem de 631 kgfm. Esse valor é distribuído à direita e à esquerda usando-se os fatores de distribuíção 0,736 e 0,264. Fica agora equilibrado o nó *C* e propagam-se os valores que equilibraram esse nó para os apoios da direita e da esquerda. Para a direita, a propagação é nula, pois *D* é uma articulação. Para a esquerda, a propagação é de 50%, o que acarreta nova perturbação e perda de equilíbrio em *B*. Faz-se o equilíbrio em *B*, e assim sucessivamente. Após várias operações, todos os nós internos (*B* e *C*) estão equilibrados, e conhecemos os momentos fletores em todos os apoios.

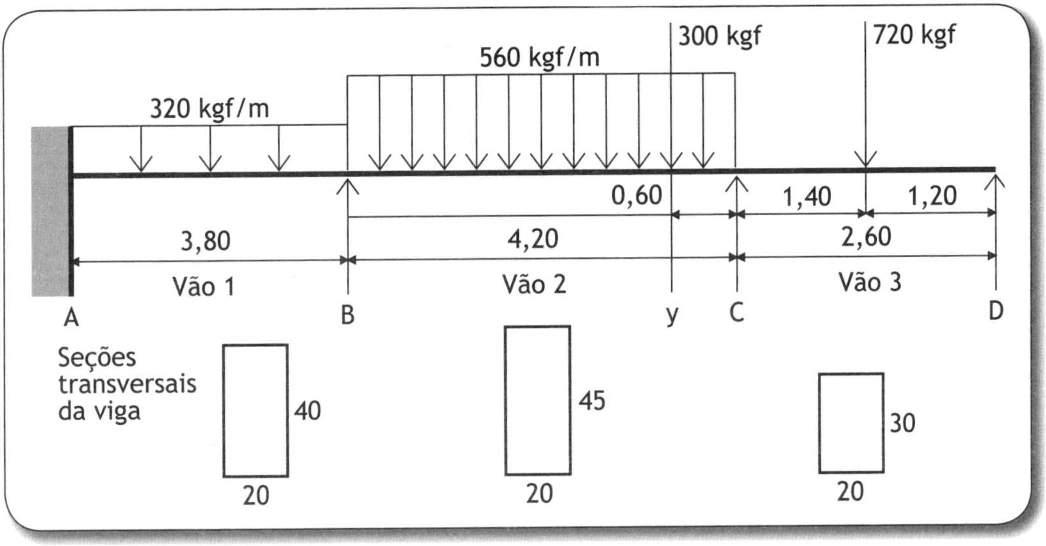

	A		B			C			D
			0,437	**0,563**		**0,736**	**0,264**		
1º ajuste	+ 385 − 81	← 50%	− 385 − 163	+ 757 − 209	→ 50%	− 867 − 104	+ 340 0		0
2º ajuste				+232	← 50%	+ 464	+ 167	→	0
3º ajuste	− 51	← 50%	− 102	− 130 − 24	→ 50% ← 50%	− 65 + 48	+ 17	→	0
4º ajuste	− 5	← 50%	− 10 − 1	− 14 + 2 − 1	→ ← 50%	− 7 + 5	+ 2	→	0
	+ 248		− 661	+ 661		− 526	+ 526	→	0

Momentos balanceados

Os momentos nos apoios resultam em:

$A = 248$ kgfm $\qquad C = -526$ kgfm

$B = -661$ kgfm $\qquad D = 0$

Note que agora abandonamos a convenção de Grinter para os momentos e voltamos à convenção original usada neste livro.

Conhecidos os valores dos momentos fletores nos apoios, a viga não é mais hiperestática. Calcularemos as reações nos apoios.

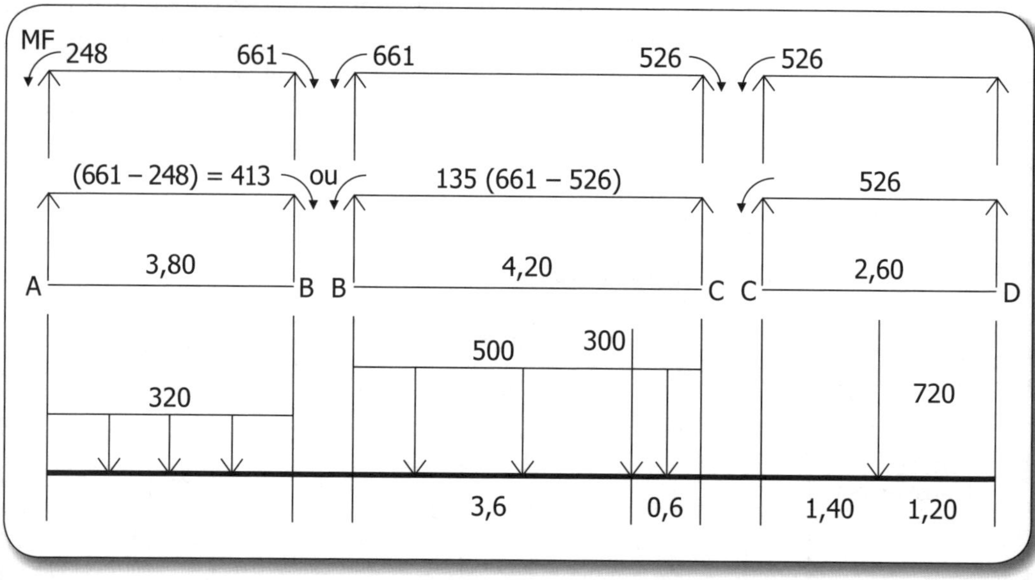

Cargas nos apoios								
Efeito carga	608	608		1.050 43	1.050 257		332	388
Efeito do momento fletor	– 108	+ 108		+ 32	– 32		+ 202	– 202
	500	716		1.125	1.275		534	186
	500 kgf		1.841 kgf			1.809 kgf		186 kgf

A B C D

Conhecidos os momentos fletores nos apoios e as reações em cada apoio, podemos traçar os diagramas de momentos fletores e os diagramas de força cortante ao longo da viga. Para calcular os momentos fletores positivos internos do vão:

$$Z_1 = 248 - \left(\frac{320 \times 1{,}56^2}{2} \right) + 500 \times 1{,}56 = 638 \text{ kgfm}$$

$$Z_2 = 248 + 500 \times (3{,}80 + 2{,}25) - 320 \times 380 \times (1{,}00 + 2{,}25) +$$

$$+ 1.841 \times 2{,}25 = \frac{500 \times 2{,}25 \times 2{,}25}{2} = 608 \text{ kgfm}$$

$$Z_3 = 186 \times 1{,}40 = 260 \text{ kgfm}$$

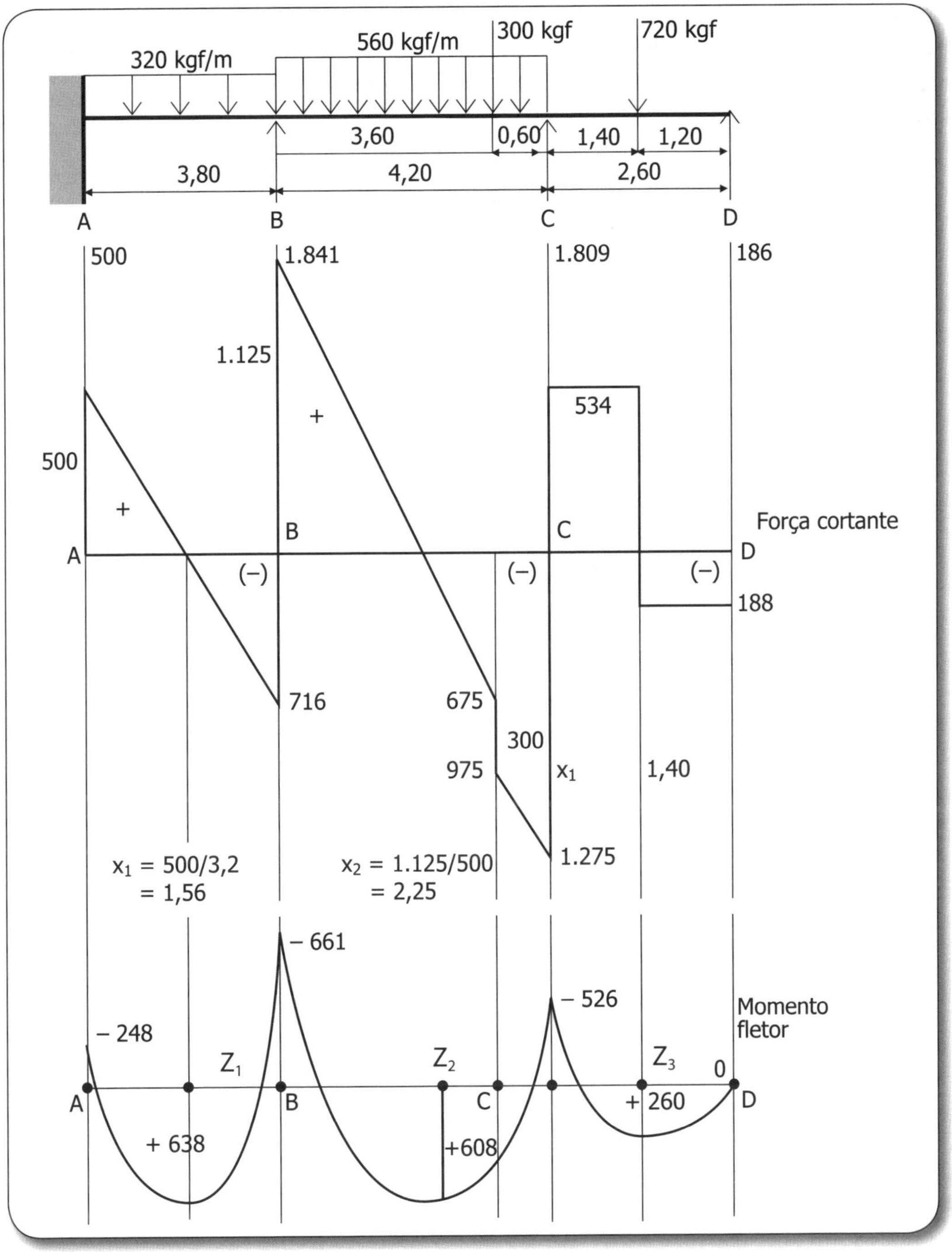

Em função dos valores do momento fletor e de forças cortantes, dimensionamos a estrutura, seja ela do material que for. Claro que o peso próprio da estrutura deve ser considerado.

Nota:

Recomendamos a consulta do livro *Concreto armado eu te amo* – volume 1, em que há outras explicações do método de Cross e outros exemplos.

Não deixe de ler.

16 Flambagem ou o mal característico das peças comprimidas

16.1 Experiências para entender a flambagem

Experiência 1

Pegue uma régua escolar de plástico e pressione-a entre dois pontos bem próximos, um a cinco centímetros do outro.

Você está simulando uma estrutura em compressão simples. Agora, pressione dois pontos distantes quinze centímetros um do outro. Algo começa a aparecer nessa nova posição, é visivelmente mais fácil criar condições para a barra começar a se encurvar. A barra está começando a sofrer o *fenômeno da flambagem.*

Faça agora a compressão nos dois pontos extremos da régua, distantes um do outro cerca de trinta centímetros. Com a força reduzida, a régua vai perdendo estabilidade. Force a régua e chegue até a ruptura. A régua se quebra.(*) Plástico é um *material frágil.*

Se fizermos a experiência com réguas de mesmo material, mas com espessuras diferentes, as réguas mais espessas exigem mais esforços para flambar do que as réguas mais finas.

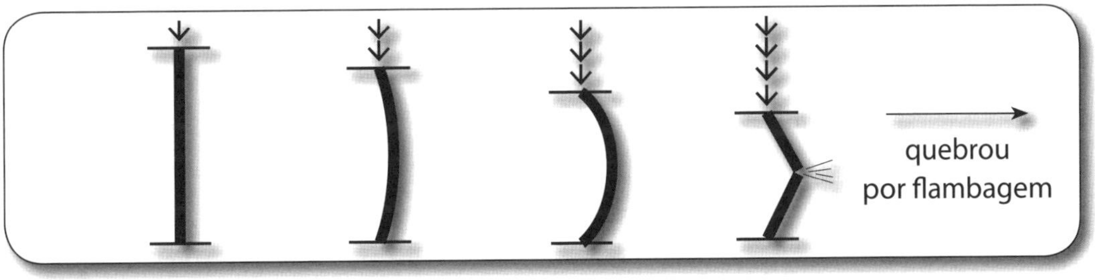

Peça sofrendo compressão crescente

(*) Para aprender mesmo a Resistência dos Materiais, pelo menos uma vez na vida, você deverá romper uma régua de plástico por flambagem. Use óculos de segurança nesse colapso estrutural.

Experiência 2

Pise em cima de uma lata vazia de refrigerante. Você notará que a lata, sem se quebrar, amassa. Não quebrou porque, ao contrário do plástico que é um material frágil, o alumínio é um *material dúctil* e se deforma bastante antes de perder sua unidade. A estrutura da lata, entretanto, entrou em colapso. É outro caso de flambagem.

Experiência 3

Seja uma placa de madeira compensada de grande altura e pequena espessura. Dois carregadores a transportam. Se eles carregarem a placa segurando-a em dois pontos baixos, a placa se deforma. Se os pontos forem um na parte alta da placa e outro na parte baixa, a placa não se deforma, não flamba.

16.2 Conclusões

- Peças comprimidas de grande altura podem flambar, fato que é sensivelmente reduzido se a altura for pequena.
- Quanto mais vínculos tiver a estrutura em compressão, menos tendência ela tem para flambar.
- Quanto maior for a espessura da peça comprimida, menor a tendência a flambar.
- Quanto mais flexível for o material (menor E), mais fácil é a ocorrência da flambagem.

Deve-se a Euler a primeira formulação de uma quantificação do limite de carga que se pode colocar numa peça comprimida, para que ela não flambe.

Fórmula de Euler

$$P_{cr} = \frac{\pi^2 EJ}{(L_n)^2} \qquad L_n = kL$$

Essa fórmula leva em conta os tipos de extremidades do pilar através do coeficiente k. Para cada condição de extremidade, podemos estabelecer coeficientes que simulam as condições das extremidades.

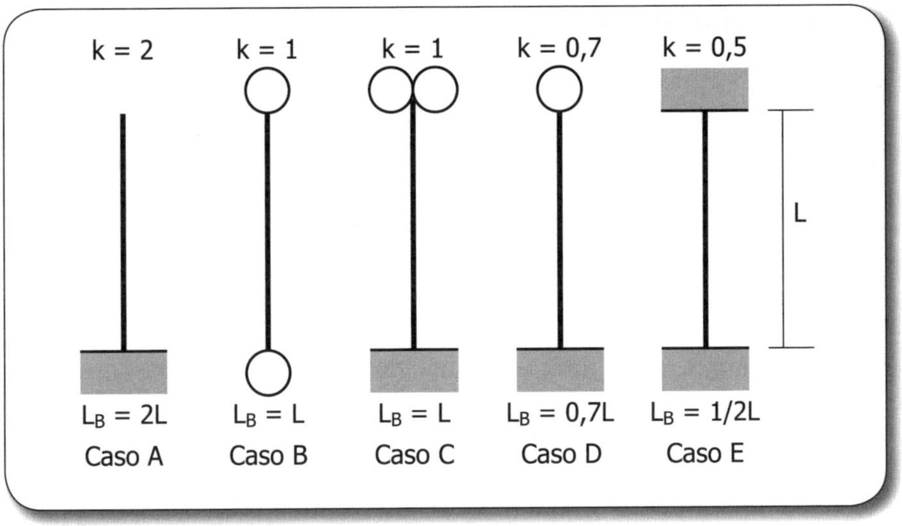

○ → símbolo de articulação
○○ → símbolo de carrinho

Para fazer um diagnóstico da tendência de um pilar a flambar, ou não, usamos o seguinte conceito:

$$\lambda = \frac{L_n}{i} = \frac{kL}{\sqrt{\frac{J}{S}}}$$

em que:

λ = índice de esbeltez;
J = momento de inércia;
S = área de seção transversal;
r = raio de giração.

Nota:

O J a considerar é o menor J da seção transversal (válido para o eixo que der o menor J).

O índice λ não só faz o diagnóstico das condições de flambagem, como também fornece critérios práticos para várias estruturas multiplicarem a força atuante por um valor ω que é função de λ.(*) Logo, para não nos preocuparmos com a flambagem, vamos multiplicar a força F pelo coeficiente ω.

Vamos a exercícios numéricos que elucidam o assunto.

(*)A tentativa de fugir da flambagem pela "majoração" da carga atuante está em desuso. Há teorias mais modernas que permitem dimensionar a estrutura, evitando a flambagem. Mas conceitualmente o método é muito expressivo e o mantemos neste livro.

16.3 Exercícios numéricos

Exercício 1

Identifique a situação de um pilar de concreto armado (peça comprimida) com os dados a seguir:

- apoios simples (articulação) nas extremidades $k = 1$;
- seção retangular de 30 × 50 cm;
- comprimento de 4,3 m.

Leve em conta que, para antigas normas do mundo do concreto armado, valem as seguintes instruções:

- $0 < \lambda < 40$ – mínima tendência a flambar (pilar gordinho);
- $40 < \lambda < 80$ – tendência a flambar;
- $\lambda > 80$ – procurar sair daqui aumentando a dimensão menor do pilar.

$$\lambda = \frac{kL}{i} = \frac{kL}{\sqrt{\frac{J}{S}}} = \frac{L}{\sqrt{\frac{bh^3}{12} \cdot \frac{1}{bh}}} = \frac{3,46L}{h} = \frac{3,46 \times 430}{30} = 49,6 > 40$$

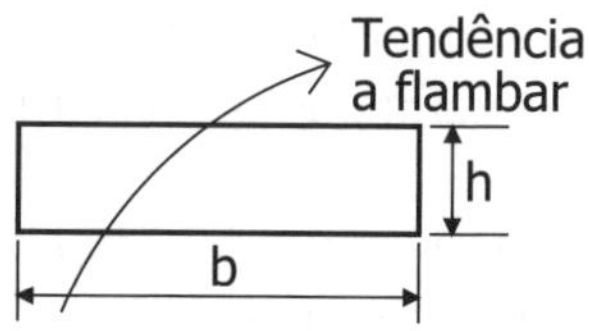

Conclusão:

Há risco de flambagem ($\lambda > 40$). Deve-se ou aumentar a menor dimensão (30 cm), ou melhorar as condições de extremidade (engastar). Note que a maior dimensão da seção transversal (50 cm) não interfere na determinação de λ.

Exercício 2

Caracterize as condições de flambagem do pilar de concreto armado com $L = 5{,}70$ m, seção circular $d = 25$ cm e extremidades articuladas $k = 1$.

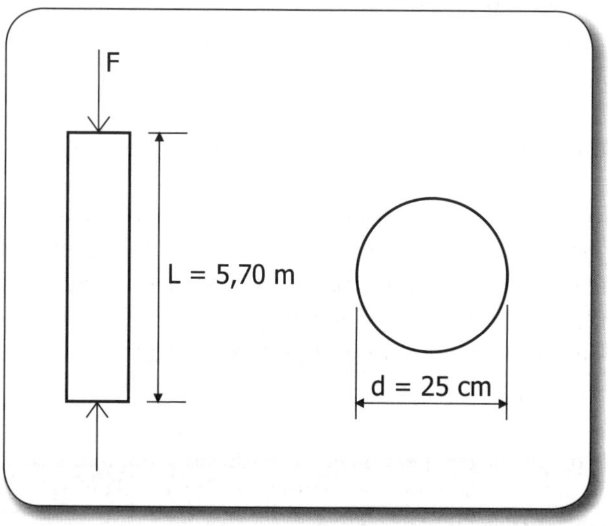

$$i_0 = \frac{d}{4} \qquad \lambda = \frac{kL}{i} = \frac{kL}{d/4} = \frac{5,70}{0,25/4} = 91,2 \qquad \lambda = 91,2 > 80$$

Fuja daqui. Flambagem!

Recomendação: sair dessa região aumentando o diâmetro do pilar, ou melhorando, se possível, as condições das extremidades engastando-as.(*)

Exercício 3

Dada uma coluna de aço com $L = 3$ m e condições de extremidade $k = 1/2$, seção 35×35 cm, $E = 2.100$ tf/cm², determine a máxima força F para ruptura e P_{adm} se $\sigma_{prop} = 2.100$ kgf/cm² e $\tau_{ad} = 1,4$ tf/cm².

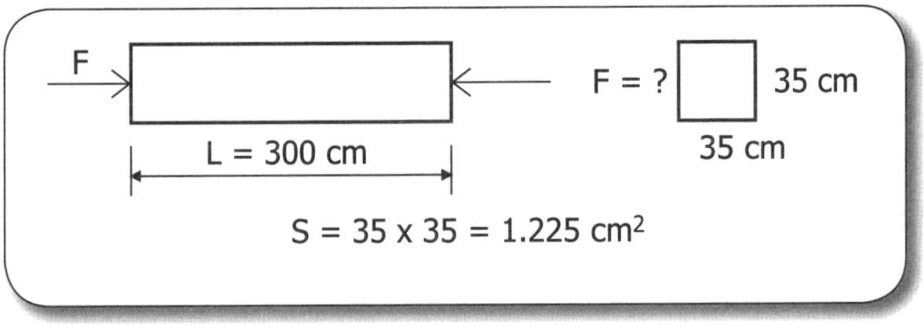

Calculemos P_{crit} (flambagem).

$$P_{crit} = \frac{\pi^2 EJ}{(l)^2} = \frac{\pi^2 EJ}{(kL)^2} = \frac{\pi^2 EJ}{\left(\frac{1}{2}L\right)^2} \qquad l = L = 300 \text{ cm}$$

$$J = \frac{bh^3}{12} = \frac{35 \times 35^3}{12} = 125.052 \text{ cm}^4$$

$$E = 2.100 \text{ t/cm}^2 \text{ (aço)}$$

$$P_{crit} = \frac{\pi^2 \cdot 2.100 \times 125.052}{(150)^2} = 115.076 \text{ tf}$$

$$\sigma = \frac{F}{S} = \frac{115.076}{1.225} = 93,9 \text{ t/cm}^2 = 93.900 \text{ kgf/cm}^2$$

Temos um problema. A teoria de flambagem usou a hipótese de estarmos no limite de proporcionalidade de ação, e isso só é válido até $\sigma = 2.100$ kgf/cm². Portanto, esse cálculo passou do limite.

(*) Outra possibilidade teórica para diminuir as condições de flambagem (medida por λ), seria diminuir a altura do pilar, mas convenhamos, arquitetonicamente isso seria muito difícil. Logo mexa nas outras condições.

Verificando a máxima força admissível dentro do limite de proporcionalidade, temos:

$$\sigma_{\text{prop}} = \frac{F}{S} \qquad F = \sigma_{\text{prop}} \cdot S = 2{,}1 \times 35 \times 35 = 2.572 \text{ tf} = P_{\text{adm}}$$

Vamos trabalhar com esse limite a fim de usar a fórmula de Euler. Temos que trabalhar com segurança, isto é, sem ultrapassar σ_{adm}.

Normas de outros países exigem cálculos da estrutura de aço e que nos acautelemos contra a flambagem, multiplicando a carga por um fator ω maior que 1, e esse fator é tanto maior quanto mais crítica é a possibilidade de flambagem.

Vamos a um exemplo.

$$\sigma_{\text{lim}} = \frac{F}{S} = \frac{3.287t}{35 \times 35} = 2.683 \text{ kgf/cm}^2$$

Condições para colunas de aço
ω = fator multiplicativo da força

λ	30	50	70	90	110
ω	1,07	1,22	1,54	2,39	4,29

Fonte: Curso de Resistência dos Materiais. Prof. Evaristo da Costa. p. 301.

$$\bar{\sigma} = \frac{\omega F}{S} \qquad \bar{\sigma} = 1.400 \text{ kgf/cm}^2 = 1{,}4 \text{ tf/cm}^2 \begin{pmatrix} \text{dado} \\ \text{experimental} \end{pmatrix}$$

$$S = 35 \times 35 = 1.225 \text{ cm}^2$$

Calculando:

$$i = \sqrt{\frac{J}{S}} = \sqrt{\frac{\frac{bh^3}{12}}{bh}} = \frac{h}{3{,}46} = \frac{35}{3{,}46} = 10{,}1 \text{ cm}$$

$$\lambda = \frac{L_n}{i} = \frac{\frac{300}{2}}{10{,}1} = 15$$

Logo, pela tabela,

$$\bar{\sigma} = \frac{\omega \cdot F}{S} \qquad 1.400 = \frac{1{,}07F}{35 \times 35} \qquad F = 1.602 \text{ tf}$$

Análise dos dados

1. A conclusão 1 mostra que a fórmula de Euler não era adequada para fixar a carga limite, pois a carga de 3.287 tf ultrapassa a tensão de proporcionalidade do aço, que é 2.100 tf/cm^2. A fórmula de Euler só vale até essa condição de proporcionalidade.
2. Atendendo à normas que incluem a flambagem e o coeficiente de segurança, a carga limite é de 1.602 tf, que não ultrapassa o limite de proporcionalidade e não supera a tensão admissível.

Notas:

1. Dadas duas colunas de dois tipos de aço, uma com maior $\bar{\sigma}$ (tensão admissível) e outra com $\bar{\sigma}$ menor, mas ambas com mesmo E, elas entrarão em flambagem com a mesma carga crítica, pois esta não depende da tensão admissível dos materiais, e sim dos seus módulos de elasticidade.

2. Para materiais frágeis como o plástico, a flambagem leva à ocorrência da ruptura do material. Perceba isso, rompendo uma régua escolar de plástico por meio de uma compressão. Para materiais dúcteis, antes de haver ruptura do material acontece uma deformação permanente, ou seja, o material amassa. Isso é perceptível numa lata de refrigerante ou num prego. Nesses materiais não ocorre ruptura, e sim um amassamento (deformação plástica, ou seja, deformação permanente).

3. Para visualizar a flambagem e o modo pelo qual o aumento da seção transversal (aumento do J) diminui a possibilidade da flambagem, pegue uma régua de plástico escolar e a envolva com elástico. Em seguida, pegue duas réguas de plástico juntas e também as envolva com elástico.
   Observe:

   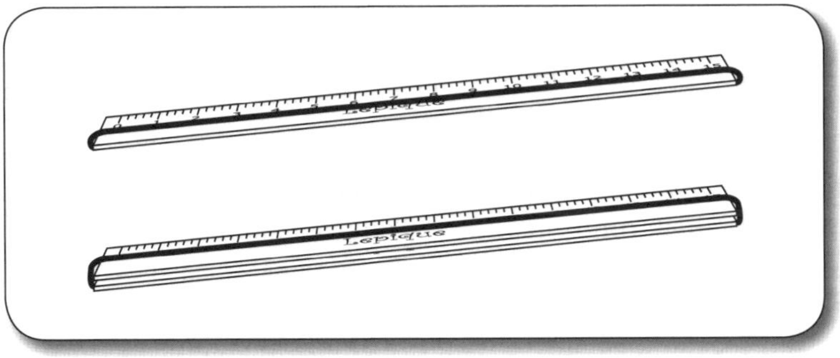

   O elástico, ao envolver uma régua de plástico, exerce uma compressão e a flecha resultante no meio da régua é de 4 cm. Um elástico semelhante envolvendo duas réguas de plástico cria uma flecha de 1 cm.

4. Peças em flexão flambam? Vigas, por exemplo.
Sim, peças em flexão flambam se a parte comprimida não estiver reforçada contra esse mal. Isso é muito comum em estruturas de aço ou de alumínio. Em decorrência da grande resistência desses metais, as estruturas resultam esbeltas no seu dimensionamento e podem flambar na sua parte comprimida, levando, depois, ao colapso de toda a estrutura. Esse tipo de flambagem é chamada de *flambagem lateral* ou *perda de estabilidade local.*

5. Placa de madeira pode flambar se seus carregadores forem inexperientes. O Prof. A. Moliterno, na página 114 de seu livro *Projetos de telhados e estruturas de madeira*, mostra que uma placa de madeira compensada (na posição em pé) de alta resistência e pequena espessura, transportada por dois operadores, poderá flambar se for segura somente em baixo. Se cada operário a segurar em dois pontos, um alto e um baixo, ela não flambará. É um caso típico de redução das condições de flambagem pela mudança de vinculação.

6. Na luta contra a flambagem, pequenas (ou aparentemente pequenas) alterações na seção transversal da peça podem trazer significativa contribuição a esse objetivo. Quando se trabalha com perfis leves de aço e há a possibilidade de ocorrência de flambagem local (lateral), tiramos partido de pequenas alterações da seção transversal que a enrijecem de maneira bem interessante.

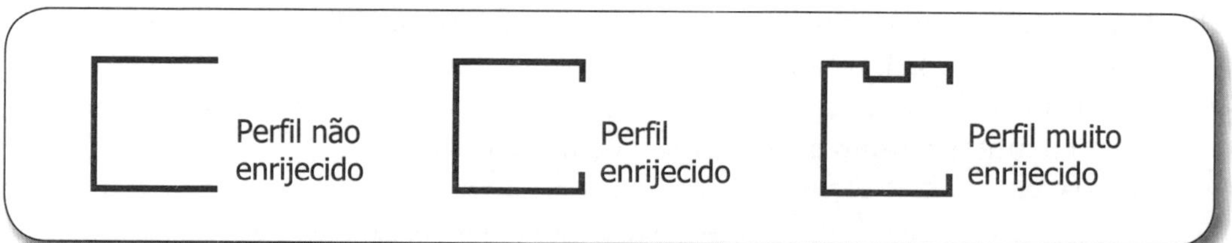

Nervuras em chapas de aço de carro têm essa função.

7. Em uma velha agência bancária de uma pequena cidade. havia um andar intermediário (mezanino, jirau), sustentado por vigas apoiadas em pilares. Quando a agência foi reformada, decidiu-se pela supressão desse andar e a laje e as vigas de apoio foram retiradas. Do ponto de vista estrutural, acreditava-se que a supressão das cargas do mezanino traria mais segurança aos pilares existentes. Só que, com a retirada do mezanino e de suas vigas, a altura de flambagem do pilar aumentou e ele estava sem maiores folgas. Com isso, o pilar flambou e rompeu-se.

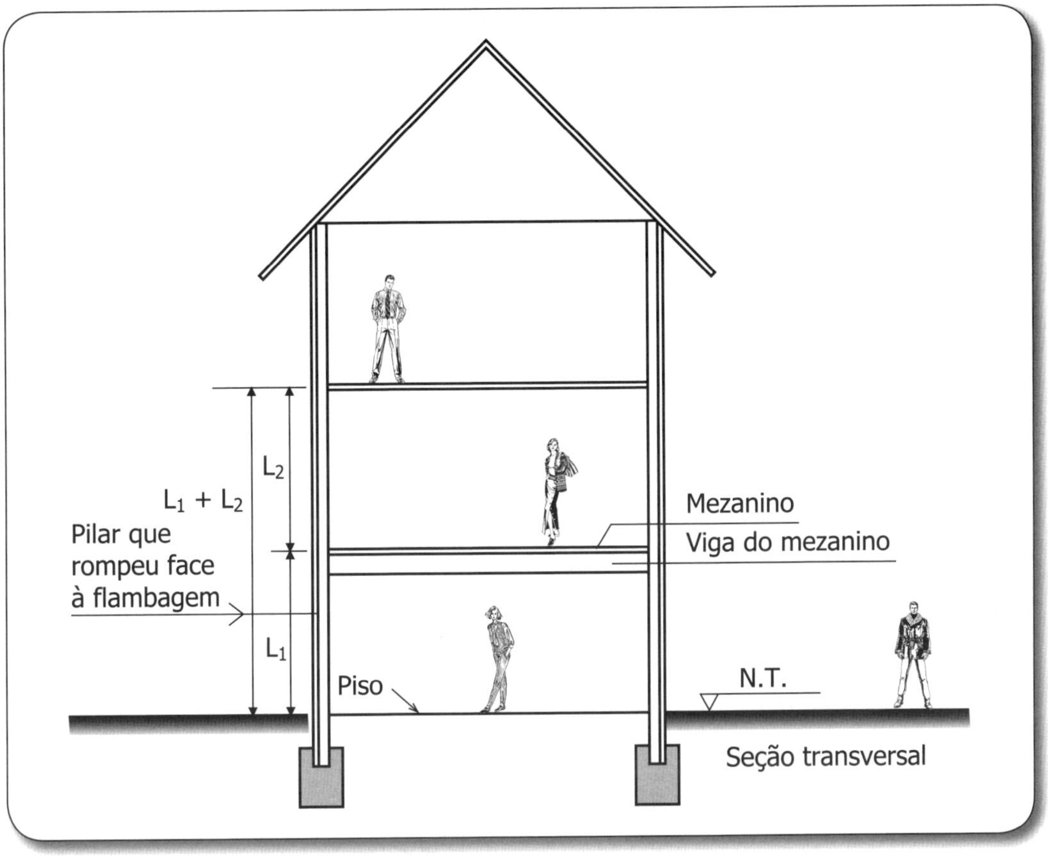

8. Pegue uma lata de alumínio – de refrigerante, por exemplo – ou um copo de plástico. Note que nas bordas é introduzido um acréscimo de espessura ou é feito um tipo de entortamento, para dar maior rigidez à estrutura. Nas lâminas de aço usadas nos carros na cobertura ou em posições frontais e laterais, são criadas nervuras que dão rigidez à lataria. Faça uma inspeção na lataria do seu carro e verifique essas saliências enrijecedoras.

16.4 Reconhecendo as estruturas do dia a dia

- Uma corrente sofrendo compressão

Vi num jardim, um pequeno vaso sustentado por uma corrente funcionando como coluna e sofrendo compressão! Por princípio, uma corrente não pode sofrer compressão, pois a ligação elo com elo não é estável para esse tipo de esforço, ou para qualquer tipo de corda ou tecido. Como conseguir que uma corrente sofra compressão, ainda que de pequeno valor? Observei com cuidado a ligação elo com elo. O construtor de tal bizarra estrutura atacou o mal pela raiz, ou seja, eliminou o ponto fraco: soldou os elos e essa solda garantiu alguma resistência à compressão da corrente. A corrente, então, pode sofrer alguma compressão, que resistirá. Veja:

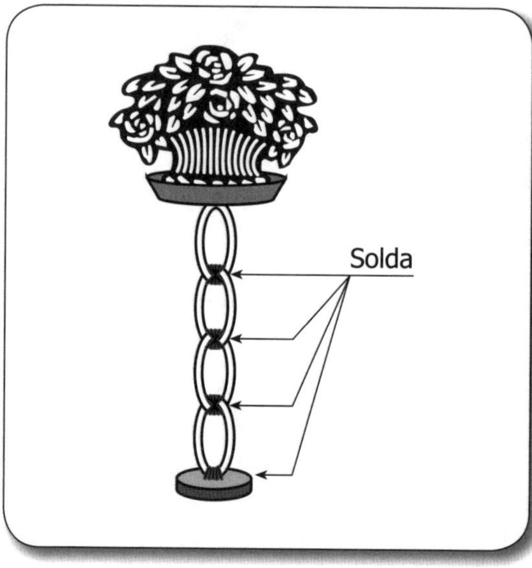

- Por vezes usamos a flambagem por razões estéticas. A bengala de Carlitos não flambada seria menos bela.

16.5 Resumindo

J calculado para a seção de menor λ:

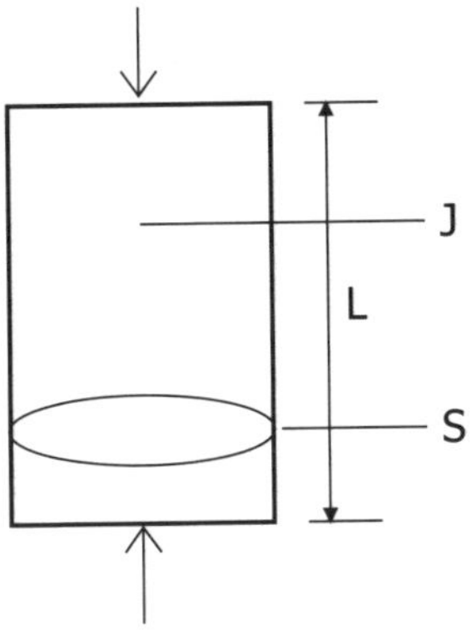

$$\lambda = \frac{kL}{\sqrt{\frac{J}{S}}} = \frac{L_n}{i}$$

O quadro a seguir, de objetivo didático, mostra, para várias estruturas e materiais, como o λ pode ser valioso instrumento para predimensionar ou avaliar estruturas comprimidas.

Materiais	λ (índice de esbeltez) da estrutura		
Peças de concreto armado	0-40 A flambagem não é importante	40-80 Temos de preocupar-nos com a flambagem	> 80 Está muito esbelta
Prego	8—11		
Aço	$30 < \lambda < 120$ $\bar{\sigma} = 1.125 - 4{,}91$ (kgf/cm²)*		
Alumínio	$\lambda \leq 83$ $\bar{\sigma} = 3.080 - 2{,}46\,\lambda$*		

*De acordo com esta fórmula a tensão admissível diminui a medida em que aumenta a esbeltez da estrutura. Os dados citados devem ser encarados como informações didáticas, pois as normas brasileiras tratam o assunto de forma diferente.

Fonte: Curso de Resistência dos Materiais. Prof. Evaristo Valladares Costa, p. 295-6.

Notas:

1. Se a flambagem é o mal característico de peças comprimidas, as peças tracionadas têm seu mal característico? Têm. É a vibração, que é o grande objetivo das cordas musicais, ou na fabricação de sinos, e altamente indesejável em certas estruturas metálicas muito delgadas.

Em estruturas metálicas procura-se limitar a esbeltez de peças tracionadas; não deve ultrapassar $\lambda \leq 240$ e $\lambda \leq 300$ para peças secundárias (veja *Elementos das estruturas de aço*. Gilson Queiroz. p. 150).

2. Um prego deve ser bem esbelto e ter alto λ para poder penetrar na madeira. Deve ser robusto, entretanto, para não entortar (flambar). Para atender às duas exigências:

$$8 \leq \lambda \leq 11$$

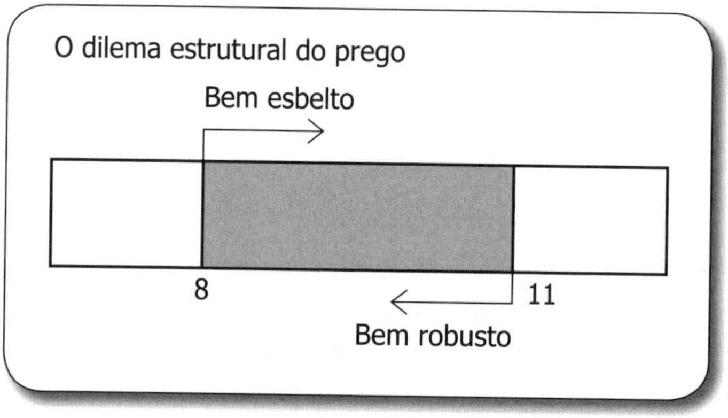

Nota importantíssima:

A flambagem (perda de equilíbrio por compressão) pode ser de dois tipos: flambagem levada a deformações permanentes e flambagem dentro de situações elásticas. A pessoa que deforma uma lata de alumínio de refrigerante para reduzir seu volume, deforma-a permanentemente. É uma situação irreversível.

Um outro tipo de flambagem é a que leva a deformações elásticas (não permanentes). Um exemplo é o caso da lâmina do serrote cortando uma madeira dura.

Na prática, a madeira oferece resistência contra o corte e por isso a lâmina do serrote comprimida entra em flambagem entortando. Quando cessa a força exercida para cortar a a madeira, a lâmina volta imediatamente à sua forma original, demonstrando não ter sofrido deformação permanente. Experimente no seu serrote.

Um pilar de prédio, quando flambado, chega até a ruína e leva essa ruína, possivelmente, a todo o prédio.

Um serrote chega a flambagem, mas o esforço cessa e, como não foram alcançados limites de plasticidade, o serrote volta à sua forma original e, volta a ser usado.

Nota:

A ocorrência da flambagem em estruturas de concreto armado não costuma dar avisos antes de ocorrer. O fenômeno nessas estruturas costuma ser instantâneo e, por vezes, espetacular (terrível).

Espaço reservado para suas anotações

17 Estruturas e materiais não resistentes à tração

17.1 Exemplos de estruturas que não resistem à compressão

Há estruturas, como cordas, correntes, tecidos etc., que não resistem à compressão.

Cordas e tecidos, devido à pequena espessura que possuem, sofrem flambagem quando comprimidos. Note que não é a característica do material que gera essa "não resistência", e sim a sua característica construtiva. Um fardo de algodão, por exemplo, pode resistir à alguma compressão, mas o mesmo algodão na forma (estrutura) de tecido não resistirá à compressão.

Correntes de qualquer material não resistem à compressão pela instabilidade da relação elo com elo.

Assim como há estruturas que não resistem à compressão, existem as que não resistem à tração – uma pilha de placas de aço, por exemplo. A falta de ligação entre as peças faz com que a pilha resista à compressão, mas não resista à tração. A razão está no tipo de estrutura, e não no seu material.

17.2 Exemplos de estruturas que não resistem à tração

Além das estruturas, existem materiais que resistem bem à compressão e mal à tração, como o concreto e a argila (barro). Pode-se fazer, e com sucesso, pilares de concreto ou de tijolos de argila, mas ninguém usaria tais estruturas como cabos, tirantes, em que o esforço é de tração.

Um caso de interesse prático é o de peças em que, em determinadas situações, só ocorrem esforços de compressão, mas que, em situações extremas, podem ter parte da estrutura sofrendo compressão e parte sofrendo tração. Se o esforço de tração em certas estruturas passar de algum limite, ocorre o colapso ou a ruptura. Paredes de tijolos com trincas são bons exemplos.

Estudemos de forma mais global e numérica esses casos de estruturas e materiais que não resistem à tração. Seja uma peça de madeira colada em um piso de madeira e uma força F. Admitamos como desprezível o peso próprio da peça de madeira e que a força F possa deslocar-se na superfície dessa peça.

Se a força F estiver no eixo do centro de gravidade da peça, então a tensão, em qualquer ponto dela, vale $\sigma = F/_S$, em que S é a área transversal dessa peça (*situação 1*).

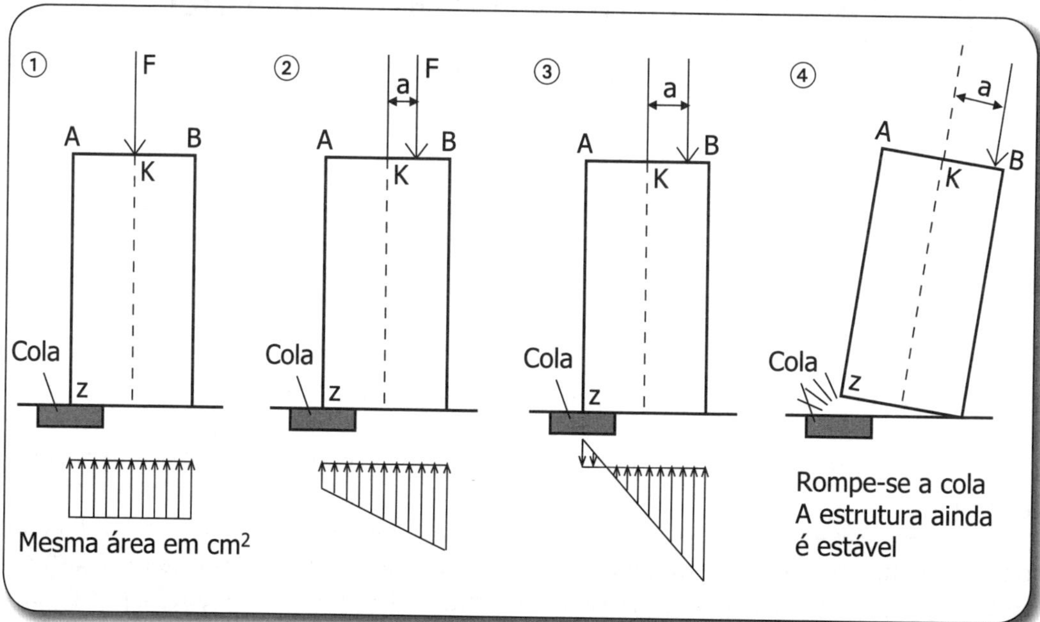

Agora, a força F começa a se afastar do eixo indo de K em direção a B. Além do efeito da força F, temos agora o efeito do seu deslocamento a, que gera um momento fletor M. Esse momento, por sua vez, aumenta a tensão do lado KB e diminui a tensão do lado KA (*situação 2*).

Se aumentarmos o valor de a, podemos chegar a um limite de acabar a compressão em A. Se aumentarmos ainda mais o afastamento a, então poderemos ter uma tração no elemento colante, entre a peça de madeira e o apoio. Admitamos que a cola resista e aumentemos o deslocamento a. Desse modo, aumentará a tração no lado esquerdo e ainda mais a compressão no lado direito.

Como é admissível que a cola seja fraca, chega um momento em que a cola se rompe. Teremos, então, a *situação 4*, que é típica de uma estrutura que não resiste à tração, mas ainda é estável (não tomba).

Fica a pergunta: qual a posição limite de F para que não ocorra tração na peça, isto é, para que não haja descolamento da estrutura da sua base, ou ainda que o triângulo de compressão comece na vertical pelo ponto A?

Se F se afastar dessa posição, então:

- ou ocorrerá tração na ligação das peças, ou;
- se não houver ligação ou se a ligação for fraca (o caso de a cola ser fraca), haverá um certo deslocamento do bloco em relação ao apoio e teremos a *situação 4*.

A área (superfície) que garante que temos no limite a situação de tensão nula em A é denominada *núcleo central de inércia* ou *área central de inércia*.

Enquanto a força F atuar dentro do núcleo central de inércia, a estrutura e seu apoio não sofrem tração.

Você pode simular o fenômeno explicado usando um encosto de sofá que tenha alguma rigidez, de espuma de náilon, por exemplo. Se o apertar com um força F, adequadamente excêntrica, você perceberá que a extremidade A do encosto chegará a se afastar do apoio, mas a espuma não tomba.

Veja:

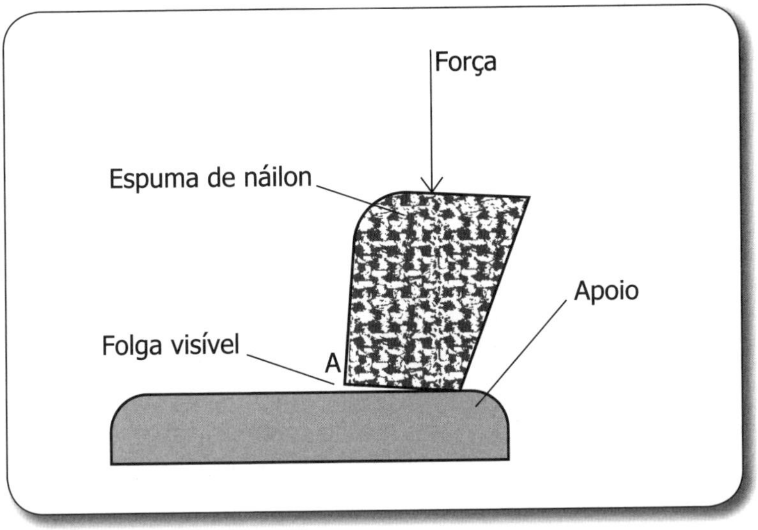

Só haverá o tombamento, quando a vertical da força encontrar o apoio fora da base.

Usamos esse encosto, pois ele é feito de espuma, material de baixo E (módulo de elasticidade); assim, as deformações ficam mais visíveis.

Se você quer aprender a Resistência dos Materiais, faça essa experiência. Enquanto a resultante F estiver dentro do núcleo central de inércia, só há tensões de compressão no apoio e não há deslocamento (folga) na relação corpo-apoio.

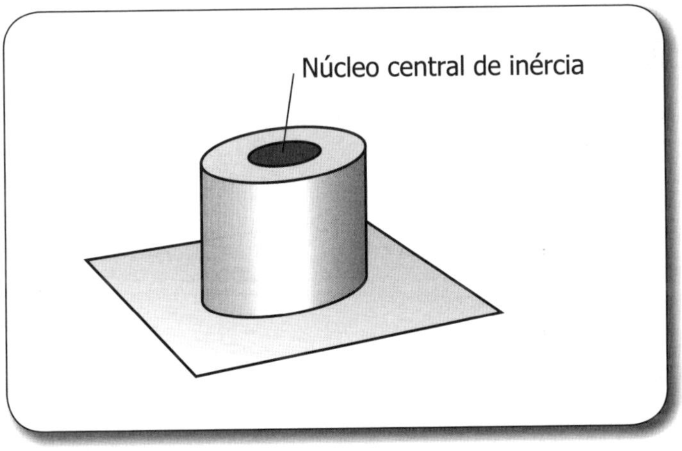

Dados do núcleo central de inércia	
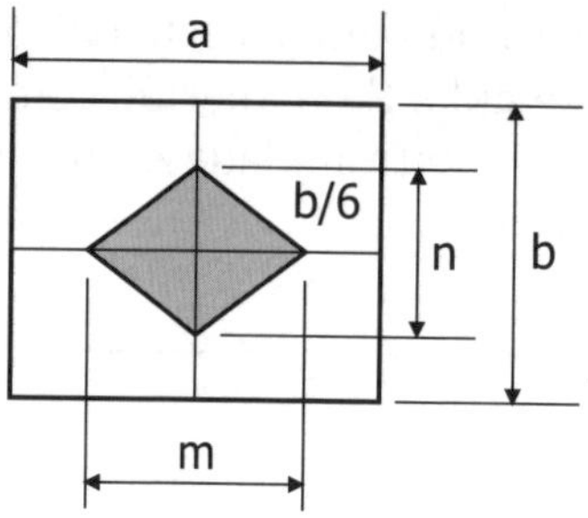	$m=\dfrac{a}{3}$ $n=\dfrac{b}{3}$
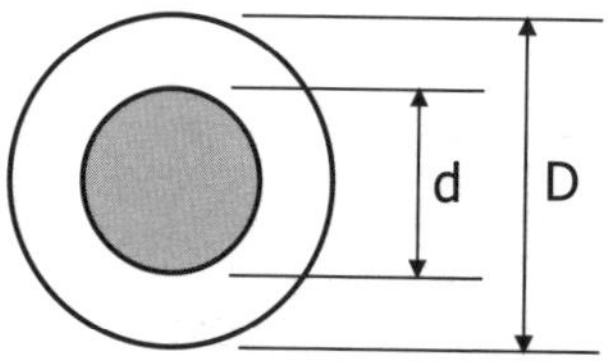	$d=\dfrac{D}{4}$

No caso apresentado, fizemos variar a posição da força externa F, analisamos as consequências e desprezamos o peso próprio. Em uma abordagem mais geral, o que interessa é considerar a posição resultante do peso próprio e das forças externas.

17.3 Exercícios numéricos

Exercício 1

É dado um bloco (1) de 1 m de largura soldado a outro bloco (2). Sobre o bloco (1) atua a força F = 8.300 kgf. Determine as tensões na solda.

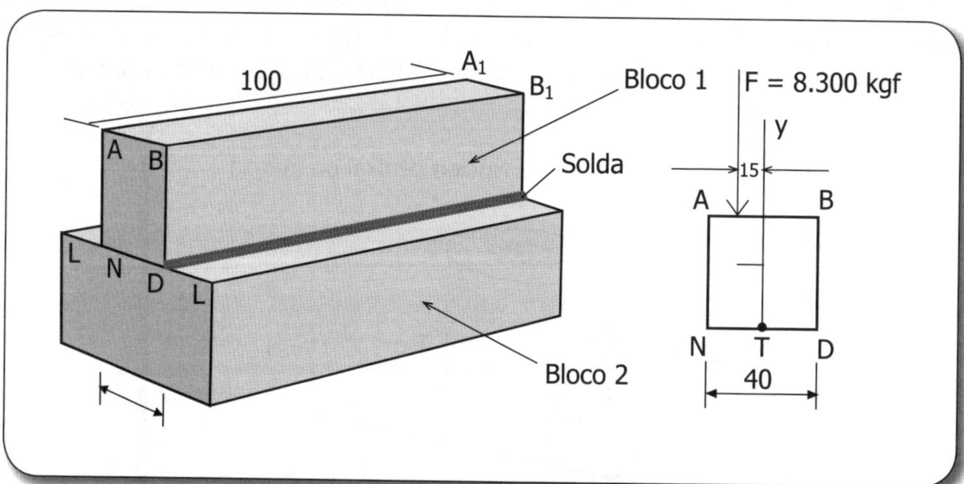

Se a força F atuasse no eixo y do bloco 1, a tensão na base de apoio sobre o bloco 2 seria:

$$\sigma = \frac{F}{S} = \frac{8.300}{100 \times 40} = 2{,}07 \text{ kgf/cm}^2$$

e só haveria tensões uniformes de compressão na solda. Acontece que a força F agora está excêntrica a 15 cm do eixo y e isso gerará um momento fletor $F \cdot 15$ cm, que sobrecarregará (comprimirá) o trecho NT e descarregará o trecho TD. Calculemos o acréscimo de tensão resultante.

$$\frac{M}{W} = \frac{F \cdot a}{\frac{bh^2}{6}} = \frac{8.300 \times 15}{\frac{100 \times 40^2}{6}} = 4{,}67 \text{ kgf/cm}^2$$

Logo,

$$\sigma_N = \frac{F}{S} + \frac{M}{W} = 2{,}07 + 4{,}67 = 6{,}74 \text{ kgf/cm}^2$$

$$\sigma_D = \frac{F}{S} - \frac{M}{W} = 2{,}07 - 4{,}67 = 2{,}60 \text{ kgf/cm}^2$$

Este é o diagrama de tensões:

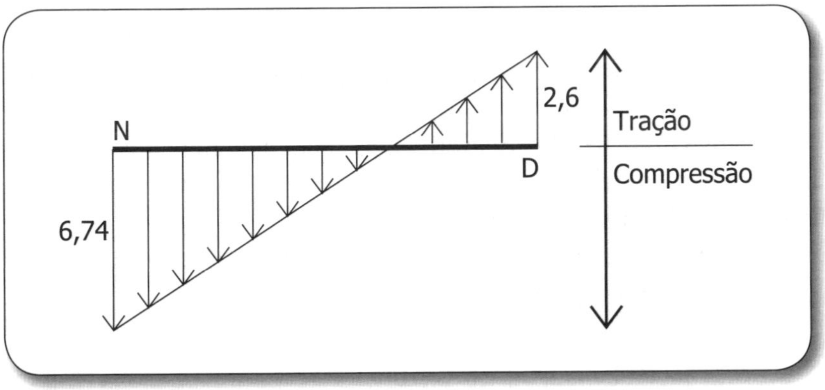

Admitimos que a solda é bem resistente e resiste bravamente às tensões de tração.

O problema está resolvido. Nós poderíamos ter descoberto se haveria ou não tração, verificando se a força F está fora ou dentro do núcleo central de inércia. Vamos a ele.

Para calcular o núcleo central de inércia

$$m = \frac{40}{3} = 13,3 \text{ cm}$$

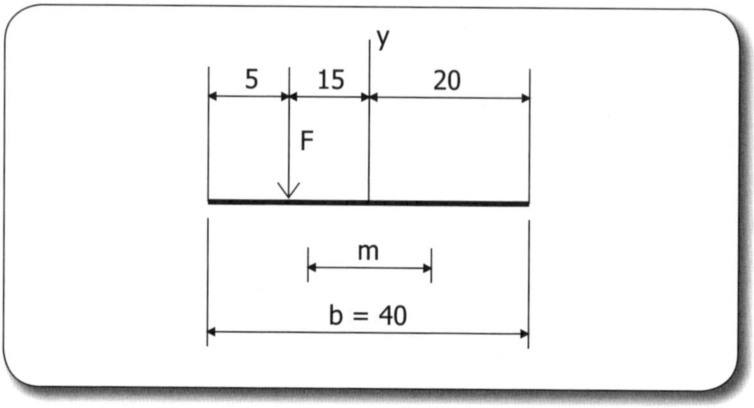

Ou seja, se a força F atua a direita ou a esquerda de y, até uma distância de 6,65 cm, não gera tração.

A força F está distante 15 cm > 6,65 cm do eixo, portanto era previsível a ocorrência de tração e isso independe do valor numérico da força F. Como há tração e os blocos não se separam, devido à existência de solda, conclui-se que a solda está sob tensão de tração.

Exercício 2

Uma peça de concreto simples (sapata) está apoiada no solo e sofre uma ação excêntrica de compressão de 4.600 kgf/m. Determine as reações no solo.

Agora a situação é diferente. No Exercício 1 havia solidariedade bloco × bloco pela solda. No caso do bloco de concreto e solo, não haverá solidariedade, se houver tendência a ocorrer tração na ligação. O conjunto bloco-solo é uma estrutura não resistente à tração. Vamos calcular.

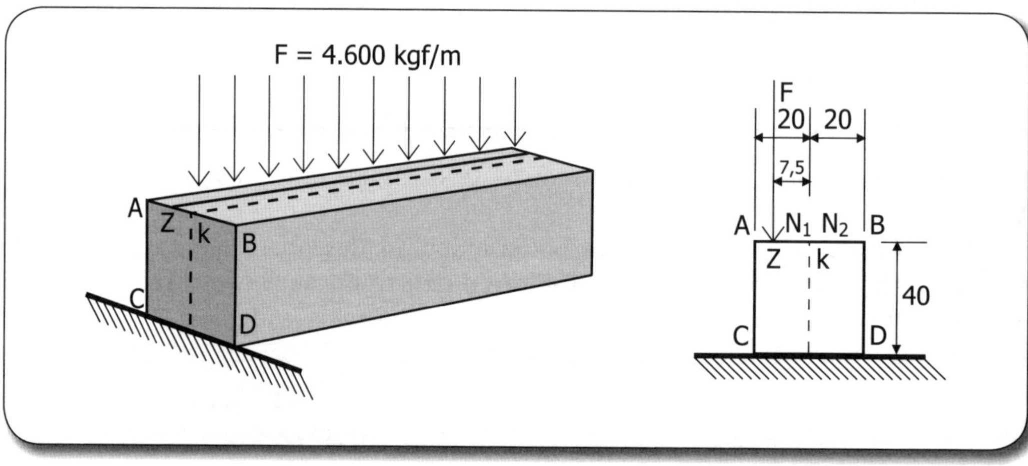

Verifique o núcleo central de inércia a partir da seção transversal da sapata.

$$N_1N_2 = \frac{AB}{3} = \frac{40}{3} = 13,3$$

$$N_{1k} = \frac{13,3}{2} = 6,6 \text{ cm}$$

A força F está atuando em Z e ZK = 7,5 cm, mas N_{1k} = 6,6 cm. Logo, existe uma tendência a haver tração na relação bloco-solo; essa relação, porém, não resiste à tração e o bloco tende a flexionar-se e ficar distante do solo. Veja:

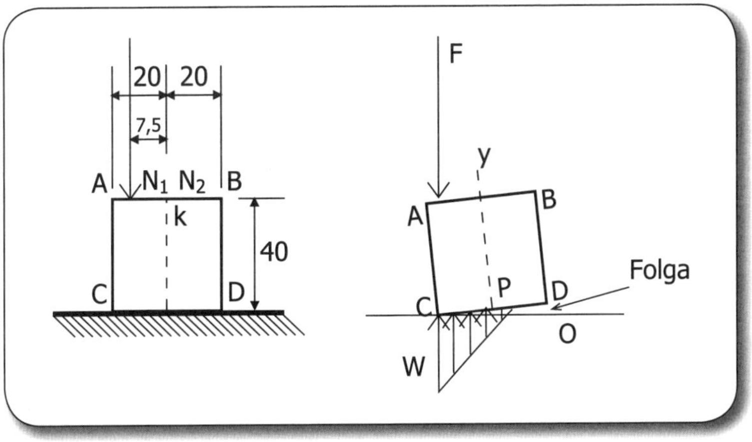

Com a deformação do bloco, somente a parte do apoio (CP) estará em contato com o solo; a parte PD estará desligada do solo. Nós poderemos determinar σ_C (tensão máxima de compressão em C) e o local do ponto P por uma equação de equilíbrio.

1) A área do triângulo CWP deve ser igual ao valor da força F, pois

$$\boxed{\sum F = \sum \text{forças de reação}}$$

Σ = símbolo de somatória

2) A resultante das forças de reação, e que no caso de distribuição triangular está a $\frac{1}{3}$ da base, deve estar na mesma vertical de P, para que não haja desequilíbrio de momentos. Veja:
   - Área CPW = valor de F;
   - CZ = 12,5 portanto $ZP = 2 \times 12,5 = 25$;
   - CP = 37,5 cm

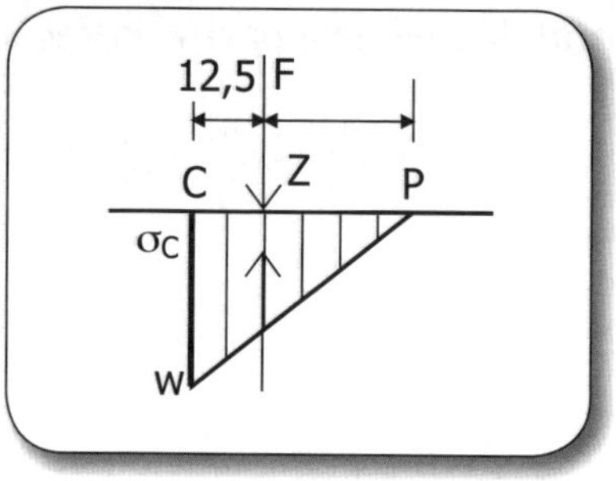

Resultante da reação de apoio

Assim considerando, a área do triângulo $CPW = F = 4.600$.

$$\frac{37{,}5 \cdot \sigma_C}{2} = 4.600$$

$$\sigma_C = 245 \text{ kgf/cm}^2$$

O problema está resolvido.

Nota didática sobre tombamento de corpos:

No estudo de estruturas não resistentes à tração surgem – e isso pode confundir o estudante – as questões do tombamento de corpos e a da deflexão do corpo que não resiste à tração.

Seja o bloco de seção *ABMN* e uma força *F* aplicada à superfície superior do bloco. Vamos admitir que o bloco esteja articulado em *B* e realizamos isso na prática, criando um minirressalto na base.

Situação 1

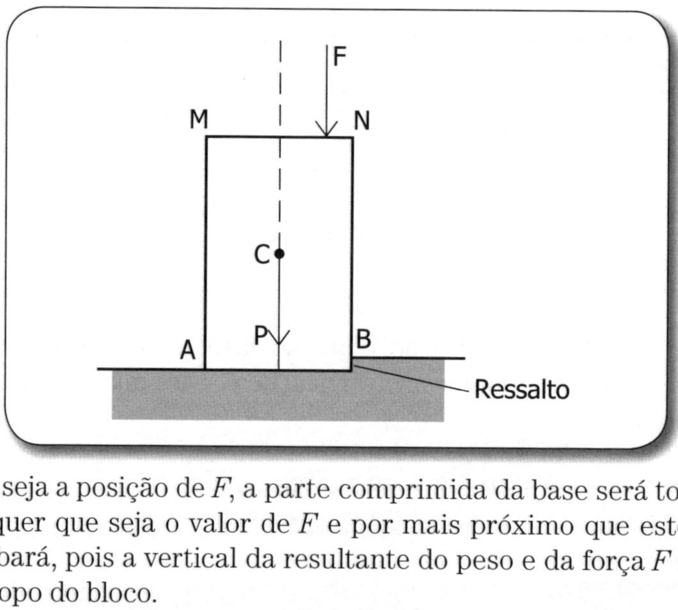

Conforme seja a posição de *F*, a parte comprimida da base será total ou parcial. Todavia, qualquer que seja o valor de *F* e por mais próximo que esteja de *N*, esse bloco não tombará, pois a vertical da resultante do peso e da força *F* está interna à superfície do topo do bloco.

Situação 2 – tombando o corpo

Para tombar esse corpo temos algumas possibilidades. Veremos duas delas, quais sejam:

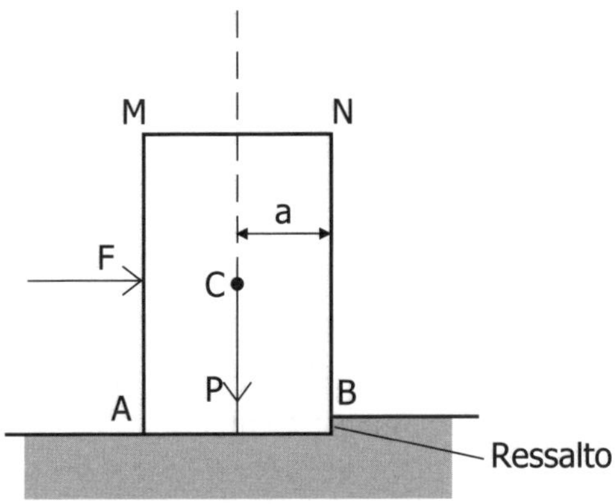

Ou fazemos a força F ficar horizontal, ou aplicamos essa força F na vertical através de um balanço.

Nos dois casos, haverá tombamento se o valor da força e o do braço h forem adequados.

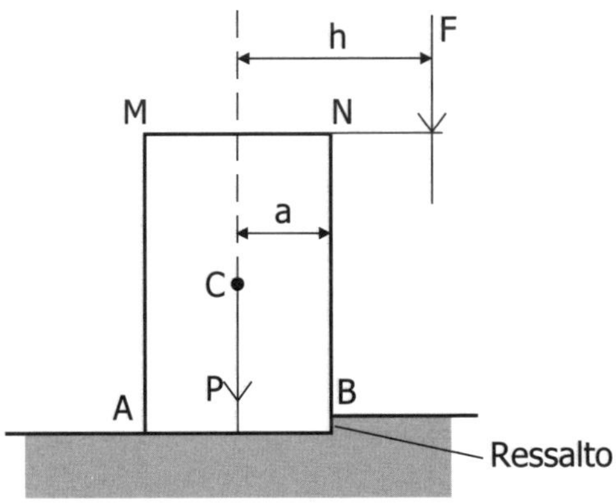

$$F \cdot h > P \cdot a$$

Outra forma de tombar esse bloco seria inclinar sua base. Quando a vertical pelo centro de gravidade passar fora da base, o bloco tombará.

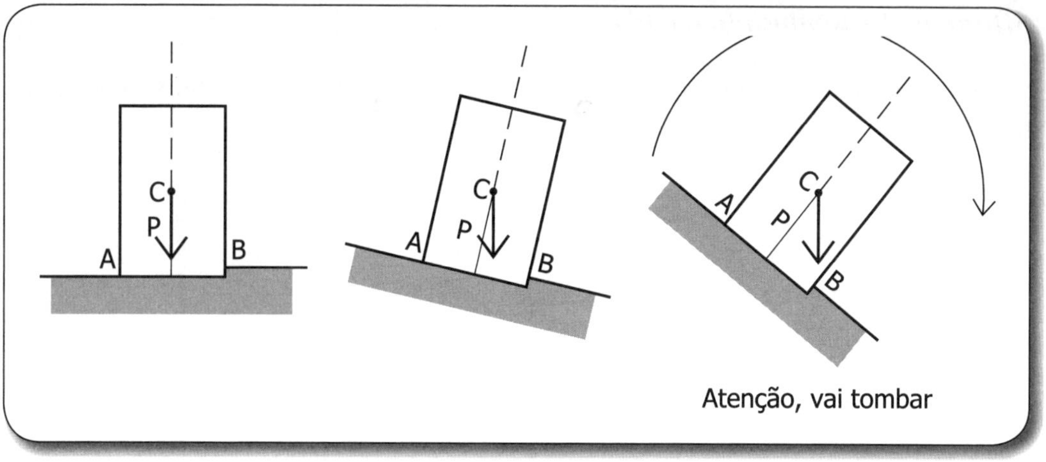

Se a resultante das forças tiver sua vertical passando por fora da base de apoio e não houver nada que impeça, a peça gira e tomba.

Nota:
A Resistência dos Materiais estuda esforços sobre corpos e suas deformações. O estudo do tombamento ou não dos corpos é um estudo da Física, mais do que da Resistência dos Materiais.

18 Estruturas de respostas linear e não linear: validade do processo de superposição

18.1 Conhecendo o processo de superposição

O processo de superposição de cargas é extremamente útil para resolver estruturas através da soma dessas cargas.

Sejam as três estruturas a seguir:

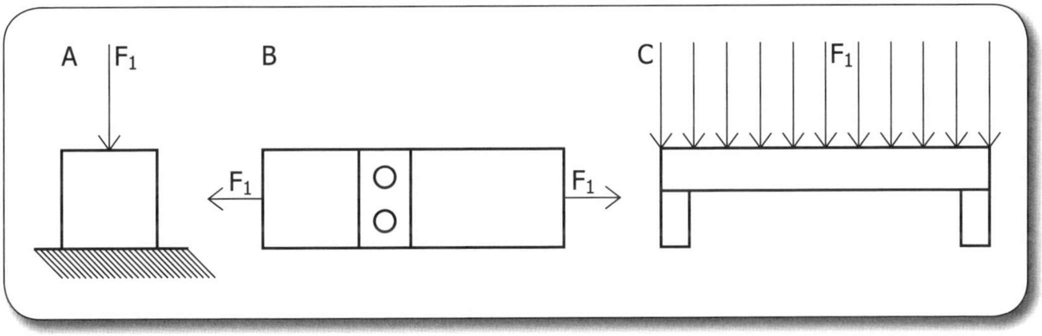

Nessas três estruturas, em face da força F_1 atuante em cada uma das três peças:

Força F_1 $\longrightarrow$ tensões (1) $\longrightarrow$ deformações (1)

Se a cada uma dessas estruturas específicas(*) adicionarmos a força F_2, poderemos garantir:

F_1	tensões (1)	deformações (1)
F_2	tensões (2)	deformações (2)
$F_1 + F_2$	tensão final = tensão 1 + tensão 2	deformação final = def1 + def2

Isso permite-nos concluir que, se dobrar a carga, dobra a tensão e dobram as

(*) Para outros tipos de estruturas não se pode usar o processo de superposição.

deformações. Essas três estruturas, e muitas outras, são chamadas *estruturas de resposta linear* e para elas vale o *processo de superposição*. Logo adiante, veremos um exemplo de como é o processo de superposição. Vejamos, antes porém, *estruturas de resposta não linear*.

18.2 Estruturas de resposta não linear

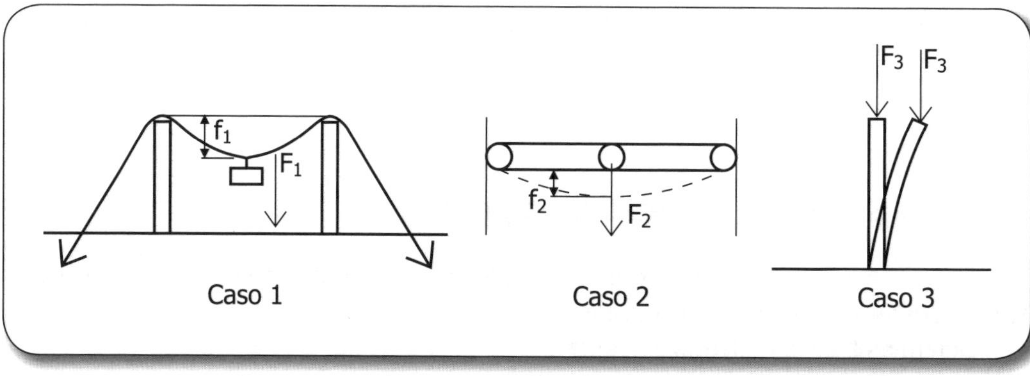

No *Caso 1*, se reduzirmos 90% da carga F_1, a flecha f_1 não se reduzirá em 90%. No *Caso 2*, se a carga F_2 aumentar 50%, a flecha f_2 não se alterará em 50% e no *Caso 3*, se a força F_3 dobrar, a tensão σ_3 não dobrará obrigatoriamente se estiver perto da flambagem, tendendo a ser mais que o dobro do σ_3. Para essas estruturas de resposta não linear, não vale o princípio da superposição de efeitos.

18.3 Estruturas de resposta linear

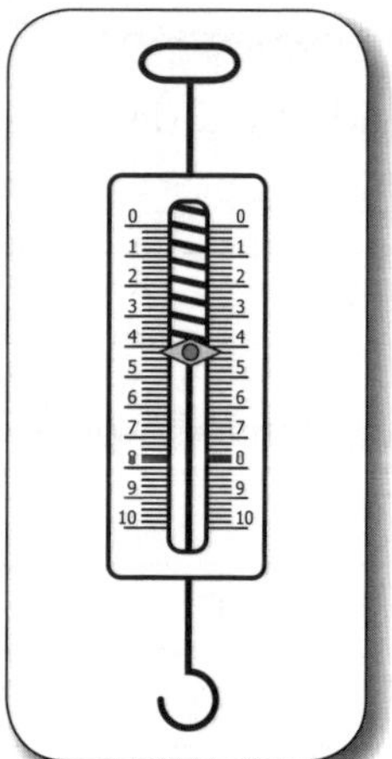

Pegue uma balança de peixeiro, que nada mais é do que um fio de aço torcido. Verifique na graduação que, para um certo peso (6 kgf), a distensão da mola é de 1,6 cm e para 12 kgf a distensão é de 3,2 cm. Esse é um caso de estrutura de resposta linear que se pode comprovar visualmente.

Dobrou o esforço, dobra a deformação.

18.3.1 Estruturas de resposta linear e o processo de superposição

Nas estruturas de resposta linear, também chamadas de estruturas de primeira ordem, vale a utilização do processo de superposição. Esse processo pode ser usado no estudo das estruturas quando atuam várias cargas. Podemos, por facilidade, dividir a carga total em duas outras cargas e somar algebricamente reações, momentos, forças cortantes e deformações.

Vamos a um exemplo numérico.

18.3.2 Exemplo numérico

Calcule reações, momentos fletores e forças cortantes de uma viga a partir da superposição das cargas.

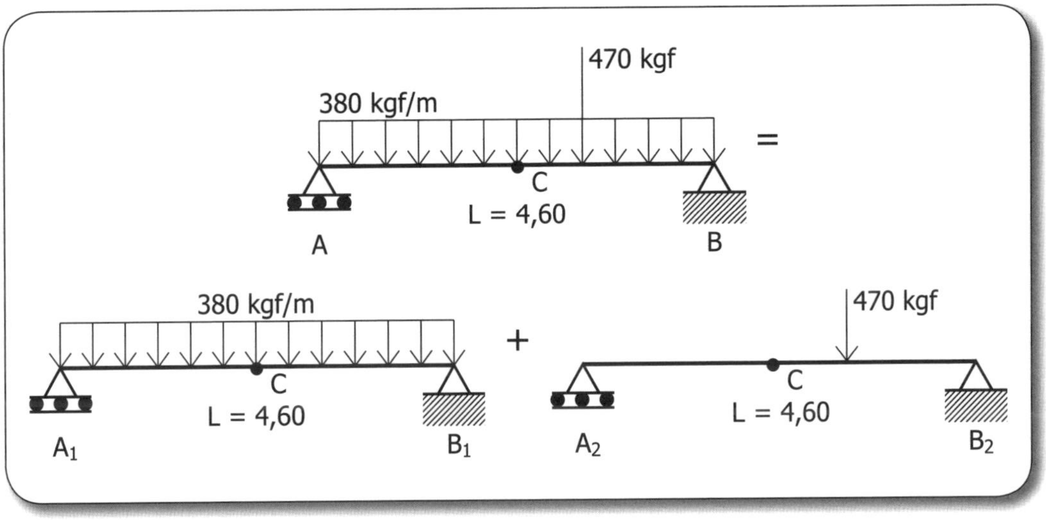

As reações na viga da Figura 1 são:

$$A = A_1 + A_2 = 874 + 183 = 1.057 \text{ kgf}$$
$$B = B_1 + B_2 = 874 + 287 = 1.161 \text{ kgf}$$

Conhecidas as reações de apoio A e B, poderemos traçar os diagramas de Q e M. Vamos usar o processo de superposição.

A viga $A_1\, B_1$ é uniformemente carregada e seus maiores valores em forças cortantes estão nos apoios, valendo cada um 874 kgf. O maior momento fletor ocorre no meio do vão em C.

Na viga $A_2\, B_2$, a maior força cortante vale 286 kgf e ocorre de Z para B_2. O maior momento fletor ocorre em Z, que é o local de aplicação de força de 470 kgf.

Ao somarmos as cargas, as reações, momentos e forças cortantes têm uma distribuição totalmente diferente.

A maior força cortante agora é em B e vale 1.160 kgf. Explica-se isso pela maior proximidade de força de 470 kgf de B do que de A.

O momento fletor acontece num ponto K entre C e Z. Nesse ponto, a força cortante é nula.

Atenção para o ponto Z. Ele tem dois valores de força cortante: 6 kgf à esquerda e 476 kgf à direita. No caso de dimensionamento estrutural, pegaremos nesse ponto o maior dos dois valores, ou seja, 476 kgf.

Para as deformações vale também o critério de soma de efeitos das vigas $A_1 B_1$ e $A_2 B_2$.

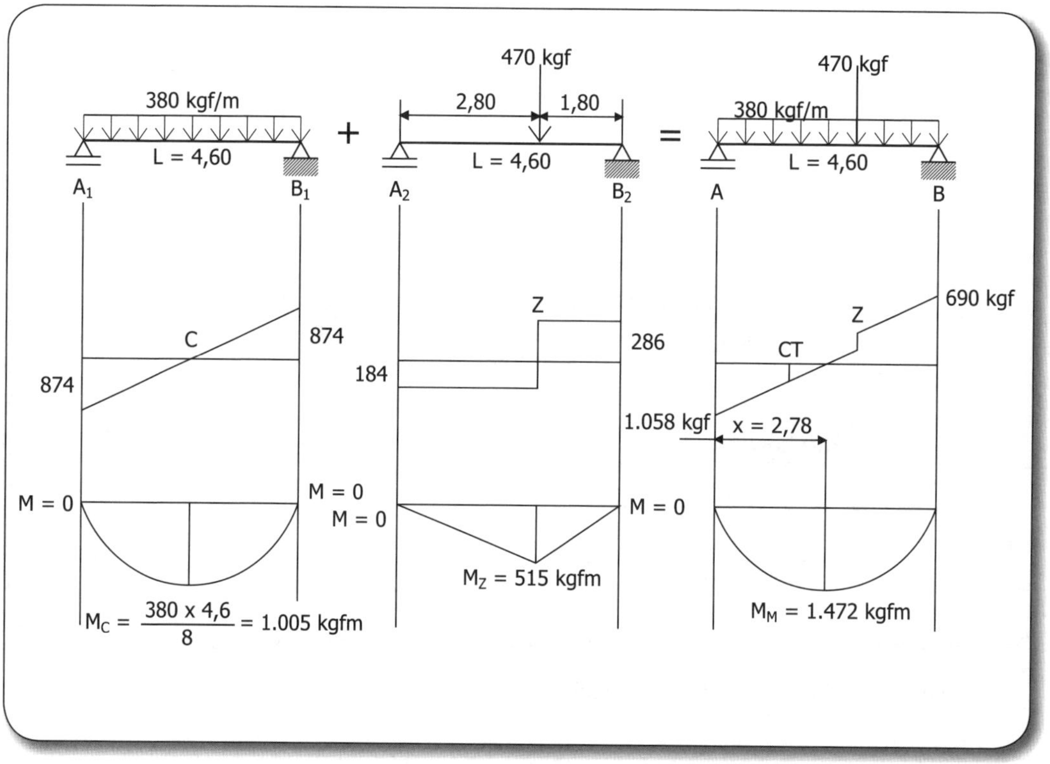

$A_1 = B_1 = 874$ kgf

$A_2 + B_2 = 470$

$A_2 \times 4{,}6 = 470 \times 1{,}8$

$A_2 = 184$

$B_2 = 286$

$A = 874 + 184 = 1.058$

$B = 874 + 286 = 1.160$

$Q_C = 1.058 - 2{,}3 \times 380 = 184$ kgf

$Q_Z = 1.058 - 2{,}8 \times 380 = -6$ kgf

$Q_Z = -6$ kgf

$Q_{B(esq)} = 1.058 - 4{,}6 \times 380$

$Q_{B(esq)} = -690$

$Q_t = 0$
$1.058 - 380x = 0$
$x = 2{,}78$

$$M_T = 1.058 \times 2{,}78 - 2{,}78 \times 380 \times \frac{2{,}78}{2} = 1.472 \text{ kgfm}$$

$$M_C = \frac{Pl^2}{8} = \frac{380 \times 4{,}6^2}{8} = 1.005 \text{ kgfm}$$

$$M_Z = A_Z \cdot 2{,}80 = 184 \times 2{,}80 = 515 \text{ kgfm}$$

18.4 Um caso interessante de situação não linear de soma de tensões – a flexocompressão

Seja a viga de aço a seguir, sofrendo ação de uma força F_1 ortogonal ao seu eixo e uma força F_2 de 1.800 kgf ortogonal à seção transversal da barra.

A viga está deitada para que os resultados sejam significativos, quase alarmantes!!

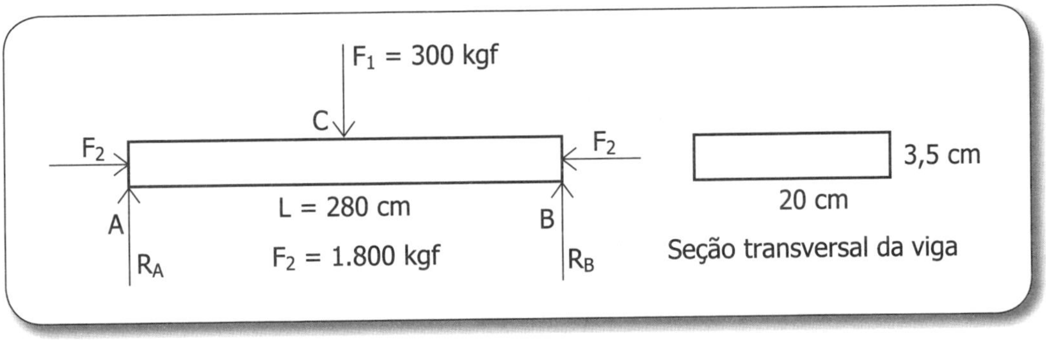

Se fosse possível simplesmente somar tensões, calcularíamos a tensão de compressão causada por F_2 e a tensão de compressão oriunda da flexão. Façamos isso, embora seja incorreto, pois nessa situação a compressão de F_2 altera a flexão.

Vamos ao cálculo dessa hipótese *incorreta*.

$$\sigma_1 = \frac{F_2}{S} = \frac{1.800}{20 \times 3{,}5} = 26 \text{ kgf/cm}^2$$

$$R_A = \frac{300}{2} = 150 \text{ kgf}$$

$$\sigma_2 = \frac{M}{W} = \frac{R_A \cdot \frac{L}{2}}{\frac{bh^2}{6}} = \frac{150 \times \frac{280}{2}}{\frac{20 \times 3{,}5^2}{6}} = 514 \text{ kgf/cm}^2$$

$$\sigma_t = \sigma_1 + \sigma_2 = 26 + 514 = 540 \text{ kgf/cm}^2$$

Esse somatório, porém, *é incorreto e contra a segurança*. Neste caso específico, temos que usar uma teoria de segunda ordem, que leva em conta que as deformações das cargas aumentam as tensões.

Para esse caso, o maior momento fletor em C é calculado por uma nova expressão que não demonstraremos. Consta na bibliografia (Schiel, p. 373), uma obra que a demonstra.

$$M_C = \frac{F_1 L}{4} \cdot \frac{tg\beta}{\beta} \qquad \beta = \frac{L}{2} \frac{\sqrt{F_2}}{EJ}$$

Essa fórmula deriva de uma teoria de segunda ordem, em que β é o ângulo expresso em radianos.

Como se sabe,

$$1 \text{ rad} = \frac{360°}{2\pi} \cong 57{,}3° \qquad J = \frac{bh^2}{12} = \frac{20 \times 3{,}5^3}{12} = 72 \text{ cm}^4$$

Calculemos β.

$$\beta = \frac{L}{2} \frac{\sqrt{F_2}}{EJ} = \frac{280}{2} \frac{\sqrt{1{,}8t}}{2.100 \times 72} = \frac{280}{2} \times 0{,}0034 = 0{,}476 \text{ rad}$$

em graus:

$$\beta = 0{,}476 \times 57{,}3 \cong 27{,}27°$$

$$tg\beta \cong 0{,}515$$

$$m_c = \frac{300 \times 280}{4} \times \frac{0{,}515}{0{,}476} = 22.720 \text{ kgfcm}$$

$$\sigma_2 = \frac{M}{W} = \frac{22.720}{\frac{bh^2}{6}} = \frac{25.588}{20 \times \frac{3{,}5^2}{6}} = 556{,}42 \text{ kgf/cm}^2$$

Para saber a tensão máxima na viga, temos que somar as tensões de compressão da força normal e da flexão.

Então, σ_T = 556,42 + 26 = 582 kgf/cm² > 540 kgf/cm² (tensão na hipótese de situação linear).

Para o aço, temos as tensões limites:

σ_C = 2.000 kgf/cm² (*escoamento*)

σ_R = 3.700 kgf/cm² (*ruptura*)

Qual o coeficiente de segurança que temos nessa situação? Se usássemos o critério de relação de tensões, teríamos:

$$R = \frac{\sigma_C}{\sigma_2} = \frac{2.000}{627} = 3{,}19$$

Como pondera o Prof. Schiel, na página 373 de seu livro *Introdução à Resistência de Materiais*, esse coeficiente de relação de tensões é a relação entre duas tensões, mas não entre duas forças. Isso porque, se dobrarmos F_2, as tensões mais que dobram. É, portanto, uma estrutura não linear quanto às forças e às consequentes tensões e deformações.

Para conhecer o coeficiente de segurança de cargas, ou seja, o coeficiente que correlaciona carga e tensão limite, temos que fazer cálculos com forças crescentes, calcular as tensões resultantes e, então, determinar F_K, que causou o escoamento. Se nossa força é F_2, então o coeficiente de segurança de carga será

$$\boxed{k = \frac{F_K}{F_2}}$$

que será menor que 3,19.

Notas:

1. O autor sugere a leitura do texto citado, de onde seguimos esse roteiro de cálculo.
2. O ponto K de força cortante nula é o mesmo ponto em que o momento fletor é máximo, mas não corresponde ao ponto médio do trecho AB. O ponto K está a 2,78 m do apoio A e o ponto médio está a (4,60/2), igual à 2,30 m de A.

Espaço reservado para suas anotações

19 Ligando duas peças: cálculo de rebites e soldas

19.1 Introdução

Ao iniciar suas construções, o ser humano descobriu a necessidade e a forma de unir dois materiais. Possivelmente, uma das formas de ligar dois materiais foi com o uso de cordas e, através dos nós, puderam ser ligados dois cabos ou cabo e viga sofrendo flexão (arco do conjunto arco e flecha).

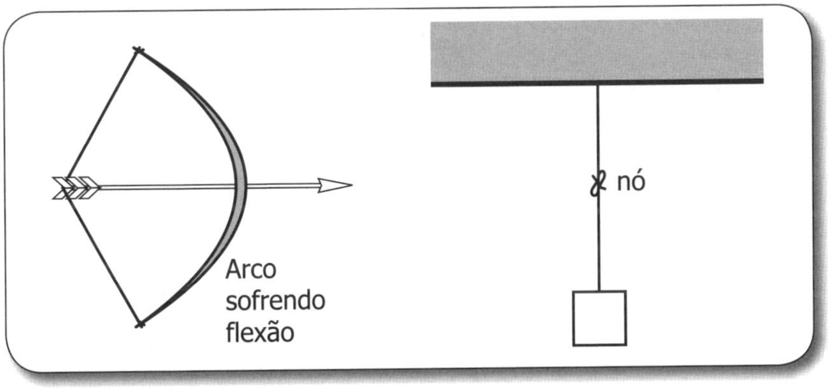

A ligação de barras também foi feita pelo homem usando fios naturais – cipó, por exemplo –, o que permitiu a construção de treliças e outras estruturas rudimentares.

O uso de barras de madeira deve ter levado o homem a criar os encaixes de madeira – as ensambladuras – e depois as peças de ligação – as cavilhas –, antes de utilizar pregos.

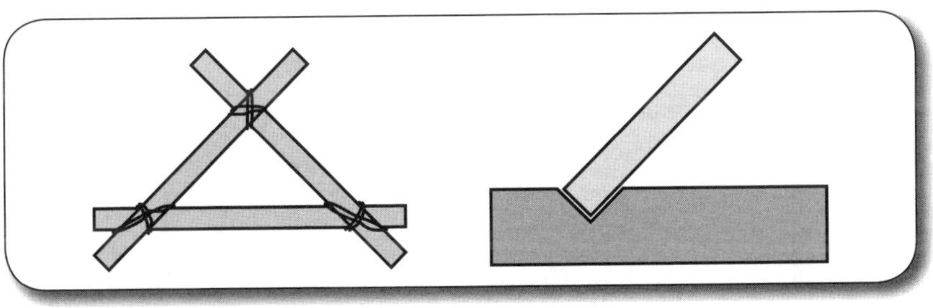

As estruturas podiam assim evoluir no tamanho e na responsabilidade de suportar cargas. Com a descoberta da maneira de produzir metais, os pregos passaram a ser utilizados para ligar materiais.

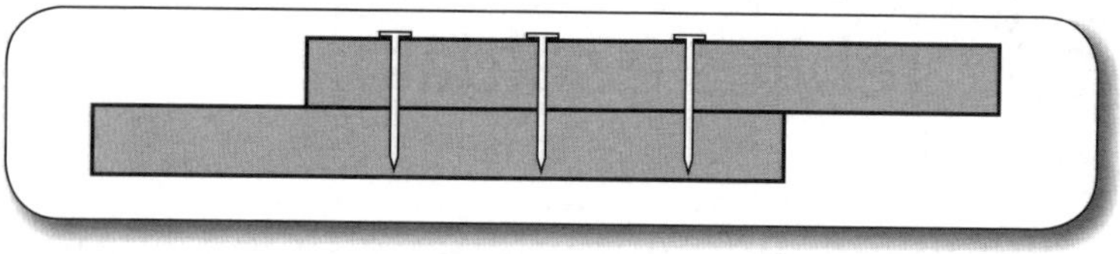

Com a evolução da siderurgia, o homem criou o rebite, peça metálica que era introduzida em orifício de diâmetro menor que a peça. Com o diâmetro do orifício aumentado por calor, permite a introdução do rebite, tornando a ligação de alta eficiência pelo resfriamento. Uma alternativa ao rebite é o emprego de parafusos.

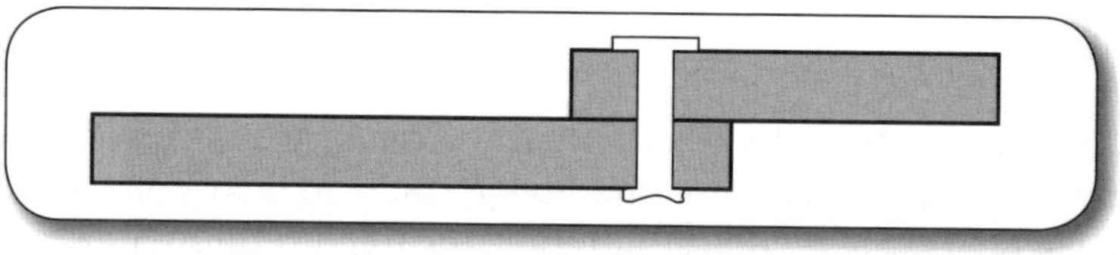

Uma outra evolução foi o uso de soldas.

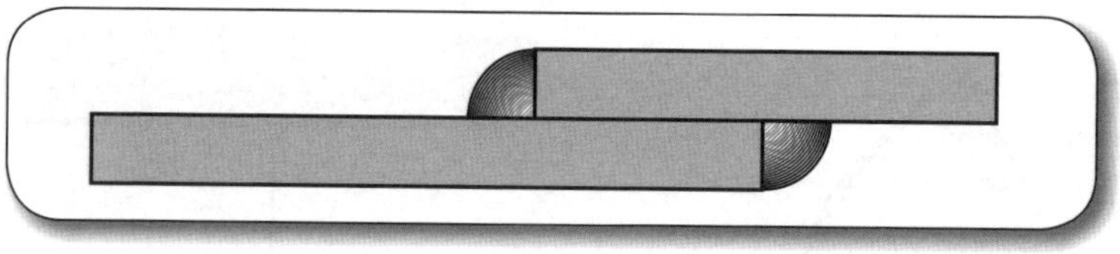

Vamos comentar a seguir as ligações de aço com rebites e soldas.

19.2 Ligação com rebites metálicos

Sejam duas chapas metálicas ligadas com rebites ou parafusos.

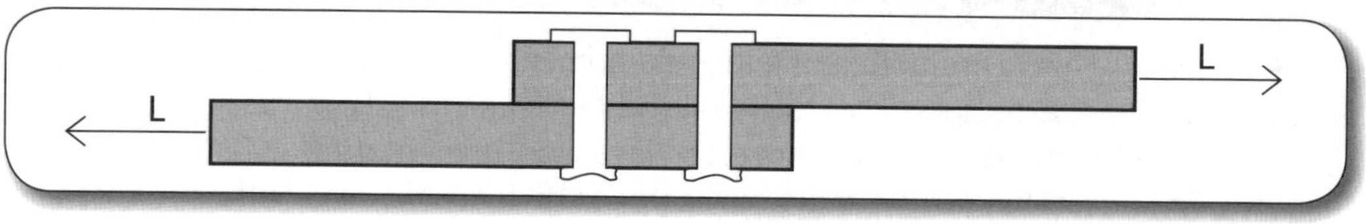

As normas fixam valores mínimos para as medidas. Obedecidos esses critérios, ao dimensionar uma ligação com rebites, devemos nos preocupar com:

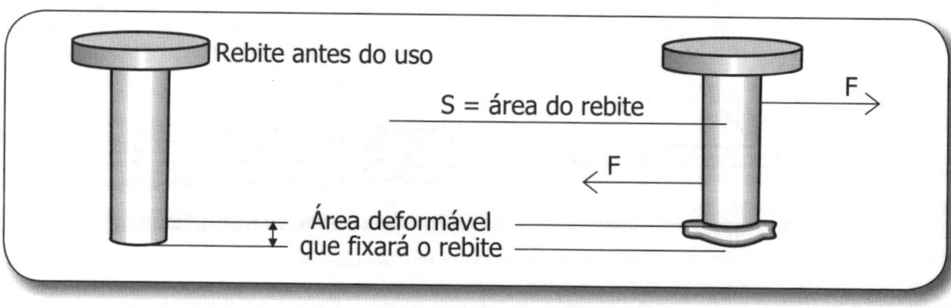

- Cisalhamento dos rebites: divide-se a força *F* pelo número de rebites e essa força unitária divide-se pela área da seção transversal de um rebite.
- Compressão dos furos: a chapa resiste sofrendo compressão ao longo da área da chapa em contato com o rebite, havendo tração na chapa.

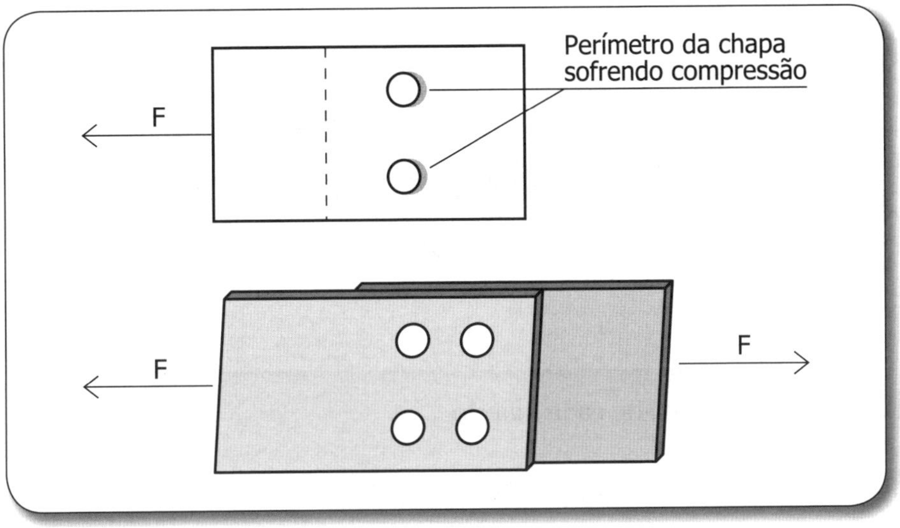

19.3 Ligação por solda (depósitos de solda)

Na fabricação de produtos de aço, a solda é o mais generalizado processo de ligação de peças. Consiste em aquecer as partes e depois depositar uma liga metálica fundida entre elas (*eletrodo*). Usa-se para isso o maçarico elétrico. Existem dois tipos principais de depósito e solda, a saber:

Solda de topo (ou de penetração)

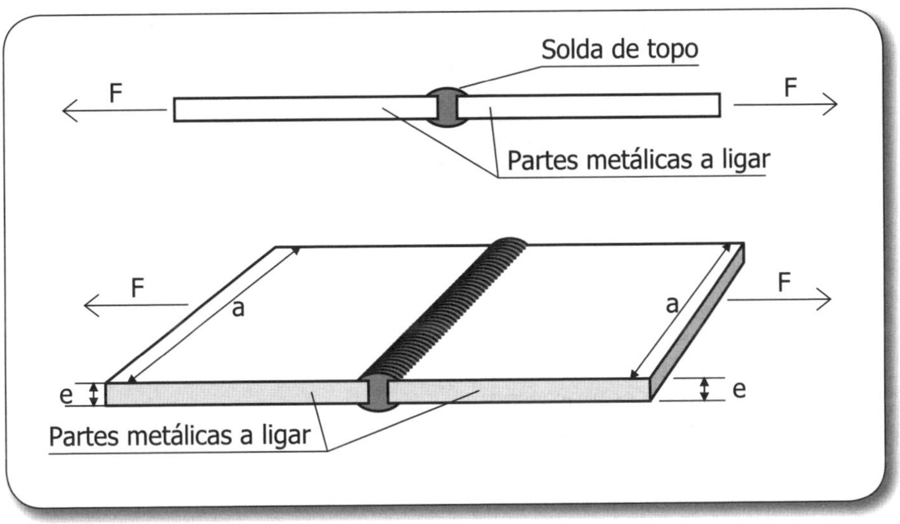

Solda lateral (ou de filete)

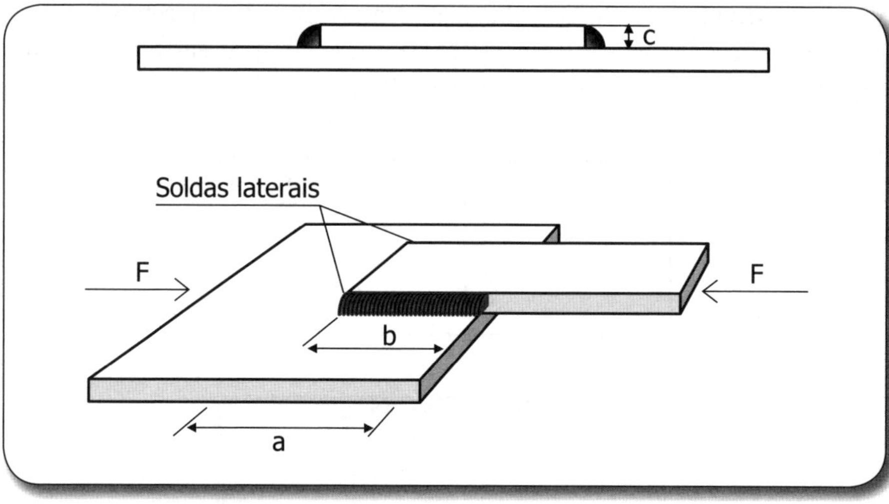

Estudemos o cálculo de cada ligação.

19.3.1 Cálculo da ligação por solda de topo

Dimensionamento

O esforço na solda, neste caso, é de tração ou compressão. Considere a seção resistente como $a \times e$.

Logo,

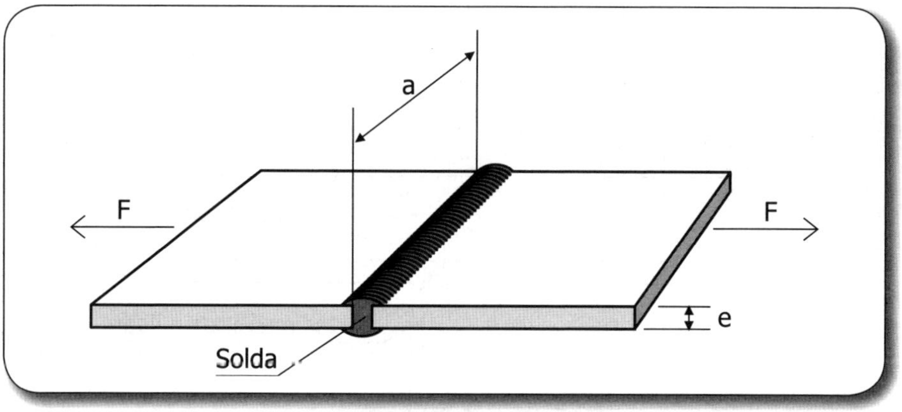

$$\sigma = \frac{F}{S} = \frac{F}{a \cdot e}$$

Sendo σ de tração ou compressão,

$\bar{\sigma}_c$ (admissível) = 1.000 kgf/cm^2

$\bar{\sigma}_t$ (admissível) = 900 kgf/cm^2

σ_c tensão de compressão

σ_t tensão de tração

19.3.2 Cálculo da ligação por solda lateral

Dimensionamento

A tensão a considerar é a de cisalhamento.

$$\tau = \frac{F}{S} = \frac{F}{c \cdot b}$$

$\bar{\tau}$ (admissível) = 700 kgf/cm^2

19.3.3 Verificação da solda

Para verificar a qualidade da solda, utilizam-se vários métodos, dentre os quais citaríamos:

- penetração em líquidos que denunciem por processo de contraste de cor;
- radiografia.

Nota:

Se a ligação por solda for benfeita, fornece às peças soldadas uma solidariedade igual a uma peça única. As ligações de madeira não oferecem o mesmo grau de eficiência. Por exemplo, duas peças de madeira ligadas por cavilhas têm sua eficiência estimada em 70%.

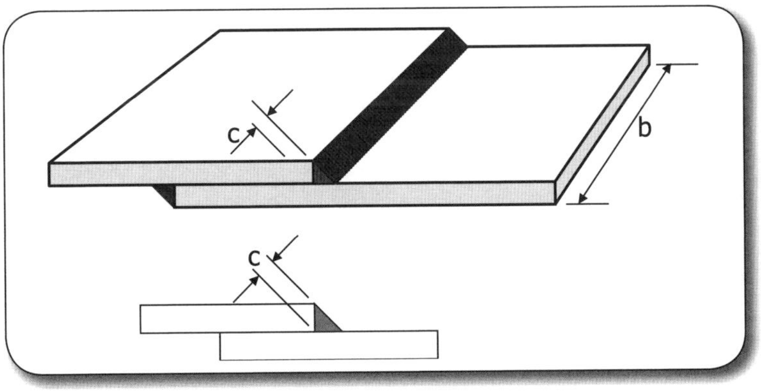

Nota:

Só a partir da 2ª guerra mundial (1939-1945) a chaparia de aço dos navios começou a ser ligada por solda. Antes disso as chapas eram ligadas por rebites. O navio Titanic que usou rebites afundou em 1912. No Brasil os caminhões brasileiros da marca FNM na década de 1950 usavam ainda, cobrindo o motor, chapas ligadas por pequenos rebites.

Espaço reservado para suas anotações

20 A torção e os eixos

20.1 A torção da seção

Imagine uma barra que tenha uma força F atuando tangencialmente à sua seção. Essa força tenderá a girar a seção. Consiste em uma *torção da seção*, diferentemente da flexão vista até agora, que tendia a flexionar (dobrar) um eixo.

Veja:

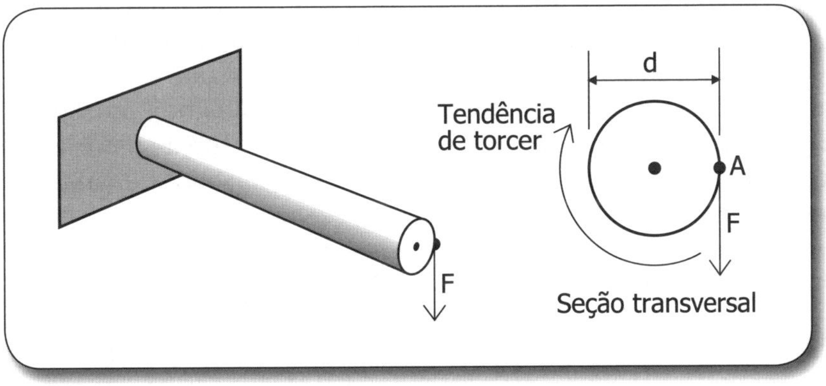

Pela ilustração, percebe-se que o eixo da peça e a reta de suporte da ação que gera a torção não estão no mesmo plano, ou seja, são reversos.

A seção é torcida pela força F. O ponto A é esforçado para girar e tende a se deslocar de A para A_1.

Barras sofrendo torção normalmente são chamadas de *árvores*,[(*)] situações típicas das construções mecânicas. Nesses casos, os eixos têm, em geral, seção circular.

(*) Nas construções mecânicas, há que se diferenciar os conceitos de "eixos" do termo "árvores". Os velocípedes de criança, tem árvore na frente e eixo atrás. Bicicletas tem eixos na frente e árvore atrás. As "árvores" são eixos que fazem transmissão de potência e eixos são dispositivos sem transmissão de potência mecânica.
Curiosidade: os skates só tem eixos, os carros brecando têm duas árvores.

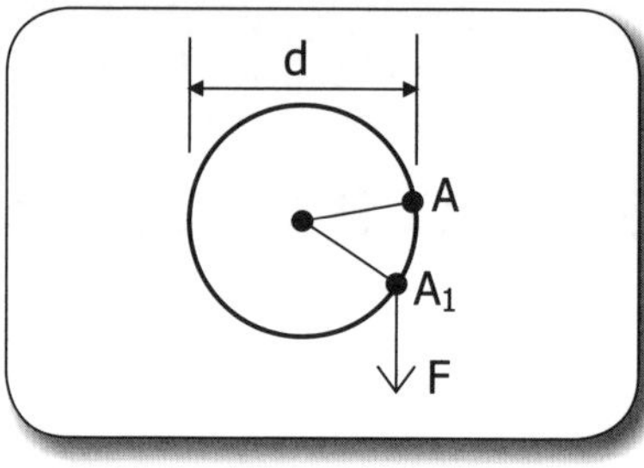

Rodas unidas por eixos são historicamente uma das principais invenções do homem.

Existem em todos os lugares do mundo, desde tempos imemoriais, sistemas de eixos-rodas, substituindo o puxar de peças sobre roletes, roletes que precisavam ser sucessivamente trocados de posição, conforme a peça se movimentava.

Sejam roletes ou rodas, na prática são peças que, ao girar, enfrentam – devido ao atrito – forças tangenciais que causam momentos de torção nas estruturas.

Na roda ou eixo, camadas são forçadas a escorregar sobre camadas. O que as faz resistir é a coesão do material.

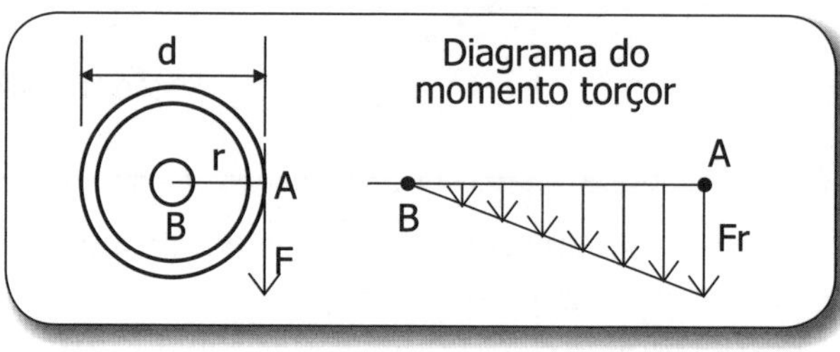

No ponto A → $\text{Momento torçor} = M_t = F \cdot r$

A força F multiplicada pelo braço de alavanca $d/2$ (raio) gera o momento de torção. O momento de torção (esforço solicitante) gera no eixo uma tendência de deslocamento de superfície sobre superfície. Teremos então tensões de cisalhamento que são máximas na periferia e nulas no centro da seção do eixo. Ao esforço solicitante resiste o esforço resistente, constituindo a resistência do material ao cisalhamento.

Há uma enorme quantidade de tipos de eixos-rodas. Há eixos fixos ligados a rodas que giram graças a mancais, e há sistemas eixos-rodas que giram conjuntamente.

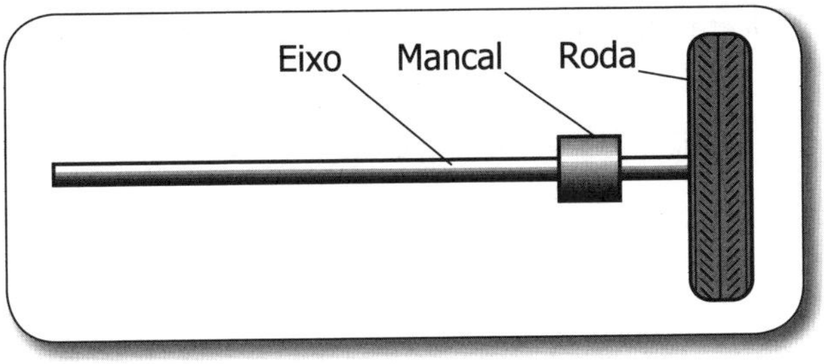

Em qualquer caso, há esforços de atrito a vencer e esses esforços geram momentos de torção. Vamos mostrar como calcular tais esforços para poder escolher eixos adequados.

Para acompanhar o cálculo dos esforços nos eixos, faremos uma analogia com o cálculo dos esforços na flexão.

20.2 Cálculo dos esforços nos eixos

20.2.1 Flexão

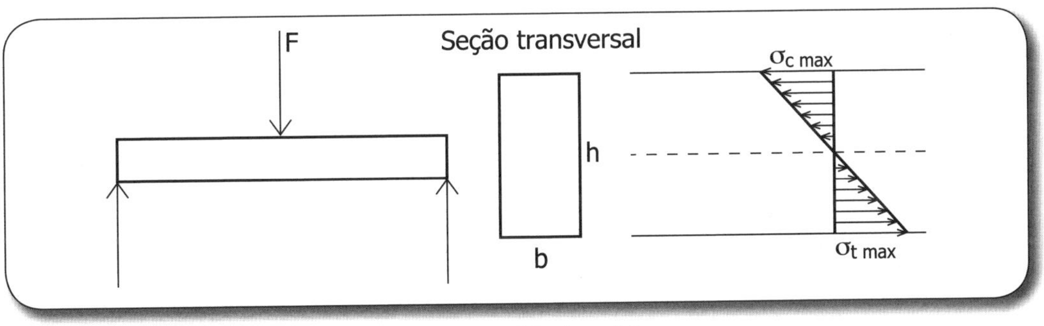

$$\sigma_c = \sigma_t = \frac{M}{J} \cdot \frac{h}{2} = \frac{M}{W}$$

20.2.2 Torção

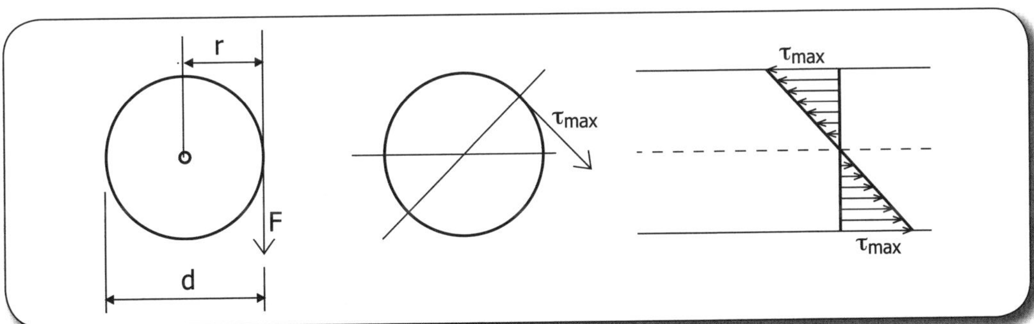

$$\tau_{\max} = \frac{M_t}{W_p}$$

W_p é denominado módulo polar da seção e vale, para seções circulares:

$$W_P = \frac{\pi d^4}{32 \times \frac{d}{2}} = \frac{\pi d^3}{16} \approx 0,2d^3$$

Logo, $\tau_{max} = \dfrac{M}{0,2d^3}$, portanto, $d = 1,72\sqrt[3]{\dfrac{M_t}{\tau}}$.

Para efeito de dimensionamento e tendo em vista a economia de material, procuramos o diâmetro mínimo e será ele a causar no eixo valores próximos de τ (tensão admissível de cisalhamento).

A torção nos eixos tende a girar os pontos externos, o que é obstaculizado pela coesão do material. Uma corda sendo torcida é fácil de ser torcida, pois há folga entre as fibras que a constituem, ou seja, a coesão interna do material "corda" é reduzida; portanto, cordas não podem ser usadas em sistemas que utilizam a torção.

Dividamos didaticamente a torção em torção estática e torção dinâmica.

20.2.2.1 Torção estática – a laje em balanço

Sumariamente, na torção estática cria-se um sistema para vencer a torção e para que a barra (eixo) não gire. Então, o sistema estrutural torção estática tem maior resistência que a solicitação gerada pela torção, e o sistema fica estável. É o caso da laje em balanço. O balanço gera um momento de torção, fazendo com que a viga resista e a laje em balanço não saia da sua posição.

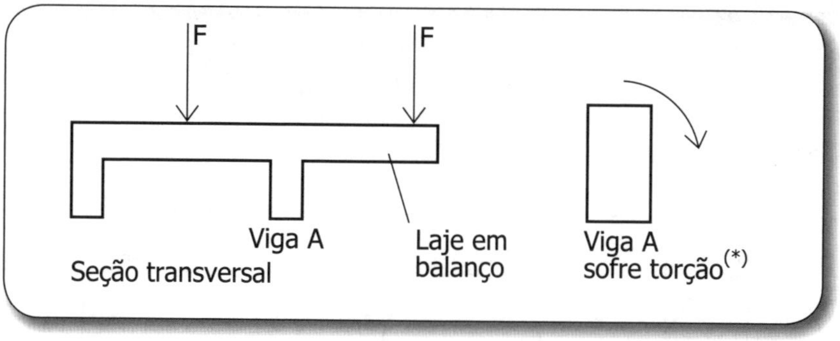

20.2.2.2 Torção dinâmica – os eixos

Na torção dinâmica, pretende-se que o eixo de uma máquina gire, apesar dos atritos que geram um momento torçor oposto à tendência de giro e do esforço útil de movimentar as cargas. Procuraremos vencer esse momento de torção.

(*) Como toda a estrutura do prédio resiste à torção, na prática é mínimo o valor de torção que a viga sofre. Essa torção é chamada de torção de compatibilidade.

Eis um exemplo de torção dinâmica:

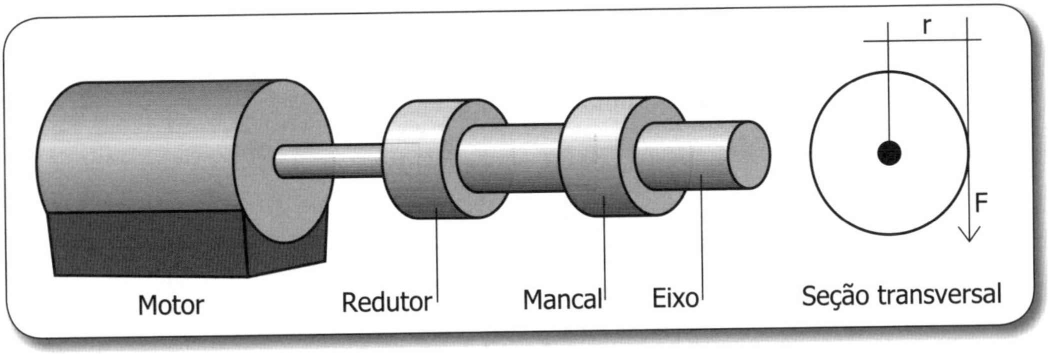

O momento de torção útil vale $F \times r$, transmite-se pelo eixo e é um momento ativo. O sistema reage com um momento torçor reativo igual a $F \times r$ somado à tensão causada pelas forças de atrito.

A pergunta é: qual é a potência que o eixo sofrendo torção transmite? E a resposta é: a potência transmitida pelo eixo não é a potência do motor. A potência transmitida pelo eixo é exatamente a necessária para:

- levantar o peso F, na altura h, no tempo t;
- superar as resistências de atrito de todos os componentes do sistema.

Em um caso específico, podemos ter um motor de 20 cv transmitindo ao eixo uma potência de 4 cv. Com o tempo e se os mancais não forem lubrificados para levantar o mesmo peso na altura h no tempo t, consome-se uma potência de 5,4 cv. A demanda de potência para atender ao primeiro item acima é constante e para atender ao segundo item pode ser variável. Se soubermos que a máxima potência a ser consumida pelo eixo será de 6 cv, dimensionaremos para essa potência o eixo. A única coisa que se espera do motor é que tenha potência superior à demanda de potência do sistema.

Nota:

Se a potência do motor for inferior à potência requerida, o motor "queima" com o tempo.

Vamos calcular a demanda de potência para acionar um eixo, admitindo que não existem atritos. Na prática, deve-se aumentar essa potência de dimensionamento do eixo por sabermos que haverá atritos e que eles aumentarão a demanda de potência, e o eixo terá que resistir a essa maior potência.

$$\boxed{\textit{Trabalho} = \textit{força} \times \textit{distância}}$$

No caso, quando o eixo dá uma volta, toda a força desloca-se de $2\pi R$. Em um eixo que dê n voltas por minuto, a potência será:

$$P = \frac{T}{t} = \frac{n \cdot F \cdot 2\pi R}{t}$$ (t = tempo) (T = trabalho)

Fazendo a conversão de unidades,

$$P(\text{hp}) = \frac{T}{60 \times 75} = \frac{n \cdot F \cdot 2\pi R}{4.500}$$

Como $M_t = F \times R$,

$$P(\text{hp}) = \frac{n \cdot M_t}{716} \quad (n = \text{rotação})$$

M_t (kgfm) – potência no eixo de rotação.

A tensão de cisalhamento nas bordas do eixo (tendência ao deslizamento de uma camada sobre a outra) é:

$$\tau_s = \frac{M_t}{W_p} = \frac{16 \cdot M_t}{\pi d^3} \qquad M_t = \frac{\pi d^3 \cdot \overline{\tau}_s}{16} \qquad d = 71 \cdot \sqrt[3]{\frac{P(\text{hp})}{n \cdot \overline{\tau_S}}}$$

$\overline{\tau_s}$ = 1.200 kgf/cm^2 (tensão admissível de cisalhamento do aço comum).

20.3 Exercícios numéricos

Exercício 1

Qual o diâmetro de um eixo maciço de aço que deve.ser usado para atender a um sistema de 38 hp de demanda de potência e rotação de 200 rpm?

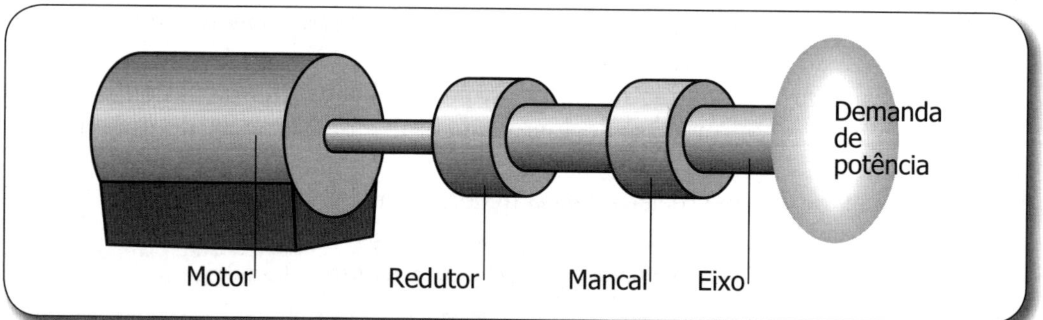

$$d = 71 \cdot \sqrt[3]{\frac{P}{n \cdot \overline{\tau_s}}} \qquad d = 71 \cdot \sqrt[3]{\frac{38}{200 \times 1.200}} = 3{,}8 \text{ cm}$$

Adotaremos o diâmetro comercial do eixo mais próximo e maior que 3,8 cm.

Exercício 2

Um eixo circular tem uma extremidade fixa e na outra atua um momento fletor de 264 kgfm. O diâmetro do eixo é de 5 cm. O material do eixo é aço. Qual a tensão de cisalhamento e o deslocamento angular?

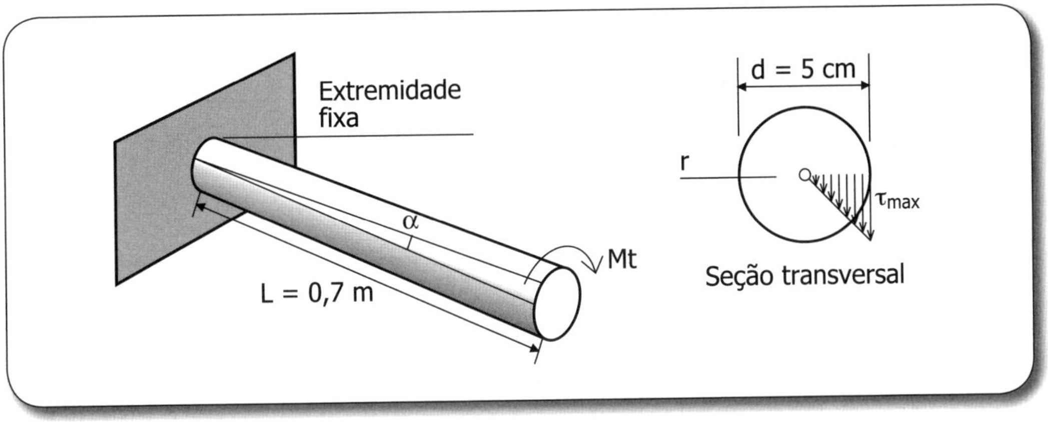

$M_t = 26.400$ kgfcm
$G_{aço} = 800$ tf/cm^2 = 800.000 kgf/cm^2
$L = 0{,}7$ m = 70 cm

$$J_p = \frac{\pi D^4}{32} = \frac{3{,}14 \times 5^4}{32} = 61 \text{ cm}^4$$

Para calcular a tensão máxima de cisalhamento,

$$\tau = \frac{M_t \cdot \frac{d}{2}}{J_p} = \frac{26.400 \times \frac{5}{2}}{61} = 1.082 \text{ kgf/cm}^2$$

Para calcular o deslocamento angular,

$$\alpha = \frac{M_t \cdot L}{G \cdot J_p} = \frac{26.400 \times 70}{800.000 \times 61} = 0{,}0378 \text{ rad}$$

Sendo 1 rad = 57° 0,0378 × 57° = 2,15°

Exercicio 3

Um motor de 1 cv com rotação de 1.200 rpm é acoplado ao eixo de uma bomba por meio de dois pinos de ∅ 1/2. Calcule a tensão de cisalhamento em cada pino.

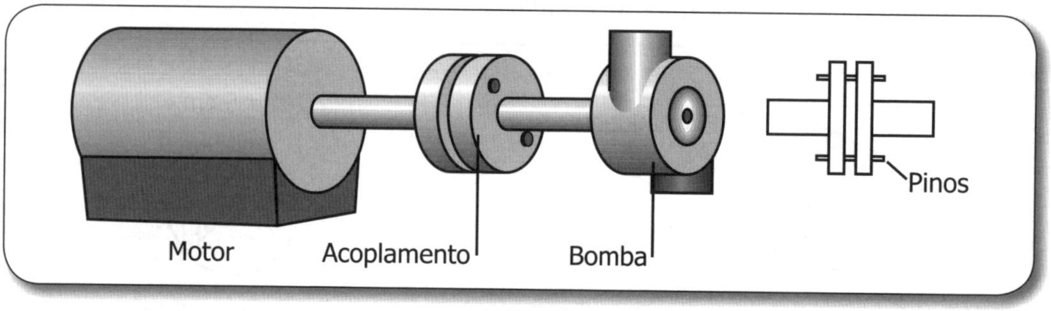

Nota:

Calcule a tensão de cisalhamento admitindo que toda potência da bomba esteja sendo solicitada.

$$1 \text{ cv} = 0{,}986 \text{ hp}$$

$$1 \text{ hp} = 0{,}746 \text{ kW}$$

$$M_t = \frac{716{,}2 \cdot P(\text{hp})}{n}$$

$$M_t = \frac{716{,}2 \times 0{,}986}{1.200} = 0{,}58 \text{ kgfm} = 58 \text{ kgfcm}$$

$$F \cdot a = M_t \qquad F = \frac{M_t}{a} = \frac{58 \text{ kgfcm}}{6{,}1 \text{ cm}} = 9{,}5 \text{ kgf}$$

Como são dois pinos, a força por pino será:

$$\tau = \frac{F_2}{S} = \frac{4{,}8}{\frac{\pi d^2}{4}} = \frac{4{,}8}{\frac{3{,}14}{4}\left(\frac{2{,}54}{2}\right)^2} = 3{,}79$$

$$\tau = 3{,}79 \text{ kgf/cm}^2$$

Tensão de cisalhamento em cada pino

Notas:

1. Semelhantemente aos esforços de flexão, em que o uso de estruturas muito delgadas pode levar a flambagem lateral, com perda de estabilidade, na torção pode ocorrer também a perda de estabilidade. Chamaremos a isso de flambagem torcional. Isso pode acontecer, por exemplo, quando usamos eixos vazados de reduzida espessura.

2. Quanto aos eixos, temos que diferenciar:(*)
   - eixos transmissores de potência, como os eixos traseiros de um carro com tração traseira;
   - eixos livres, como os eixos dianteiros desse carro.

   Nas bicicletas, o eixo traseiro é transmissor de potência de acionamento, e o eixo dianteiro é roda livre e esse tipo de eixo é denominado de árvore.

   No eixo transmissor de potência, o eixo sofre a torção proporcional à potência transmitida. No eixo livre, a torção é gerada pelo atrito e é muito menor.

20.4 Resumindo

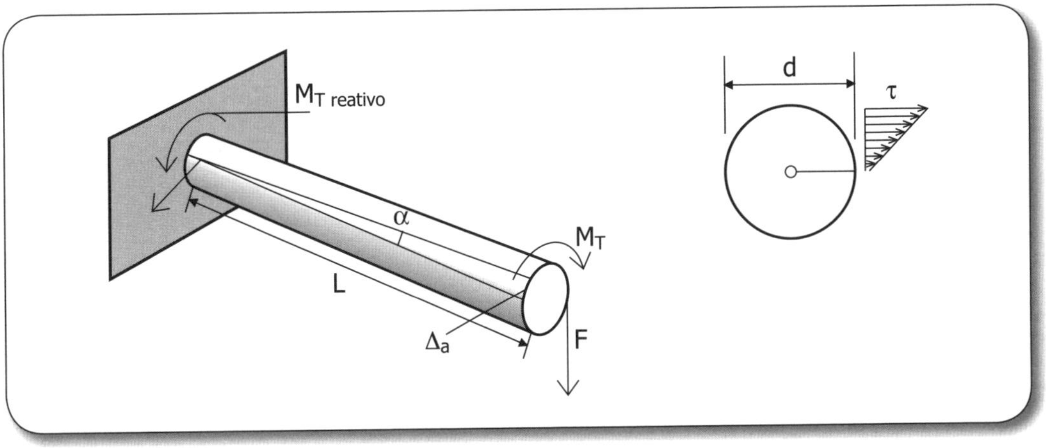

em que:

τ – tensão de cisalhamento, tendência a descolamentos das várias camadas do eixo. É máxima na periferia e nula no centro;

$M_T = F \cdot d$ – ação externa

J_p – característica geométrica de seção transversal, normalmente circular. É denominado momento polar de inércia;

$$J_p = \frac{\pi}{32} D^4$$

$$\alpha = \frac{M_t \cdot L}{G \cdot J_p}$$

$$\Delta a = \alpha L$$

α = ângulo de deformação causada pela ação de tração no eixo;

Δa = deformação na extremidade do eixo $\Delta a = \alpha L$;

L = comprimento do eixo até a seção considerada;

G = módulo de elasticidade transversal, característica do material do eixo.

Quanto maior G, menor a deformação sofrida pelo eixo (G faz, na torção, o que o E faz na flexão, compressão e tração).

(*) O hábito nos leva sempre a imaginar que os eixos tenham seção circular. Todavia o eixo mais comum no mundo é o eixo com seção quadrada e o leitor deve ter em sua casa esse tipo de eixo, no mínimo cinco exemplares. É o eixo das maçanetas das portas.

Espaço reservado para suas anotações

21 Molas e outras estruturas resilientes

21.1 Introdução

Talvez tenham sido o arco e flecha a primeira estrutura concebida pelo homem para armazenar energia, com a deformação do arco, para depois devolvê-la à corda que impulsiona a flecha. Estruturas que armazenam energia pela deformação usam o conceito de resiliência. Molas de relógio e molas de carros são também exemplos de estruturas (dispositivos) resilientes.

21.2 Definição de resiliência

Resiliência de uma estrutura é a máxima energia de deformação que essa estrutura consegue armazenar ao sofrer deformações elásticas e, portanto, sem sofrer deformação plástica (permanente).

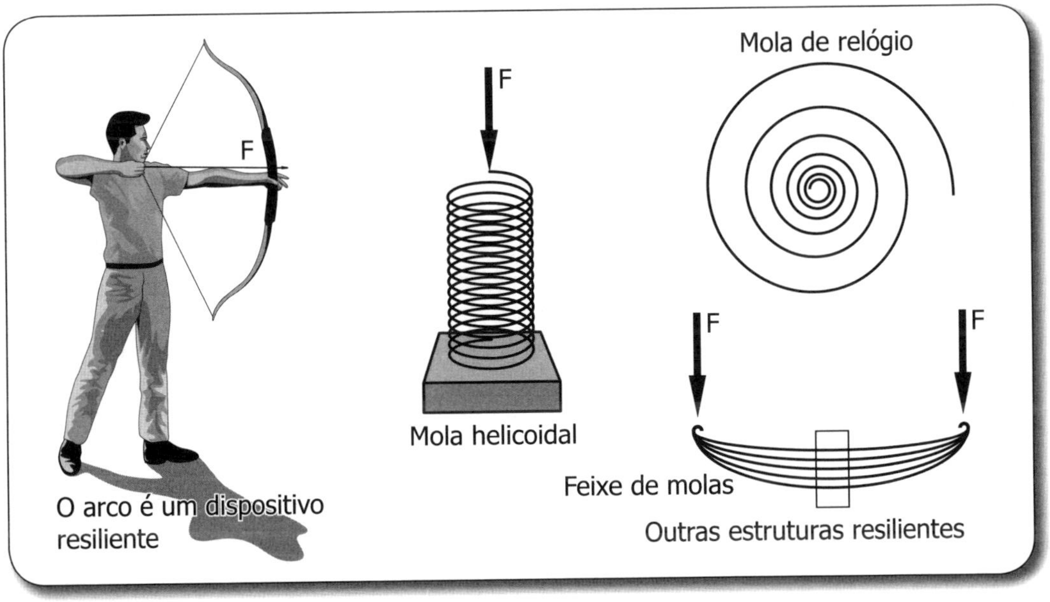

A deformação é a grande variável do estudo da resiliência. Note que a prancha de trampolim de saltos é colocada deitada, e não em pé, como toda viga convencional. Vigas deitadas fletem mais por possuírem menor J do que as colocadas em pé.

Pranchas de salto são estruturas resilientes, deformáveis, normalmente de madeira, face seu baixo E.

21.3 Molas helicoidais

Estudemos um pouco sobre molas helicoidais, normalmente fabricadas em aço.

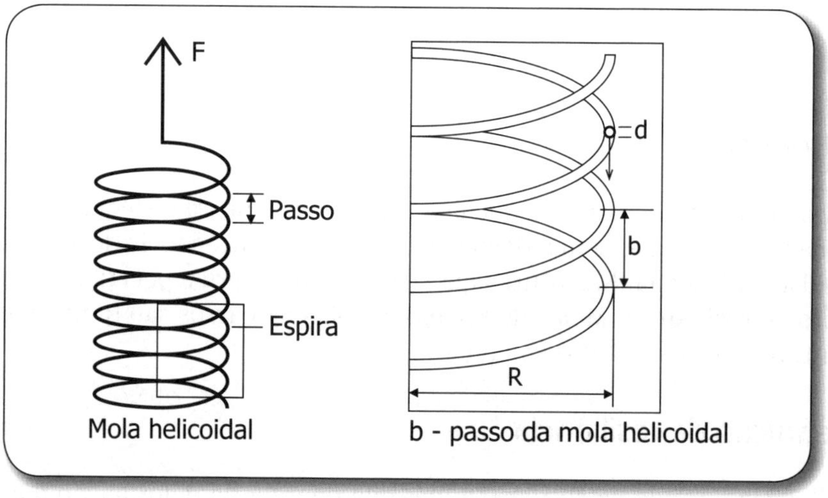

A força F causa:

- cisalhamento na seção da espira;
- torção e, portanto, cisalhamento na seção.

A seção de aço da mola sofre uma tensão total de cisalhamento que é a seguinte:

$$\tau = \tau_1 + \tau_Q$$

$$\tau = \underbrace{\left(\frac{16F \cdot R}{\pi d^3} \right)}_{\text{Tensão de cisalhamento causada pela torção}} + \underbrace{\left(\frac{F}{\frac{\pi d^2}{4}} \right)}_{\text{Tensão de cisalhamento causada pela ação da força F (força cortante)}}$$

21.3.1 Deformações nas molas helicoidais

A deformação total a é composta pela deformação causada pela torção (a_1) e pela força cortante (a_2). A deformação provocada pela força cortante é de valor bem menor que a provocada pela torção.

$$a = a_1 + a_2$$

$$a = \frac{64F \cdot r^3 n}{Gd^4} + \underbrace{\left(\frac{8F \cdot rn}{Gd^2}\right)}_{\text{normalmente de pequena monta}}$$

em que:

G – módulo da elasticidade tranversal do material da mola.

21.4 Exemplo numérico

Estudemos a deformação de uma mola.

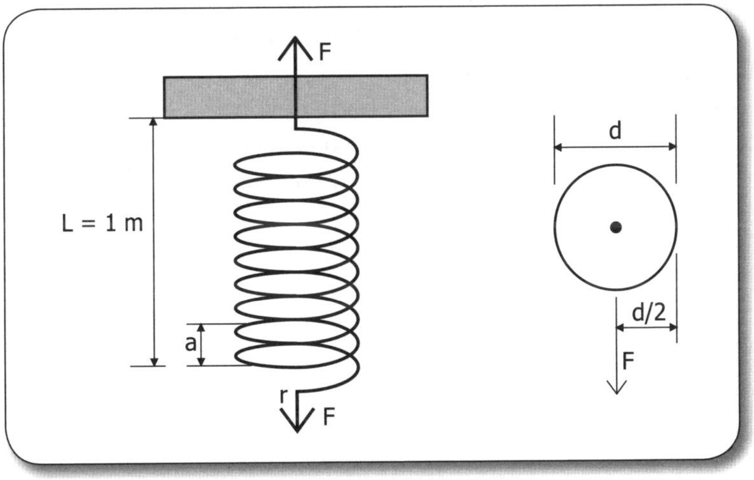

Para calcular a deformação a,

$$\boxed{a = \frac{64 \cdot F \cdot r^3 \cdot n}{G \cdot d^4}}$$

Exemplo:

F = 150 kgf

$r = {}^d/_2$ = 10 cm (d = 20 cm) (da mola)

d = 20 mm = 2 cm (do aço da mola)

$G = 8 \times 10^5$ kgf/cm^2 (aço)

n = 10 (número de espiras por metro)

$$a = \frac{64 \times 150 \times 10^3 \times 10}{8 \times 10^5 \times 2^4} = 7,5 \text{ cm}$$

A deformação a será de 7,5 cm por metro de mola. Para calcular a tensão de cisalhamento,

$$\tau = \frac{16 \cdot F \cdot r}{\pi d^3} = \frac{8 \cdot F \cdot d}{\pi \cdot d^3} = \frac{8 \times 150 \times 2}{3,14 \times 2^3} = 955 \text{ kgf/cm}^2 < \bar{\tau}$$

$\bar{\tau}$ = 1.200 kgf/cm^2 para o aço. Logo, estamos abaixo da tensão admissível.

Nota:

Atenção para a diferença de estrutura resiliente e a estrutura tenaz. A tenacidade é a capacidade de resistir a esforços sem reclamar. Mesas de carpinteiro são de madeira que possuem alta tenacidade. Se fizéssemos mesas de carpinteiro com metal, ao sofrerem golpes essas mesas vibrariam e fariam muito barulho.

Logo, como essas coisas são indesejáveis, usamos, então, mesas de madeira.(*)

Estruturas resilientes são as que, de alguma forma, recebem e devolvem os esforços, como as molas. Ficou claro?

O tifor (explicado a seguir) guarda e pode devolver a energia armazenada, sendo pois uma estrutura resiliente. Várias pessoas já se acidentaram, face à devolução de energia do tifor, nos casos de usos incorretos e sem cuidados de segurança.

(*) A madeira sofre quietinha. É a "Amélia" dos materiais, sofre sem reclamar, como nos ensina a música de Ataulfo Alves e Mario Lago.

22 Cabos

22.1 Introdução

Cabos, fios, correntes e outras estruturas semelhantes, como tecidos e folhas de reduzidíssima espessura, só podem trabalhar à tração. Se tentássemos usar um cabo à compressão, ele flambaria. Se o cabo fosse trabalhar à flexão, também flambaria, pois toda viga tem parte das suas seções trabalhando à compressão.

Essa característica é da estrutura, e não do material. Fardos de algodão podem trabalhar à compressão, pilares de aço podem e trabalham à compressão, mas o mesmo não ocorre com cabos feitos com esse material.

22.2 Uso de cabos

Em face do exposto, cabos são usados resistindo à forças normais de tração e sofrem assim só esforços internos de tração, com exceção de correntes, que sofrem também esforços internos de corte nos elos.

Veja:

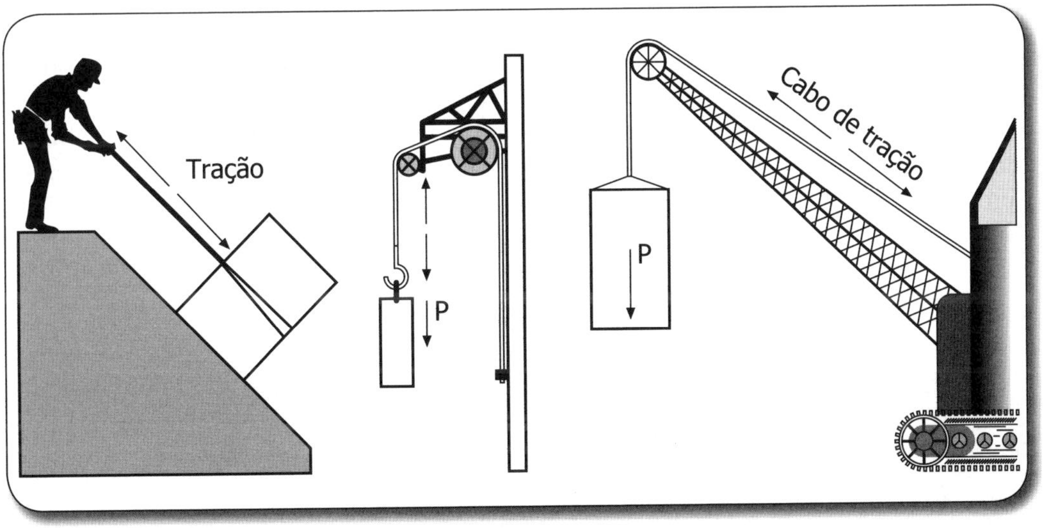

Exigem-se dos cabos, conforme seus usos específicos:

- resistência à tração (uso geral);
- flexibilidade (deformabilidade), no caso de um cabo de guincho, por exemplo.

Para atender aos requisitos de resistência, deve-se escolher adequadamente o tipo de material e o diâmetro do cabo; para aumentar a flexibilidade, já que ela está ligada ao módulo de elasticidade, pode-se criar cordoalhas, que vêm a ser um conjunto trançado de vários fios. No caso de cabos de aço, coloca-se no centro da cordoalha (alma) um fio de alta deformabilidade, como os de fibra natural.

Temos, pois, uma estrutura que, graças ao artifício criado, apresenta um E resultante menor que o E do material que a constitui, ou seja, a estrutura gerada é resistente e bem mais flexível.

22.3 Tensões em cabos

A tensão de um fio tracionado é F/S. Quando ocorrem esforços dinâmicos (cabo de guindastes, por exemplo), essa tensão pode ser significativamente aumentada.

Quando um cabo é enrolado em roldanas ou tambores, temos uma tensão adicional. Essa tensão de dobradura é proveniente da deformação temporária que ocorre num ponto de um cabo ao passar pela roldana. Pode ser calculada pela seguinte fórmula:

$$\boxed{\sigma_A = \sigma_{\text{peso}} + \sigma_{\text{deformação}}, \qquad \sigma_{\text{peso}} = \frac{F}{S}}$$

$$\sigma_{\text{dobrado}} = 0,45 \cdot E \cdot \frac{d}{D},$$

em que d é o diâmetro do cabo e D, o diâmetro da roldana.

A fórmula nos mostra que a tensão de dobradura é função do material do fio, do diâmetro desse fio e do diâmetro da polia (tambor). O senso comum mostra que é mais fácil dobrar fios de baixos diâmetros em polias de grande diâmetro. O catálogo do fabricante Cimaf, por exemplo, recomenda, para o uso em elevadores, cabo de aço polido de ∅ 3/8". Para o Cimaf, o diâmetro mínimo da polia deve ser superior a 26 cm.

22.3.1 Tensões em cabos de grandes vãos

Vamos estudar as forças e tensões em cabos que vencem grandes vãos e que têm de ter limitada a flecha que ocorre no meio do vão desses cabos. Em razão da falta de rigidez dos cabos, a flecha tem valores significativos em relação ao vão a vencer.

Dividamos os cabos quanto ao tipo de distribuição de carga que sustentam:

- Tipo A: a carga que ocorre é praticamente o peso próprio. É o caso de cabos de linhas de alta tensão. Nesse caso, a carga é uniformemente distribuída ao longo, não da distância entre dois pontos, mas da extensão do fio.
- Tipo B: a carga que ocorre é uniformemente distribuída ao longo da distância entre os dois apoios sucessivos. É o caso de cabos que sustentam pontes pênseis.
- Tipo intermediário: tipo de cabo intermediário entre os citados acima.

22.3.1.1 Forças e tensões em cabos com cargas tipo A

Com carga uniformemente distribuída ao longo do seu comprimento, o formato do cabo que é gerado recebe o nome de *catenária.*

22.3.1.2 Forças e tensões em cabos com cargas tipo B

Com carga g uniformemente distribuída ao longo da distância entre dois apoios, o formato do cabo que é gerado é uma *parábola*, e a força necessária para estirar esse cabo, de modo a ter uma flecha f, pode ser calculada utilizando-se fórmulas.

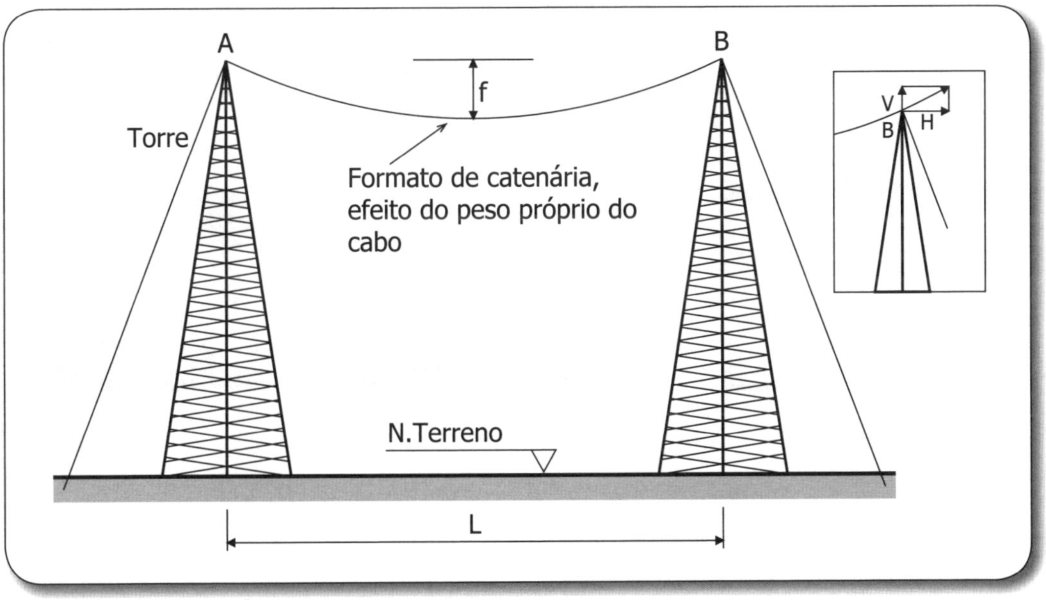

Para valores de flechas reduzidas, podemos calcular *cabos catenários* e *cabos parabólicos,* fazendo uso das mesmas fórmulas, quais sejam:

$$l = L\left[(1) + \frac{8}{3}\left(\frac{f}{L}\right)^2\right] \qquad f = \frac{gh^2}{8h} \qquad H = \frac{gL^2}{8f}$$

em que l é o comprimento do fio que liga A e B e H a força horizontal atuante.

Nota:

A relação entre força e deformação nos cabos de suspensão, como os vistos neste caso, é um exemplo típico de estrutura de resposta não linear, pois a flecha não é reduzida pela metade, dobrando-se a força de estiramento. Quanto mais se deseja estirar um cabo para diminuir uma flecha, mais cresce a força necessária para isso. As fórmulas mostradas, em que o valor da flecha está no denominador da fração que define a força, comprovam que, se f tender para zero, a força tenderia para infinito, mas antes disso o cabo se romperia.

22.4 O uso do tifor – guincho de segurança ou estirador

No capítulo deste livro que estuda as deformações, apresentamos o espaçador, equipamento mecânico que permite tensionar cabos de aço de pequenas espessuras. Para cabos de aço de maiores diâmetros, o espaçador não atende às necessidades (ver figura a seguir). É necessário o uso do tifor ou estirador.

Primeiramente ligam-se os dois trechos do cabo de aço a dois pontos fixos – um bloco de pedra, uma árvore de grande porte, etc. Os dois cabos, inicialmente sem tensão, são inseridos em orifícios no aparelho, que começa a puxá-los. Os cabos correm dentro do aparelho, que é dotado de trava para que estes não se soltem. O equipamento tem uma alavanca que permite transmitir aos cabos, tensões de tração que puxam os fios. A força transmitida pelo aparelho traciona os dois cabos até que fiquem na posição desejada.

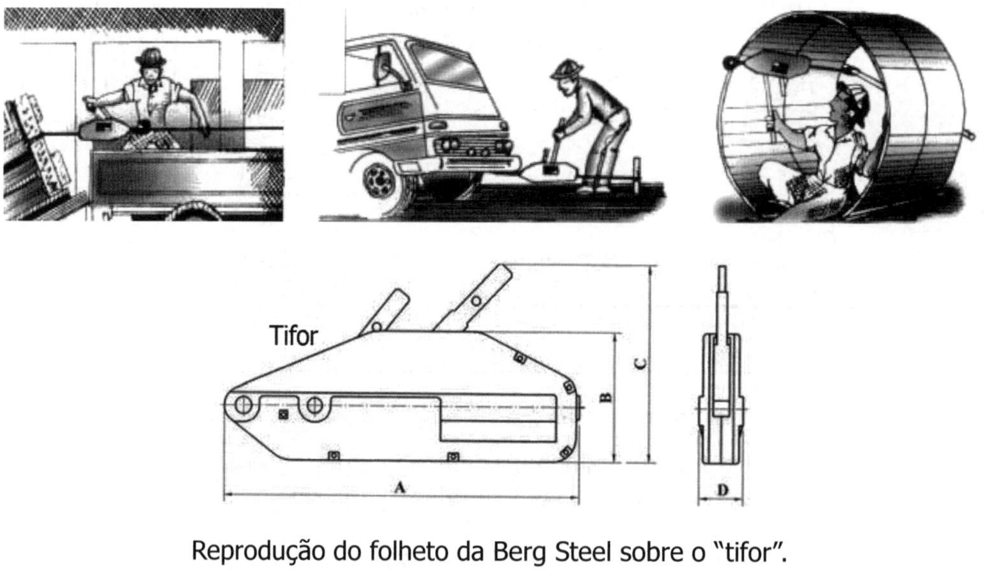

Reprodução do folheto da Berg Steel sobre o "tifor".

Observação de segurança:

Todo o trabalho (energia) que é transmitido aos cabos para que fiquem na posição e tensão desejadas é armazenado. O rompimento de um dos cabos faz com que este ricocheteie, havendo a possibilidade de um violentíssimo coice, em qualquer coisa que esteja nas imediações, podendo até matar.

O rompimento de um cabo de aço tracionado é uma situação que mostra, de forma extremamente visível e quase dramática, o fenômeno da acumulação, nos cabos, da energia de deformação.

Dados do catálogo de um guincho de alavanca

Código	A (mm)	B (mm)	C (mm)	D (mm)	Peso (kgf)	∅ (mm)	Esforço (kgf)	Fornecimento de cabos, nos comprimentos de (em metros)	Curso de cada ciclo completo da alavanca
A-1600 kgf	550	200	280	80	11	11	40	10-15-20-25-30 e 40	55 mm

22.5 Exemplo numérico

Para a estrutura a seguir, determine a força no cabo de sustentação e nos apoios, sabendo que o cabo sustenta um peso de 400 kgf/m distribuído ao longo do cabo.

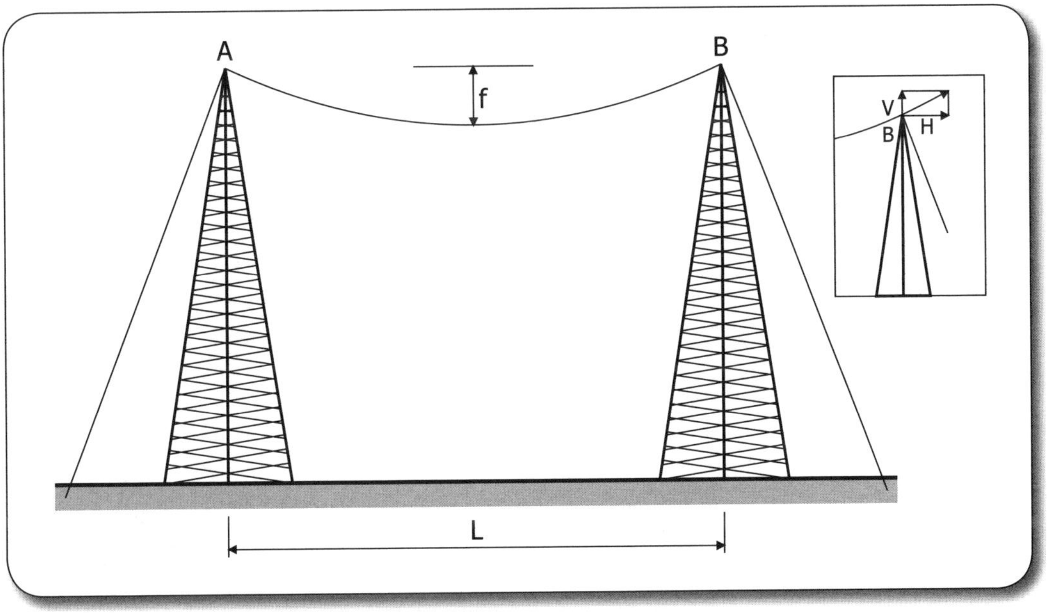

Dados: $L = 68$ m; $f = 10$ m; $g = 400$ kgf/m.

A curva é uma catenária e seu comprimento é calculado pela fórmula

$$l = L\left[1+\frac{8}{3}\left(\frac{f}{L}\right)^2\right]$$

l = comprimento do cabo entre A e B;
L = distância entre apoios;
f = flecha máxima.

(expressão aproximada, mas com razoável aproximação da extensão do cabo)

$$l = L\left[1+\frac{8}{3}\left(\frac{10}{68}\right)^2\right] = 68\times(1+0{,}057)\cong 72 \text{ m}$$

Para calcular a força H no ponto A (admitamos que f = 10 m),

$$H = \frac{gL^2}{8f}$$

$$g = 400 \text{ kgf/m} \qquad L = 68 \text{ m} \qquad f = 10 \text{ m}$$

$$H = \frac{400\times 68^2}{8\times 10} = 23{,}1 \text{ tf}$$

O componente vertical vale

$$V = \frac{g\cdot L}{2}$$

portanto,

$$V = \frac{400\times 68}{2} = 13{,}6 \text{ tf}$$

R (resultante)

$$R^2 = V^2 + H^2$$

$$R^2 = (13{,}6)^2 + (23{,}1)^2 = R = 26{,}7 \text{ t}$$

Note que sobre o apoio age

$$2V = 13{,}6 \times 2 = 27{,}2 \text{ tf}$$

pois cada torre suporta um cabo à esquerda e um cabo à direita.

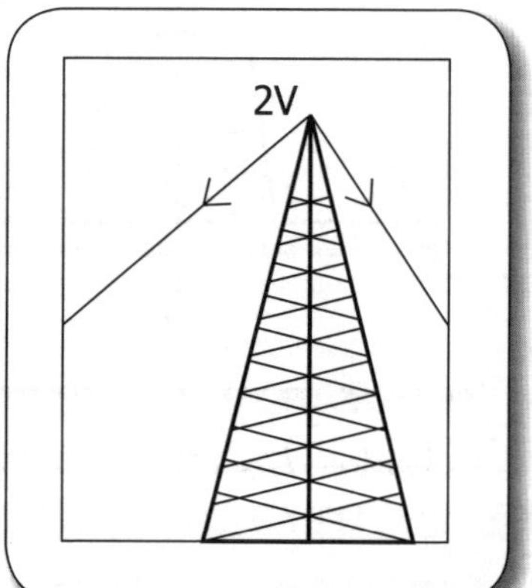

A força R de 26,7 tf é que deve orientar a escolha do cabo de sustentação. Usaremos, portanto, o cabo Cimaf 17/8" AA CI (ver catálogo dessa firma).

Notas:

1. Raramente, no lugar de cabos se usam correntes. Na ponte pênsil de Florianópolis, em Santa Catarina, Ponte Hercílio Luz, usaram-se correntes no lugar de cabos como elemento fundamental de sustentação.

2. A palavra catenária vem de *catenas*, correntes.

3. No filme *Fritzcarraldo*, de Werner Herzog, é mostrada a transposição, por um vapor de um divisor de águas, ou seja, o barco de várias toneladas foi puxado a seco por centenas de metros por poucas pessoas, usando roldanas e cabos. O trabalho (energia) não é alterado, mas a força necessária é muito reduzida.

4. Cabos e cordoalhas têm sua grande flexibilidade ligada ao fato de serem estruturas torcidas com grande número de fios. Quanto maior o número de fios, maior a flexibilidade de um cabo.

5. Ao finalizarmos o estudo de cabos, lembramos que suas leis são as mesmas que governam o estudo de lonas, tecidos etc. Lonas não deixam de ser "cabos em duas direções".

Planta e corte de um pavilhão circense coberto por lona.

Espaço reservado para suas anotações

23 Nascem as treliças

23.1 Introdução

Treliças são estruturas compostas por barras com extremidades articuladas. São usadas para vários fins, entre os quais, vencer pequenos, médios e grandes vãos. Pelo fato de usar barras articuladas e de se considerar pesos suportados colocados nos nós, essas barras funcionam principalmente à tração e compressão.

Estruturas do século passado e do início deste século – como pontes metálicas ferroviárias – usaram ao máximo esse estratagema. As treliças são usadas hoje também como estrutura de cobertura, torres de transmissão elétrica e em equipamentos, tais como lanças de guindastes. Costumam ser executadas em barras de madeira, aço, alumínio e de concreto armado.

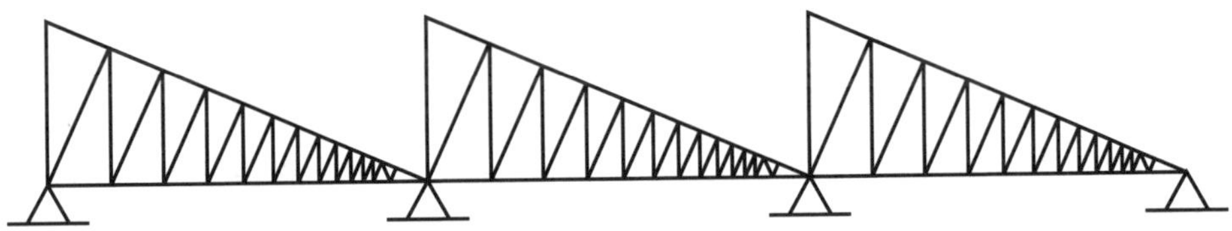

Tipo sheed (cobertura)

23.2 Formas das treliças

O formato das treliças e a disposição de suas barras são os mais variados possíveis, atendendo às peculiaridades do seu uso.

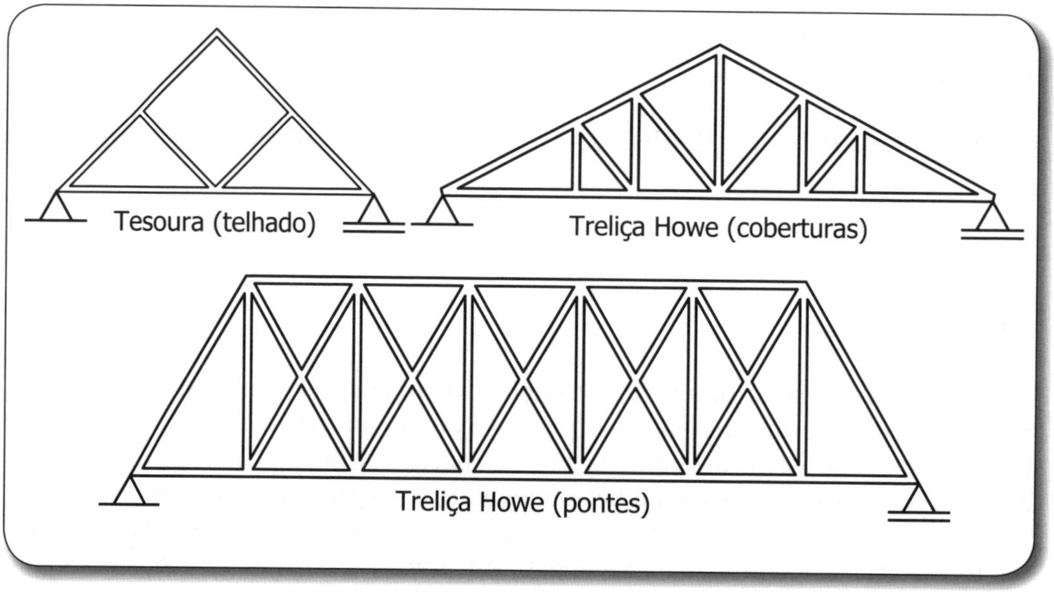

23.3 Hipóteses de trabalho das treliças

A hipótese de trabalho nas treliças é que seus componentes (banzos) trabalham como peças inter-relacionadas por articulações e as cargas externas atuam principalmente nos nós, transmitindo, portanto, esforços de tração e compressão somente às barras. Essa hipótese é apenas parcial, pois pelo menos o peso próprio está distribuído ao longo do banzo. Todavia, mantém-se por facilidade a hipótese e, nos casos profissionais, são feitos correções e ajustes.

23.4 Treliças quanto à isostaticidade e hiperestaticidade

Há treliças em que é possível determinar os esforços em cada banzo, usando, para cada nó, apenas o equilíbrio de forças ($\Sigma F_H = 0$, $\Sigma F_V = 0$) do critério da Estática. São as *treliças isostáticas.*

Em virtude de chegarem em um nó várias barras, em algumas treliças a divisão do esforço por cada barra não pode ser determinada exclusivamente pelos critérios da Estática. São as *treliças hiperestáticas.* Para determinar esses esforços, são necessários estudos de compatibilidade de deformações. Os programas de computador fazem isso e determinam os esforços.

23.4.1 Exemplos de treliças isostáticas e hiperestáticas

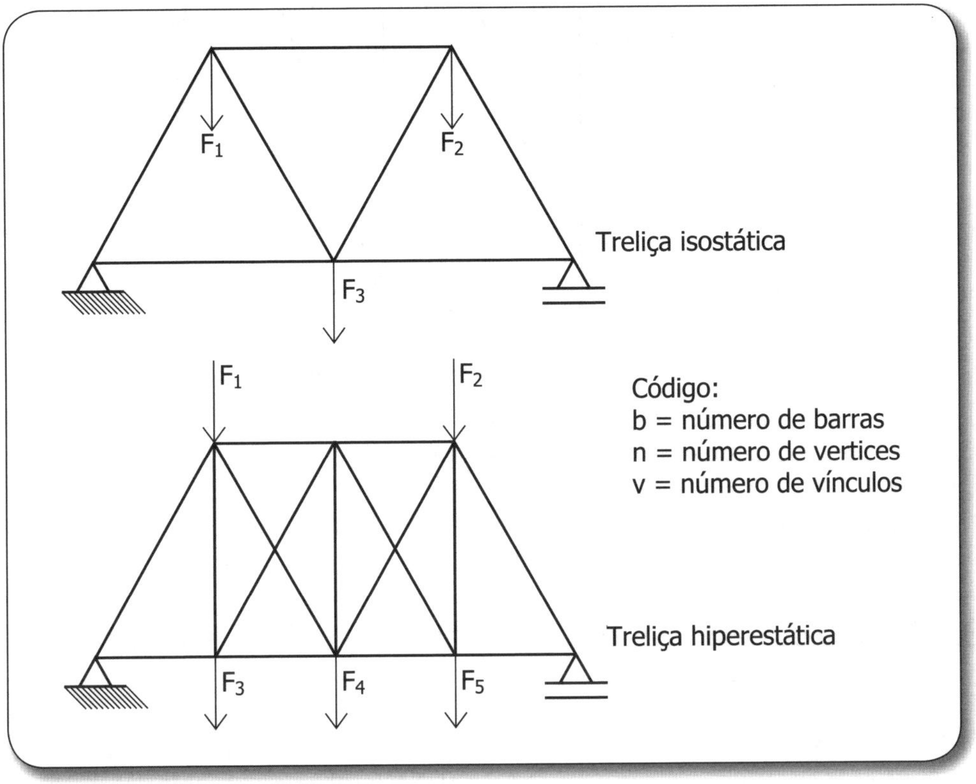

Se $b + v = 2n$, a treliça é isostática, ou seja, tem o número exatamente necessário de barras.

Se $b + v > 2n$, a treliça é hiperestática, uma vez que o número de barras é maior que o necessário pela Estática. A existência dessas barras adicionais tem a finalidade de auxiliar a estrutura para efeitos vários, como diminuir o comprimento de um banzo.

Há casos de treliças com trechos hiperestáticos e trechos isostáticos.

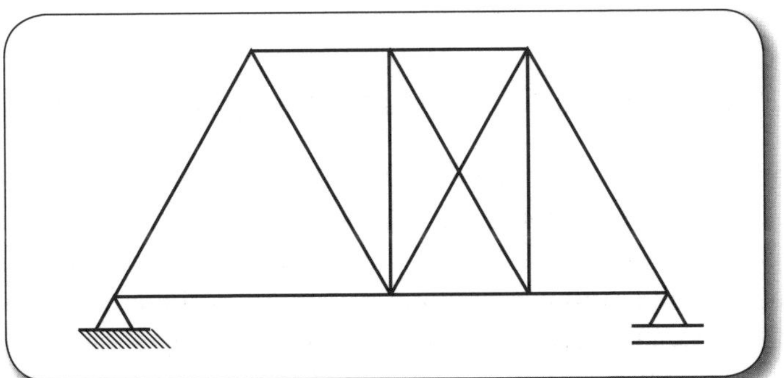

Se $b + v < 2n$, as treliças são hipostáticas.

As *treliças hipostáticas* têm seu formato modificável devido às forças. Veja:

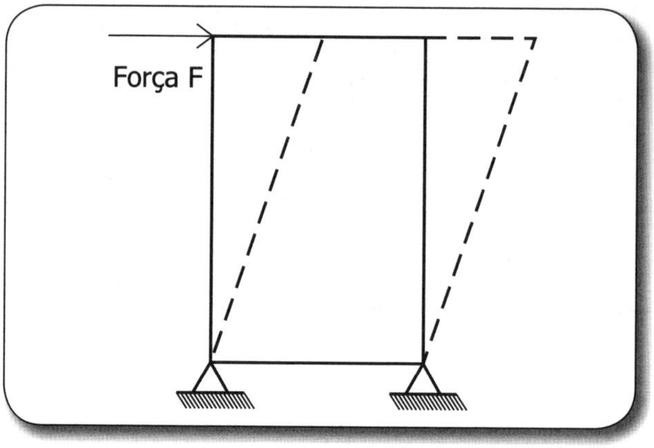

Tais treliças não são aceitáveis em estruturas suportes de pontes e telhados, mas são necessárias em equipamentos mecânicos (por exemplo: certas portas pantográficas).

Se desejarmos ter sempre treliças não hipostáticas, basta trabalhar com triângulos, e nunca com quadrados ou losangos.

23.5 Cálculo dos esforços em cada banzo de treliças isostáticas e hiperestáticas

Nas treliças isostáticas e hiperestáticas, o cálculo das forças em cada banzo é realizado pela Estática, aplicando-se $\Sigma F_V = 0$, $\Sigma F_H = 0$.

Para calcular o trecho hiperestático de treliças desse tipo, usa-se a teoria das deformações.

No passado, a grafostática foi intensamente usada para resolver treliças. O mais conhecido dos métodos é o de Cremona, que pode ser aplicado a vários tipos de treliças. Hoje, com os recursos da computação, os processos do passado do cálculo de treliças foram totalmente superados.

Atenção. Seja por processo gráfico, seja por computação, chegam-se aos mesmos resultados.

23.5.1 Resolução de uma treliça pelo método gráfico de Cremona

Apresentaremos, pelo valor conceitual que possui, um exemplo do processo de Cremona, que determina o esforço em cada banzo.

Conhecidos os esforços em todos os banzos, as barras são calculadas como barras tracionadas ou comprimidas, como já indicado no tema específico da Resistência dos Materiais. Na vida profissional, no caso de treliças, são feitos ajustes para corrigir a imperfeição que se comete ao considerar que as cargas nas treliças serão colocadas nos nós.

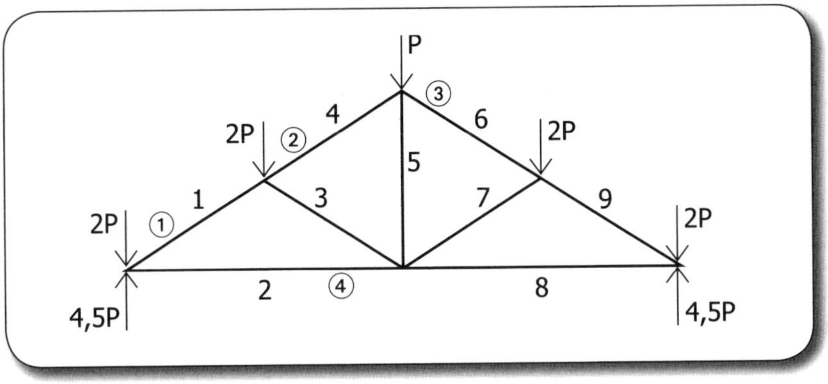

Para calcular as reações,

$$\Sigma F_H = 0 \text{ (não aplicável, pois não há forças horizontais)}^{(*)}$$

$$\Sigma F_V = 0$$

$$R_A + R_B = 2P + 2P + P + 2P + 2P = 9P$$

Por simetria, $R_A = 4{,}5P$ e $R_B = 4{,}5P$.

Vamos determinar os esforços barra por barra quanto ao valor e tipo (barra tracionada e barra comprimida), equilibrando nó por nó. Inicia-se o cálculo pelo nó que tenha três barras, no caso o nó I.

Como o processo é gráfico, para facilitar o desenho, faremos $P = 1$ cm.

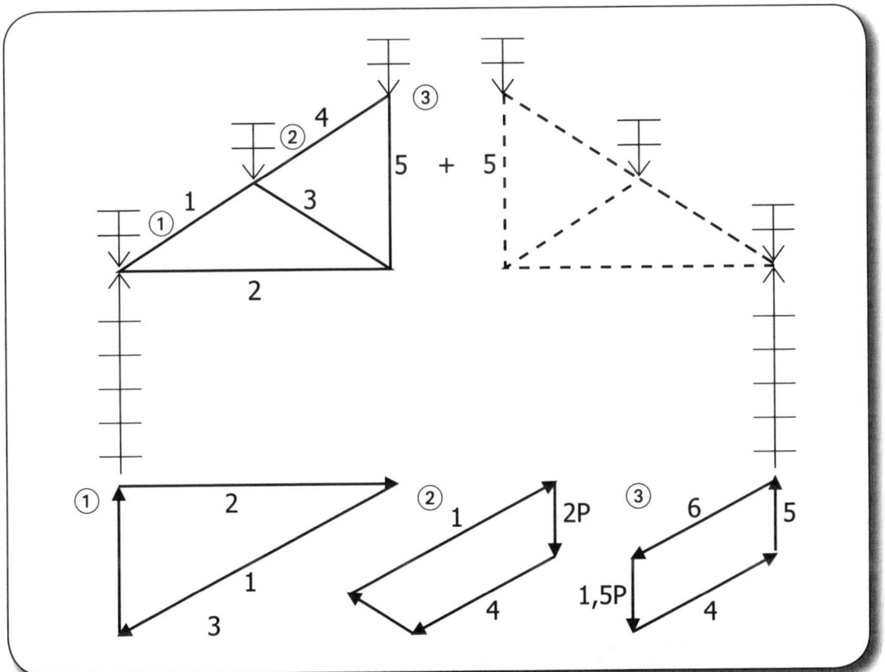

(*) Cuidado! Cuidado! Sempre existem forças horizontais devido ao vento. Portanto amarrar (travar) um dos apoios, senão o vento pode fazer a treliça andar.

A treliça é simétrica; portanto, as barras de direita têm os mesmos esforços das barras de esquerda.

A determinação numérica do valor do esforço é obtida por escala gráfica.

Nota:

Há banzos (trechos) de treliças em que não há cargas.

Veja:

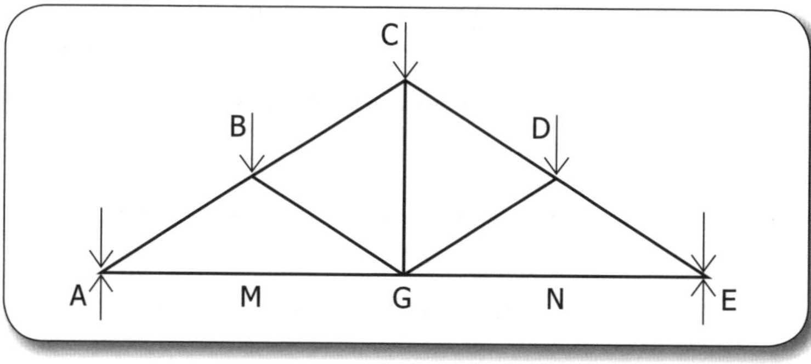

Os banzos *BM* e *DN* não têm forças, pois se houvesse uma força *F* no trecho *BM* não haveria como equilibrá-la, já que os trechos *AM* e *MG* são horizontais. Por que então colocar uma peça sem esforço?

Ouvi uma explicação, antologicamente correta, de um mestre meu de Resistência dos Materiais (M.G.):

"Visitem uma oficina mecânica que tenha uma treliça suportando o telhado. Vocês verão que, com grande probabilidade, o mecânico usará o ponto *M* para fixar uma talha elevando o motor de um carro." Logo, nos seus projetos, coloquem as peças *BM* e *DN*.

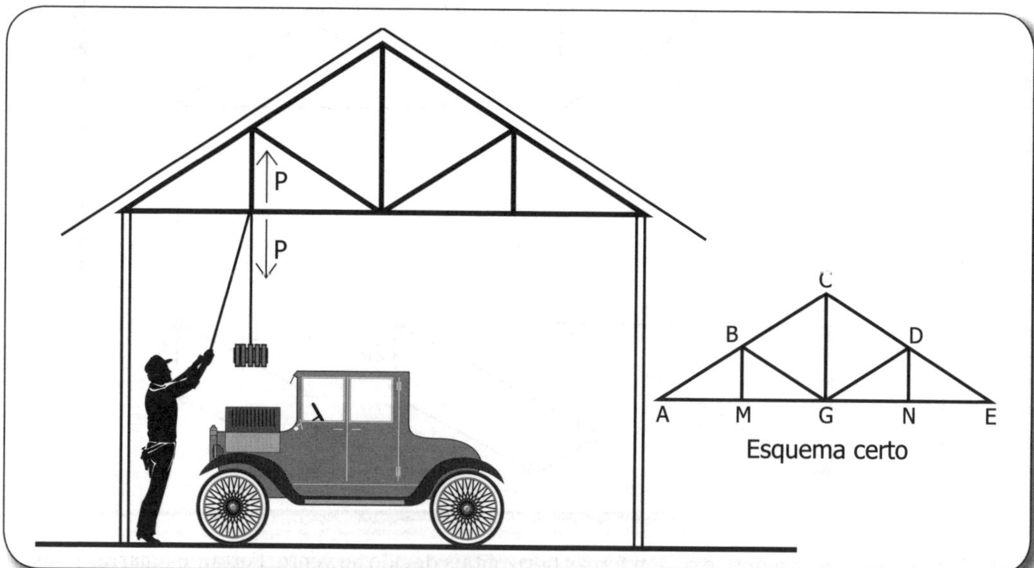

Se não houver o trecho *BM*, a carga pendurada gerará flexão na viga, e isso invalidará a hipótese de as barras trabalharem só à tração ou à compressão.

No entanto, se o tal "mecânico de automóveis" pendurar um motor no meio do banzo, então o trecho *BM* terá função e somente ele resistirá à carga do motor do automóvel.

23.6 Uma estrutura treliçada hipostática

Uma porta pantográfica pode ser um exemplo de estrutura treliçada, hipostática, pois possui movimentos. Veja:

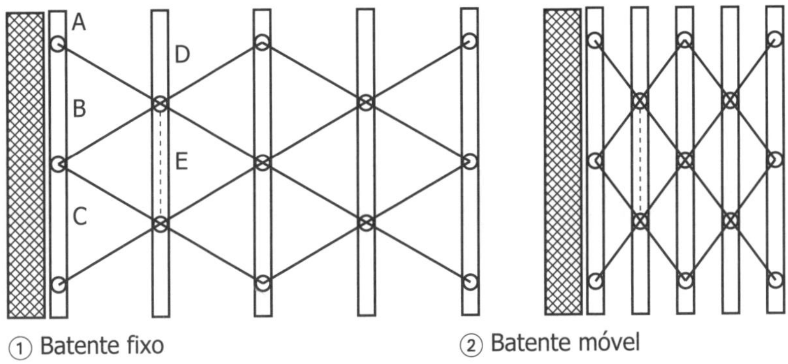

Uma análise conceitual dessa estrutura mostra que sua hipostaticidade é devida ao fato de ser composta de losangos, estrutura deformável.

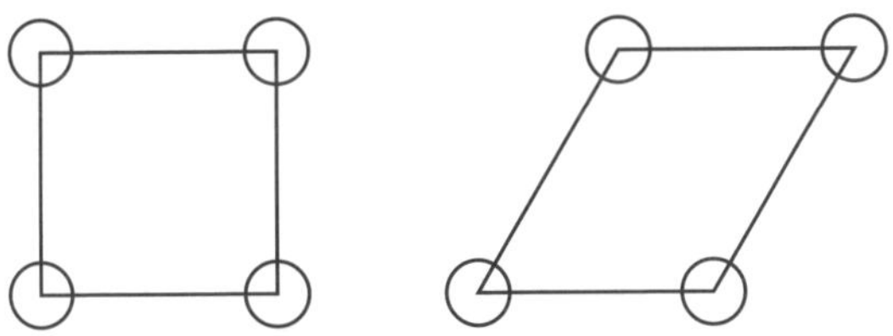

A criação de um único triângulo (se pusermos uma barra ligando D com E, por exemplo) causaria o fim da deformabilidade dessa estrutura.

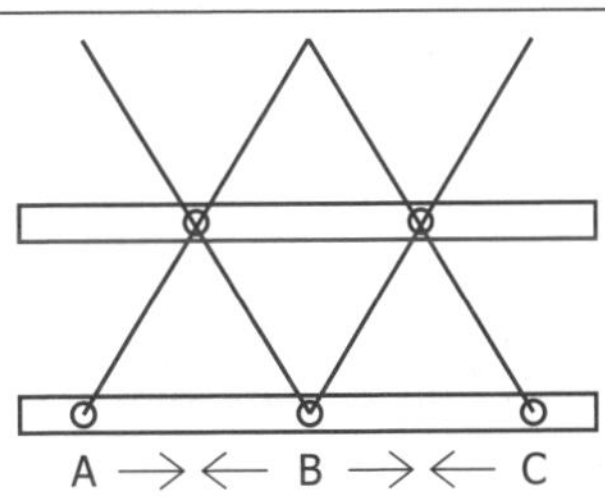

Graças a um dispositivo em A, B e C (canaleta) garante-se a hipostaticidade da estrutura.

Veja o funcionamento da "mão mecânica":

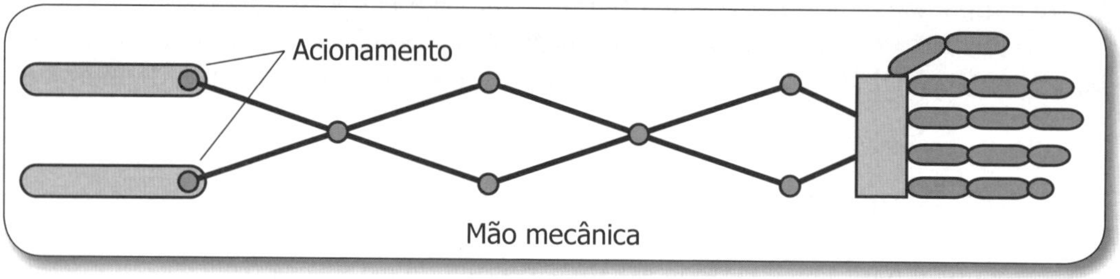

Sugerimos ao estudante que quer evoluir que procure outros tipos de estruturas treliçadas hipostáticas no mundo que o cerca.

23.7 Reconhecendo estruturas famosas

A Torre Eiffel é o mais famoso e belo caso de treliça metálica.

A Torre Eiffel foi construída em Paris em 1889 e tem cerca de 300 m de altura e utilizou cerca de 7.700 toneladas de perfis metálicos de aço.

24 Arcos e vigas curvas

Seja uma viga de eixo reto. Vamos dobrá-la (deformação plástica, portanto sem retorno) e fazer com que vença um vão suportando uma carga F.

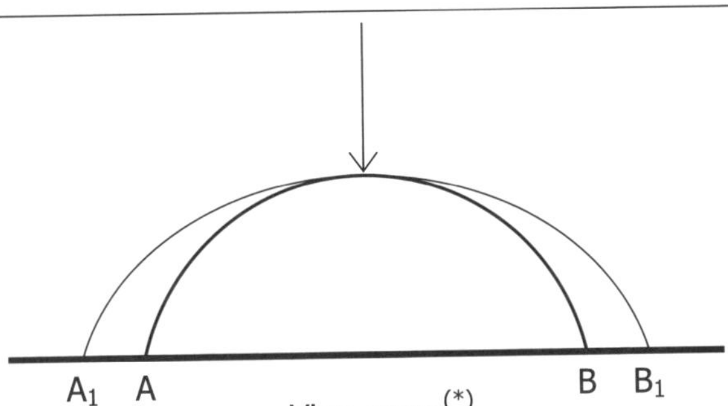

Viga curva(*)

Ao suportar essa carga e seu peso próprio, a estrutura se deforma e cada apoio se afasta de A para A_1 e de B para B_1.

Note que, em virtude da ação das cargas verticais e o deslocamento dos apoios, não ocorre nos apoios reação horizontal e, mesmo assim, a estrutura é estável.

Imaginemos que uma articulação foi introduzida no centro desse arco. A estrutura se tornaria hipostática e iria para a ruína, acontecendo deslizamento em A e B. Todavia, com apoios simples em A e B, a estrutura fica estável.

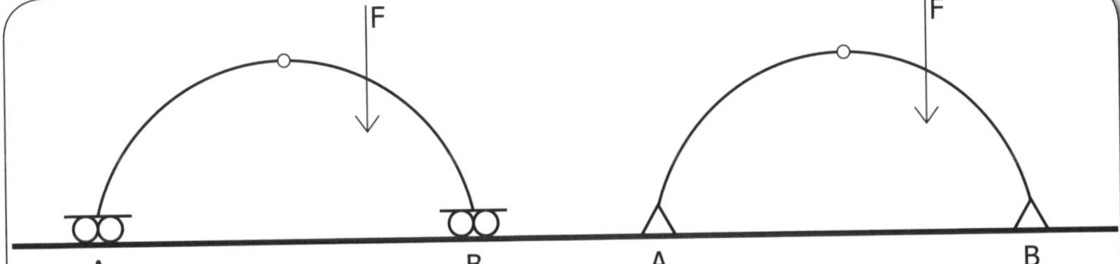

Peça instável

Arco triarticulado

(*) A tiara para cabelos é uma viga curva de plástico.

Agora a estrutura é estável e em cada apoio A e B ocorre uma reação horizontal de valor H.

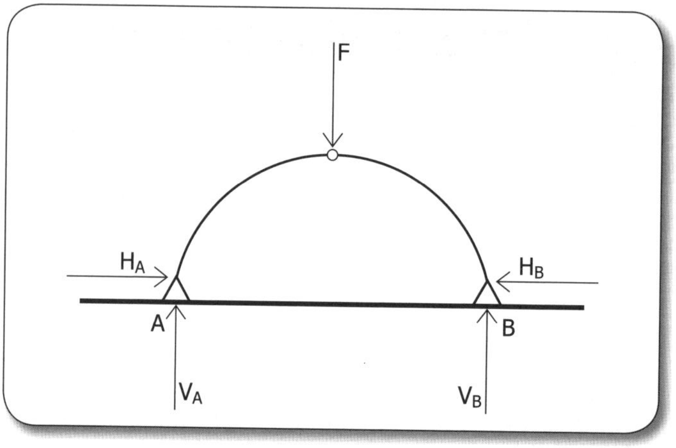

Essa estrutura é denominada *arco*. O arco exige as reações de apoio para sua estabilidade. A viga curva não exige.

As reações V_A e V_B são calculadas pela estática, usando-se as três famosas condições $\Sigma F_V = 0$, $\Sigma F_H = 0$ e $\Sigma M = 0$. As reações H_A e H_B não são determináveis somente pela Estática, pois a estrutura é hiperestática.

Para determinar as reações horizontais H_A e H_B, devemos estudar as deformações da estrutura e as cargas atuantes. Por exemplo, o teorema de Castigliano resolve a questão. Para facilitar os cálculos, há tabelas que resolvem a questão em casos padrões.

24.1 Arco triarticulado com carga uniformemente distribuída

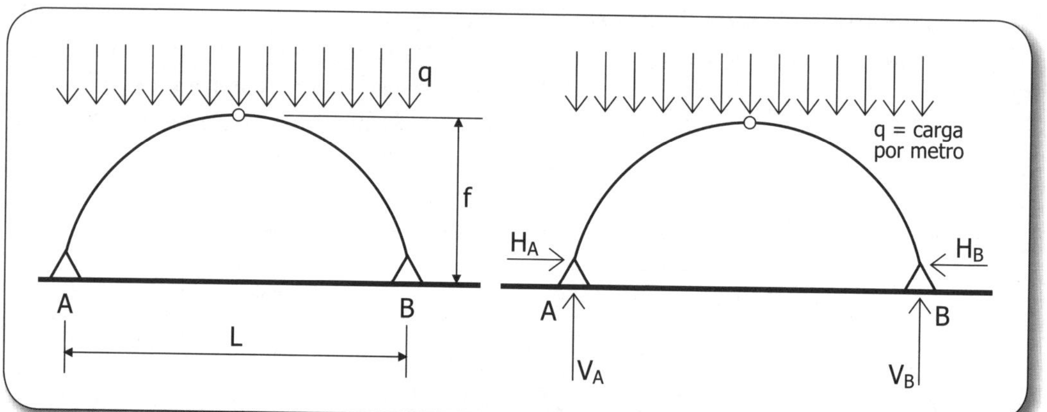

$$V_A = V_B = \frac{qL}{2}$$

$$H_A = H_B = \frac{qL}{8f}$$

O viaduto Santa Efigênia sobre o vale do rio Anhangabaú, em São Paulo, é um exemplo disso.(*)

Veja as ilustrações desse viaduto no livro *Concreto armado eu te amo*, volume II, deste autor.

Lembremo-nos de que, como em qualquer estrutura estável, a resultante dos esforços ativos e a resultante dos esforços reativos devem coincidir.

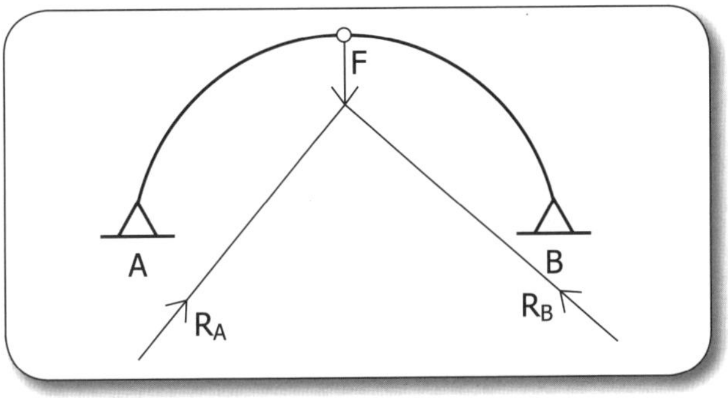

As reações R_A e R_B são as resultantes de H_A e V_A e H_B e V_B.

24.2 Arco biarticulado

24.2.1 Cálculo das reações horizontais de apoio

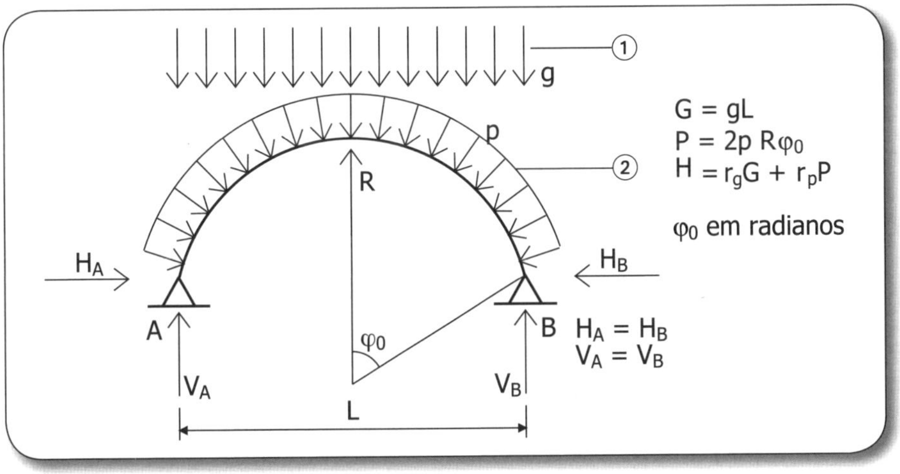

(*) Se o Viaduto Santa Efigênia em São Paulo é um excelente exemplo de arco triarticulado, tiaras para cabelo são excelentes exemplos de vigas curvas.

$$V_A = V_B = \frac{qL}{2} \quad \text{ou} \quad V_A = V_B = \frac{pL}{2} \quad \text{(parte isostática do arco)}$$

$$H = H_B = H_A = k_g \; gL + k_p \cdot 2p \; Ry_0$$

$\varnothing_0$ – Ângulo expresso em radianos, sendo 360° = 2π rad

$$1 \text{ rad} = \frac{360}{2 \times 3{,}1415} = 57{,}29° \text{ e } R, \text{ o raio do arco.}$$

24.3 Coeficientes de Bresse

Veja *Caderno de projetos e telhados em estruturas de madeira*, de A. Moliterno, Editora Blucher, 2.ª edição, na página 411.

$\frac{2\varphi_0}{\pi}$	k_g	k_p
0,15	2,11	2,10
0,20	1,57	1,56
0,25	1,25	1,24
0,30	1,03	1,02
0,40	0,76	0,73
0,50	0,59	0,56
0,80	0,32	0,27
1,00	0,21	0,16

Usa-se o tipo de distribuição de cargas no caso de o arco sofrer carga uniformemente distribuída ao longo de seu vão horizontal. Por exemplo, uma ponte apoiada sobre um arco metálico.

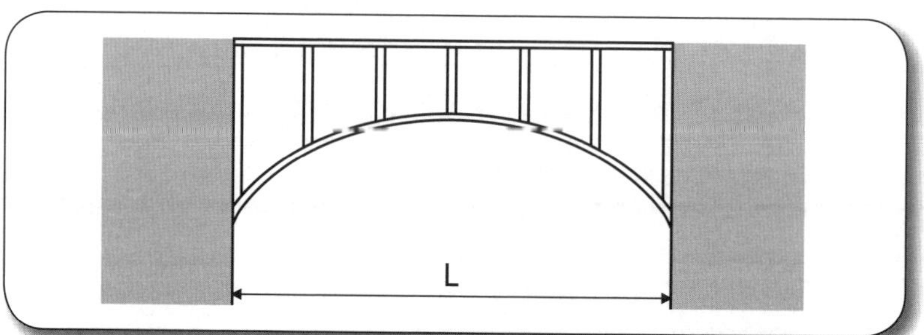

(*) A norma brasileira sobre cargas a serem suportadas pelas estruturas, chama as cargas externas de "cargas acidentais", ou seja, são as cargas que não sejam o peso próprio da estrutura.

Nesse caso, as cargas externas(*) a suportar pelo arco são maiores que o peso próprio do arco. Pode-se admitir, então, que são cargas uniformemente distribuídas pelo vão horizontal.

Conhecidas as reações de apoio, as tensões internas nas várias seções do arco podem ser calculadas e a estrutura, dimensionada.

O uso de arcos na construção civil foi intensamente desenvolvido pela civilização romana na construção de pontes e aquedutos, dos quais o mais belo é o de Pont du Gard, na França, construído na época de Cristo. No Brasil, temos o Aqueduto da Carioca, no Rio de Janeiro. Existem muitas obras antigas no Brasil usando arcos. Pontes em arco de concreto armado continuam a ser projetadas e construídas. Nas pequenas obras de edificações, para criar o espaço da janela e não transferir a carga da alvenaria sobre ela, era comum usar um arco de tijolos. Com isso, a carga da alvenaria sobre o espaço da janela transfere-se para os lados.

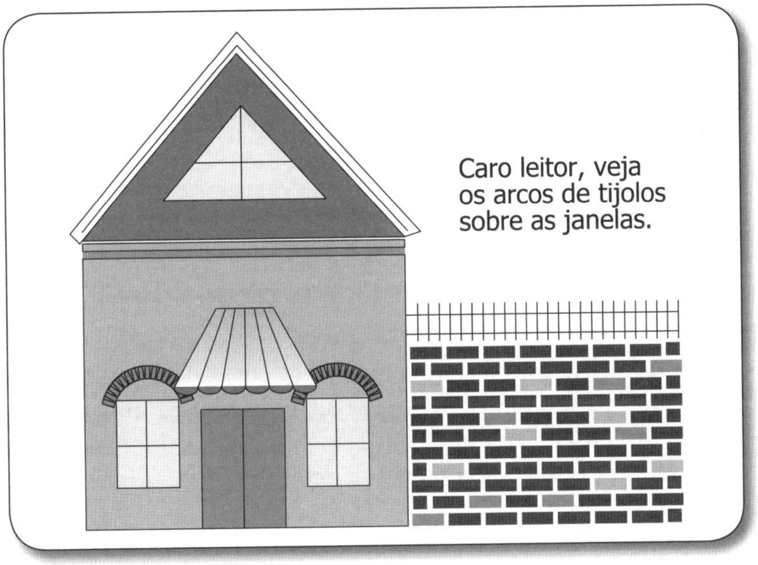

24.4 Reconhecendo as estruturas do dia a dia

Pegue uma folha de cartolina, dobre-a na forma de um arco e tente apoiar esse arco em uma mesa. Você não conseguirá, pois a estrutura perde a forma. Coloque agora, externamente às bordas, dois apoios com livros. O arco ficará estável.

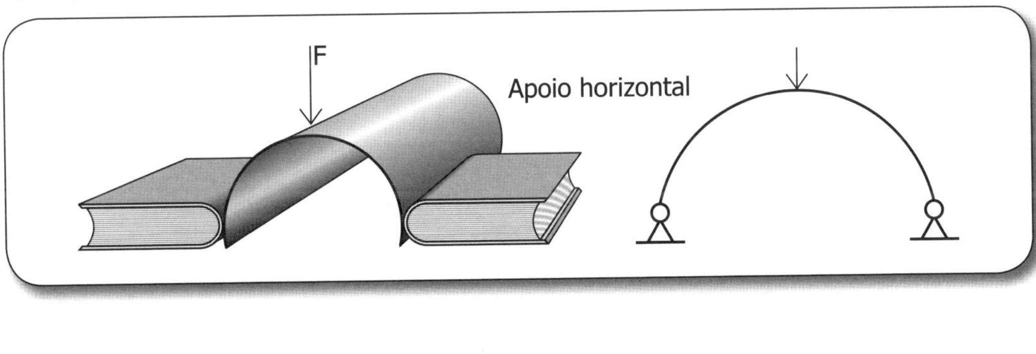

Temos então, graças ao apoio dos livros, um arco biarticulado. Pode-se substituir os apoios externos por uma fita adesiva ligando as extremidades dos arcos. Está nascendo o arco biarticulado atirantado.

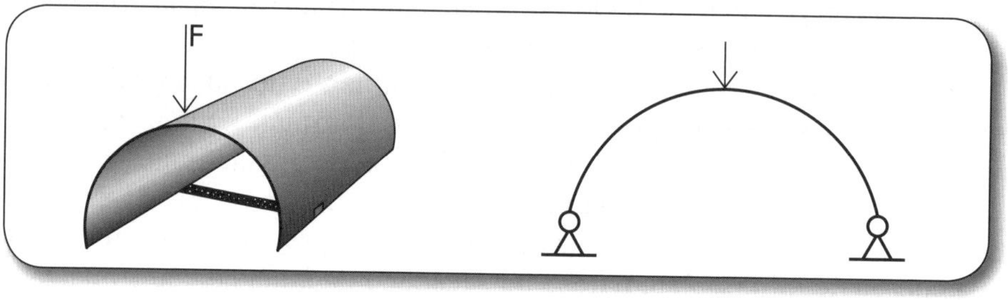

Dobre a cartolina com força, criando várias arestas (deformações permanentes) e apoie a nova estrutura sobre a mesa.

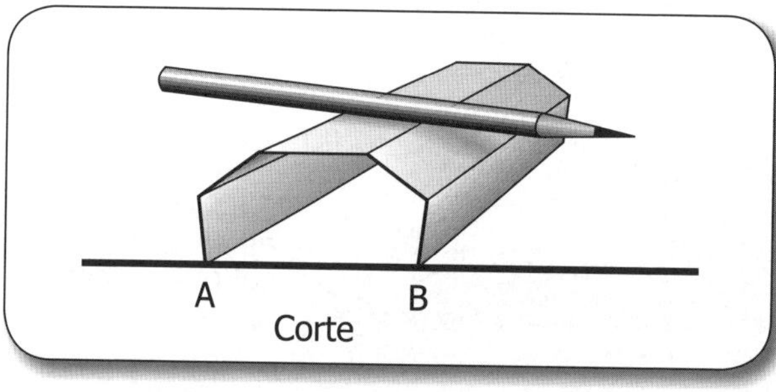

Agora, a estrutura é estável e suporta seu peso próprio até a carga de um lápis.

Essa nova figura é algo como uma viga curva (pórtico). Note que, com o peso, os apoios A e B afastam-se algo em relação à posição inicial. É uma deformação.

Com esses exemplos entendemos estar esclarecida a diferença entre arco, que exige forças horizontais nos apoios para ter estabilidade, e vigas curvas, que prescindem dessas forças.

Nota:

Saiba a diferença entre arco e viga curva. A viga curva sem sofrer esforço tem a forma curva. Exemplo é a tiara de cabelo. Os arcos exigem apoios que garantam sua forma não retilínea.

25 Análise de vários e interessantes casos estruturais

Entendo que a apresentação de casos é extremamente interessante do ponto de vista didático, pois possibilita ao leitor gravar conceitos de forma agradável, situação que não ocorre com tanta frequência na discussão de uma teoria.

25.1 Apresentação dos casos

25.1.1 Cargas dinâmicas e cargas estáticas

Para sentir como as estruturas reagem à cargas estáticas e dinâmicas, coloque com extremo cuidado um peso de 1 kgf em uma balança de mola de um prato. Por mais cuidado que se tenha, ao colocar um peso dessa ordem, pode-se notar que instantaneamente o peso marcado na balança chega a exceder em cerca de 20% esse 1 kgf. Em seguida, a carga dinâmica torna-se estática (amortecimento da medida) e o peso de 1 kgf é então indicado na balança.

25.1.2 A vara de pescar, a linha e o peixe

Por que as varas de pescar são feitas sempre de material flexível?

Quando um peixe agarra a isca, surgem, devido ao desespero do animal, os compreensíveis, muito compreensíveis, esforços dinâmicos gerados pela situação. Esses esforços podem:

- quebrar a linha;
- arrebentar a boca do peixe.

Se a vara de pescar fosse confeccionada com um material muito rígido, como um cabo de vassoura, os esforços do peixe poderiam gerar tensões de tração enormes. A flexibilidade da vara diminui as tensões, e com isso não há ruptura da linha de pescar ou da boca do peixe.

25.1.3 Cargas oscilantes e cargas intermitentes – uma bela explicação didática

Para entender os efeitos desses dois diferentes tipos de carregamentos, vamos transcrever um trecho do livro *Resistência dos Materiais*, do Prof. Flávio Suplicy de Lacerda, ex-professor da Escola de Engenharia do Paraná, em edição de 1947 da saudosa editora da Livraria do Globo, tradicional editora do Rio Grande do Sul. Na página 160 desse livro, aliás de texto em geral muito circunspecto, vê-se que as imagens do dia a dia vêm sendo usadas por muitos autores há muito tempo:

"Aliás, a experiência diária está mostrando, pois, que quando queremos arrebentar um fio, um arame, não fazemos uma tração com a mão, pois isso seria inútil. Qualquer criança chegaria ao resultado rapidamente, sem esforço apreciável, dobrando o fio de um lado e de outro, isto é, oscilando a carga. Dobrando o arame só de um lado e endireitando e assim por diante, demoraríamos mais tempo e empregaríamos mais força, porque então teríamos apenas intermitência".

25.1.4 Uma simples estrutura do dia a dia de resposta linear, sofrendo torção

Por vezes, os estudantes entendem que as estruturas estudadas nos livros sejam apenas as distantes estruturas da vida profissional, e não as estruturas do dia a dia.

Quem pensaria achar na própria casa uma estrutura sofrendo torção e com resposta linear às cargas?

Tenho em minhas mãos uma rústica balança de peixaria, da marca Fonas, que é um dispositivo com uma mola torcida que mede pesos por deformação. Nessa balança, para peso de 2 kgf, a mola se distende 28 mm e, para peso de 4 kgf, 56 mm, ou seja, para o dobro do esforço temos o dobro da deformação. É uma estrutura de resposta linear.

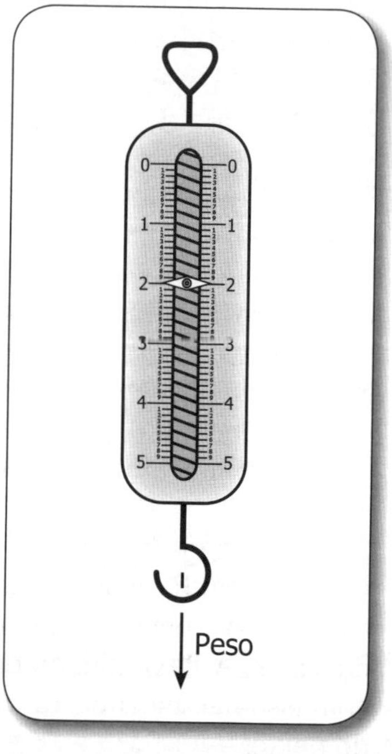

25.1.5 A obra ruiu. Qual a causa?

Numa discussão sobre o colapso de uma obra, ouviram-se, sequencialmente, estas opiniões:

Opinião 1 – A estrutura ruiu pelo fato de terem sido abertas várias janelas para lançar concreto e essas janelas não eram previstas no cálculo estrutural.

Opinião 2 – A estrutura ruiu por razões administrativas. O cliente começou a atrasar pagamentos e isso gerou caos na obra, problemas com fornecedores e até problemas com a mão de obra.

Opinião 3 – A única possivelmente correta do ponto de vista da Resistência dos Materiais. Segundo um colega, nenhuma das opiniões anteriores é correta do ponto de vista da Resistência dos Materiais. Uma estrutura só entra em colapso quando é ultrapassada uma tensão limite de compressão, ou de tração ou de cisalhamento. Erros de projeto, bagunças administrativas podem gerar muitas situações de trabalho indesejáveis a uma estrutura, mas ela só ruirá se ocorrer uma das três condições citadas.

25.1.6 A inesperada viga-vagão

No início do século XX, quando começamos a usar intensamente estruturas metálicas, não havia ainda uma padronização de soluções e cada arquiteto ou engenheiro era livre para criar, e inesperadas estruturas eram criadas. Exemplo disso é a viga-vagão, uma viga metálica usada para vagões ferroviários, como indicado pelo nome. Era e é uma viga metálica dos vagões e, para não ter grandes flechas, usava-se um tirante externo introduzindo-se um momento fletor externo (ação externa) para vencer o momento fletor produzido pelas cargas.

Observe:

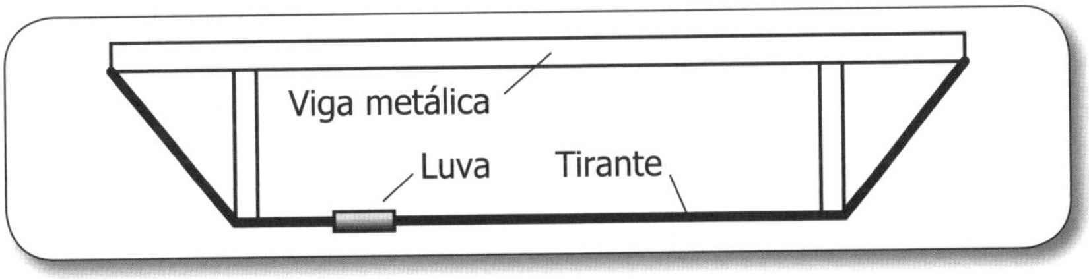

Em São Paulo, na rua Florêncio de Abreu, 119, centro, na loja comercial denominada Casa da Boia, existe um prédio de alvenaria com dois pisos (térreo e superior). Para vencer o vão de entrada, que devia ser grande o suficiente para ser uma loja, usou-se uma viga-vagão. Se você for de São Paulo, vá visitar a viga-vagão.

25.1.7 Como resolver um caso de esforços de difícil previsão

Na década de 1950, o engenheiro Paulo Franco Rocha, de saudosa memória, foi chamado para resolver um caso estrutural. Uma casa de bombas de um sistema de água de abastecimento, tinha sofrido um acidente causado por um golpe de aríete, fenômeno que ocorre em unidades de recalque quando, de forma inesperada, o bombeamento é interrompido. O volume de água que estava subindo pela tubulação de recalque voltava e gerava uma onda de pressão, cuja duração era de fração de segundos, mas com grandes pressões. É um fenômeno denominado oscilatório e de amortecimento rápido. Paulo Franco Rocha era um engenheiro estrutural, e não hidráulico, e nessa época o assunto golpe de aríete era dominado por pouquíssimos profissionais no Brasil. Vejamos como Franco Rocha resolveu a questão. Ele visitou o local do dano e percebeu que, devido ao golpe de aríete, as bombas de eixo vertical tinham sido arrastadas para fora de sua posição, pois os parafusos de fixação tinham sido cisalhados. Percebendo que o importante preservar a integridade das bombas, anotou o tipo de parafuso de fixação e seu diâmetro. Com esses dados ficou conhecendo a força que o dano tinha gerado, e que era no mínimo igual à área de quatro parafusos multiplicada pela tensão de ruptura por cisalhamento dos parafusos em questão. Como o fenômeno do golpe de aríete é uma onda que propaga dos pontos extremos da tubulação até chegar às bombas, as soluções eram:

- Criar ao longo da tubulação pontos menos resistentes de fixação da tubulação que a resistência propiciada pelos parafusos originais de fixação das bombas;
- Aumentar as condições de fixação das bombas ou por troca de parafusos, ou por um reforço de fixação.

Isso foi feito e, nas ocorrências do golpe de aríete, os pontos mais fracos da tubulação é que sofriam os danos e a onda, ao deslocar esses pontos, sofria um enorme amortecimento e os valores de sobrepressão que chegariam às bombas seriam muito menores. Pontos da tubulação passaram a ser pontos de sacrifício, mas tinham a vantagem de apresentar mais fácil e econômico sistema de reparo que as bombas.

Essa foi uma solução encontrada nos anos 1950. Paulo Franco Rocha, como profissional que era, não procurou *a solução*, mas *uma solução*, postura que diferencia um profissional de uma pessoa apenas teórica. Hoje, com mais recursos teóricos e de tecnologia, algumas soluções possíveis seriam:

- Criar uma placa de sacrifício na tubulação de recalque usando uma flange e placa de aço especialmente fabricada, que rompe quando a pressão (tensão) alcança um valor predeterminado;
- Usar válvulas de alívio de sobrepressões.

25.1.8 A questão da localização da resultante

Um dia, este autor teve que rever os cálculos feitos por um colega de um pilar com flexão composta e sapata apoiados em um solo, sobre o qual não se tinha informação alguma referente à sua constituição e resistência. Por isso, era impossível prever como a relação sapata de concreto e solo distribuiria as tensões na sapata (e por reação no solo).

Devido a essa indefinição, outro colega admitiu carga uniforme na sapata e colocou nota afirmando que isso deveria ser revisto, se necessário, quando se tivessem em mão as sondagens do terreno. Era este o esquema do colega:

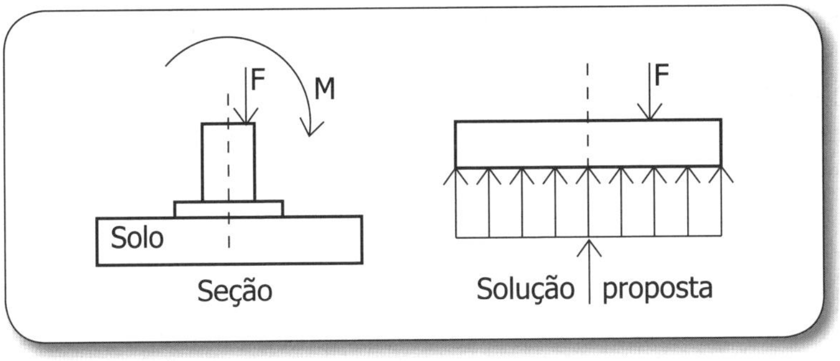

Analisando o esquema, mesmo sem conhecer nada do solo, apontei que o esquema de distribuição de tensões na sapata e solo estava errado, pois com flexão composta no pilar era impossível haver tensão uniforme no solo. O colega enfureceu-se e declarou que o pilar já tinha sido calculado à flexão composta, o que é corretíssimo em termos de cálculo do pilar, mas nada diz quanto à distribuição de carga no solo. Minha explicação foi a de que a distribuição de tensões poderia ter inúmeras configurações, mas todas elas obedecendo a várias leis, como:

- O somatório das reações tem que ser igual às ações;
- A posição da resultante das reações tem que estar na mesma vertical da resultante das ações.

O que acha o leitor?

25.1.9 Análise estrutural do arco e flecha

Do ponto de vista dos recursos tecnológicos requeridos, a concepção, fabricação e uso do arco e flecha encerram uma grande aventura tecnológica do homem, em várias civilizações. Seja um equipamento deste tipo:

O arco deve ser construído com madeira selecionada, de forma ligeiramente abaulada, com alta resistência e alto módulo de elasticidade para que seja grande o esforço de deformação, exigindo, pois, muito trabalho para fletir. A flexão a ser sofrida deve ser elástica, para que o arco tenda a ter sua forma anterior quando a corda for solta.

A corda é tracionada pelo arqueiro e esse tracionamento faz com que o arco se curve. Deve ter alta resistência à tração para poder resistir ao esforço de fletir o arco. O arco, ao voltar para sua forma original, impulsiona a corda para frente e com isso a flecha ganha energia cinética. É um caso de energia de deformação.

A flecha deve ter eixo reto; para isso, o ideal é usar um tipo de madeira que resista ao impacto que ocorre ao encontrar o alvo. Se ao encontrar o alvo a flecha flambasse, parte do impacto seria desperdiçado.

Como a flecha gira em torno de si mesma, a única forma da seção que garante o máximo de raio de giração (mínima condição de flambagem) em qualquer direção é a seção circular.

A ponta da flecha deve ser agudíssima para que o efeito no alvo seja de punção, e não simplesmente de compressão. Se o efeito da flecha causasse apenas compressão, poderia acontecer que a vítima simplesmente caísse, e o desejo é puncionar o alvo pelas sanguinolentas e fatais consequências que isso causa.

As penas da extremidade da flecha têm a função de garantir a direção da flecha lançada e constituem um aspecto de aerodinâmica bastante especial.

Construa uma estrutura tipo arco e flecha envolvendo uma régua escolar de plástico de 30 cm e um elástico de 7 cm esticado. Tenho agora em mão duas réguas de plástico de mesmo comprimento (30 cm), uma da marca Bandeirante (régua mais fina) e outra de marca Xalingo (mais grossa). Podemos acreditar que sejam da mesma matéria-prima. Para funcionar como arco, a régua mais grossa é melhor, uma vez que exige (e absorve) maior energia para se deformar e devolve essa energia quando o elástico é solto. Veja como fletem essas réguas de plástico de espessuras diferentes.

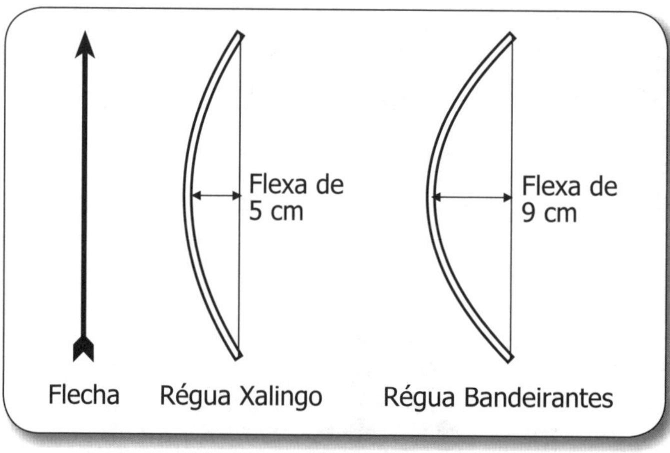

Os vários povos que inventaram o arco e flecha resolveram todos os problemas tecnológicos que se apresentaram sem conhecer a Resistência dos Materiais. Isso prova que existe um saber acumulado passado de mestre a aluno, de alta complexidade. Lembrem-se de que o primeiro trabalho escrito com as teorias de Resistência dos Materiais surgiu somente em 1600 com Galileu Galilei.

Caro leitor, para aprender Resistência dos Materiais é necessário e agradável fazer essas experiências e pensar criticamente os resultados.

25.1.10 Fugindo da flexão

Na história das estruturas, pode-se verificar que foi mais fácil para o homem construir inicialmente estruturas que sofressem somente tração e compressão do que estruturas que sofressem flexão.

Até hoje, em construções rústicas, prefere-se, muitas vezes, construir pontes em arco, com estruturas em treliça e pontes pênseis a construir pontes com vigas.

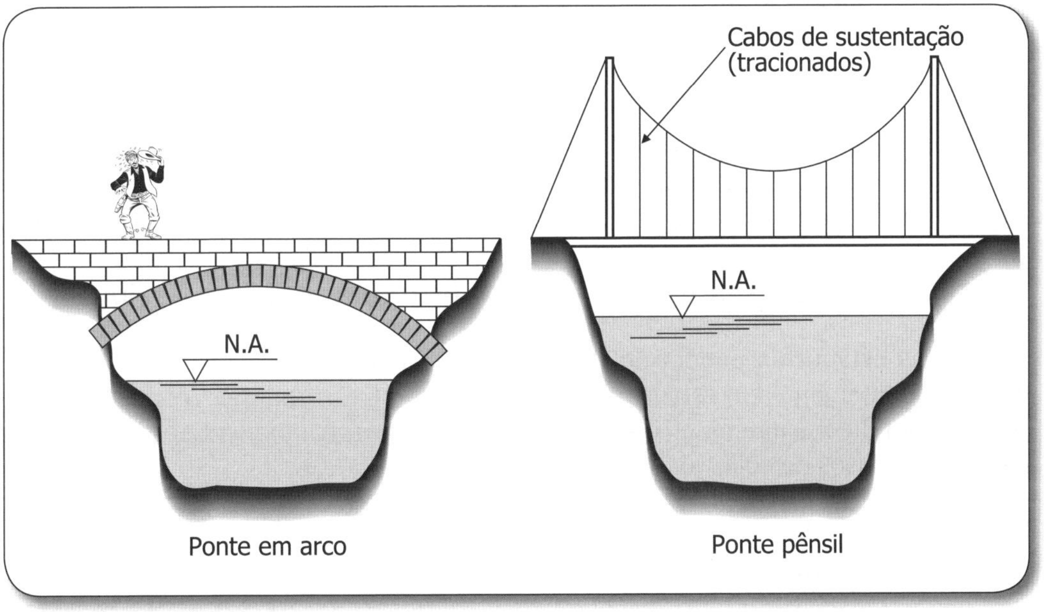

Pontes em arco, usando pedras ou alvenarias de tijolos, transmitem aos elementos resistentes somente compressão e para esse tipo de esforço tais materiais são extremamente adequados. Pontes pênseis tiram partido da suspensão em arcos, então, o principal esforço será a tração nos cabos de sustentação. Treliças usam tração ou compressão em seus banzos (trecho entre dois nós).

25.1.11 Resolvendo um problema, seja pela Resistência dos Materiais, seja pela Teoria da Elasticidade

A Resistência dos Materiais estuda o funcionamento estrutural de barras de eixos retos, ou seja, estruturas em que uma dimensão – comprimento – é bem maior que as outras duas dimensões. Pelo visto, a Resistência dos Materiais não teria recursos para estudar placas, pois nelas uma dimensão – a espessura – é bem menor que as outras duas dimensões.

Todavia, pela importância do assunto, o Prof. Henri Marcus (Alemanha) conseguiu estabelecer tabelas de cálculo de lajes a partir de um artifício matemático. Associou lajes a um conjunto de vigas em duas direções intertravadas, mas com mesma flecha nos seus cruzamentos. Com essa premissa e com pesados desenvolvimentos matemáticos, chegou a uma prática tabela de cálculo de lajes, usando somente a Resistência dos Materiais.

Nosso contemporâneo Czerny resolveu o assunto relativo a lajes usando a Teoria da Elasticidade, desenvolvida para resolver, entre outras, estruturas planas como lajes. Czerny elaborou também suas tabelas de cálculo de lajes. Hoje em dia, ainda se usam as tabelas de Marcus e as tabelas de Czerny. Os resultados das duas tabelas são próximos e seguramente os resultados de Czerny aproximam-se mais da realidade.

Esse é um exemplo feliz para mostrar que a tecnologia não está à procura de verdades – esse é o papel da física –, e sim à procura de soluções práticas e econômicas para um determinado problema.

Reproduzo a opinião do Prof. Frederico Schiel, na página 169 de seu livro *Introdução à Resistência dos Materiais*, publicado pela Editora Harbra, sobre o uso da Resistência dos Materiais e a teoria de elasticidade:

"O motivo principal do uso dos processos 'grosseiros de Resistência dos Materiais' é a dificuldade matemática encontrada nos estudos da Teoria da Elasticidade, em que precisa ser resolvido um sistema de equações diferenciais parciais".

25.1.12 Casos interessantes de colapso de estruturas por falta de rigidez

Muitas estruturas podem entrar em colapso por falta de rigidez. Isso ocorre mais frequentemente em estruturas de aço, pois, graças à alta resistência que apresentam, seu dimensionamento pode gerar estruturas extremamente esbeltas. Vejamos alguns casos de colapso:

Caso 1

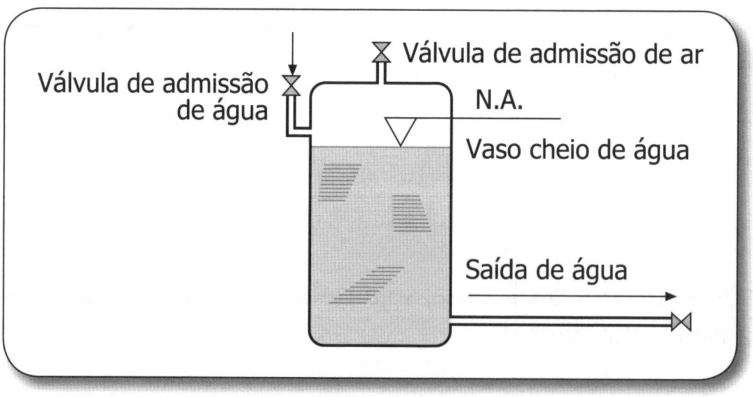

Uma indústria adquiriu um tanque de aço para estocar líquidos com "pressão". O fabricante entregou o tanque sem uma válvula de admissão controlada de ar. Mesmo assim, decidiu-se testar o tanque enchendo-o totalmente de água. No local da válvula, colocou-se provisoriamente uma vedação.

Nessa fase de testes, com o tanque totalmente cheio de água, foi aberta a válvula de saída de água. A água saiu, mas no topo do tanque ocorreu pressão menor que a atmosférica, uma vez que o tanque não tinha sido projetado para essa situação, e a estrutura deformou-se significativamente (amassou-se). Com a recolocação de água o tanque foi recuperado.

Caso 2

Para evitar o fenômeno relatado no Caso 1, no projeto de instalações de bombeamento de água é obrigatória a colocação de ventosas nas linhas de recalque, válvulas que permitem manter sob controle a entrada e a saída de ar. No uso normal, o ar trazido pela água acumula-se nos pontos altos e pode criar esforços não previstos, fazendo com que a ventosa deixe sair ar em excesso. Quando o bombeamento cessa, a água em recalque tende a voltar e podem acontecer pressões negativas capazes de levar a tubulação ao colapso. A ventosa então deixa entrar ar, e o colapso não acontece. Observe:

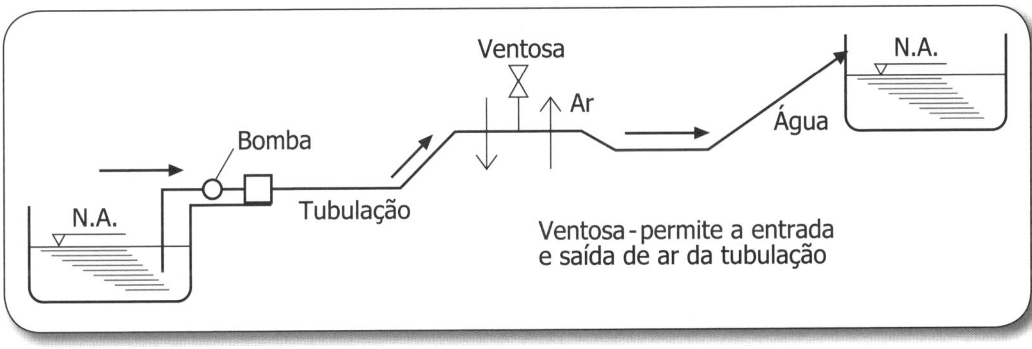

Caso 3

Até em construções prediais de alvenaria pode acontecer colapso por falta de rigidez. Em uma casa térrea de alvenaria, por erro de planejamento, construíram-se inicialmente só as paredes externas e o telhado. Criou-se então uma estrutura sem rigidez, que é criada nas construções normais pelas paredes internas, que funcionam como nervuras de rigidez. Quando o vento soprou nessa verdadeira caixa sem rigidez, surgiram fissuras nas paredes externas. O problema resolveu-se simplesmente quando foram construídas as paredes internas. Veja:

25.1.13 Por que é mais difícil dobrar aços da construção civil de qualidade diferente se todos eles têm o mesmo E?

Exemplo:

É mais fácil fazer ganchos no aço CA 25 que no aço CA 50. A seguir o diagrama simplificado dos dois aços.

O E dos dois aços é o mesmo e seu valor é 2.100 tf/cm^2. Só que para fazer dobras (deformações plásticas), saímos do trecho OB (trecho linear) e entramos nas faixas de escoamento, e os patamares de escoamento são diferentes. Para obter escoamento no aço CA 50 é necessário usar maior força que a que se utiliza para obter escoamento no aço CA 25.

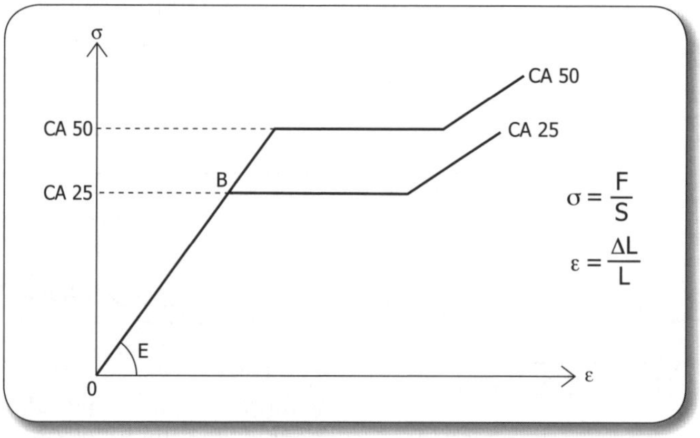

Notas:

1. Para projetar, fabricar, montar e construir estruturas, é necessário obedecer à normas técnicas que representam o conhecimento médio da humanidade. No Brasil, as normas técnicas mais conhecidas são da Associação Brasileira de Normas Técnicas ABNT (www.abnt.org.br) e na falta de normas oficiais, as normas da ABNT são obrigatórias por lei.

2. Entidades produtoras de normas de engenharia e áreas afins de outros países:
   ASTM American Society for Testing and Materials (normas americanas)
   DIN Deutsche Industrie Normen (normas alemãs)
   AISC American Institute of Steel Construction (normas americanas de estruturas de aço).

3. Algumas normas brasileiras:
   NBR 7190 Norma brasileira para cálculo e execução de estruturas de madeira
   NBR 6118 Norma brasileira para projeto de estrutura de concreto armado, concreto simples e concreto protendido.
   NBR 8800/1986 Norma brasileira de projeto de estruturas de aço para edifícios.
4. Já existem normas internacionais com área de vigência no Mercosul. Normas internacionais gerais são as da ISO – International Standard Organization (Organização Internacional de Normas).

25.2 Três filosofias de segurança estrutural. As seguranças e seus custos. Casos emblemáticos e filosóficos da segurança estrutural

Em se tratando de tecnologia, sempre é preciso considerar os custos, então não nos esqueçamos da equação fundamental da tecnologia, que é:

Tecnologia = física + análise de custos

Vamos mostrar três exemplos bem característicos da relação *segurança* e *custos*. Em cada um deles, a questão dessa relação é resolvida *diferentemente*.

25.2.1 Caso 1: cargas razoavelmente conhecidas

Caso em que as cargas a resistir são razoavelmente conhecidas.

Na construção civil (caso de prédios residenciais ou comerciais) e no caso do uso de cabos de sustentação, podemos dizer, em geral, que as cargas que atuarão são razoavelmente conhecidas.

Exemplos: prédios residenciais ou comerciais, pontes e passarelas de pedestres.

O Stonehenge é uma estrutura composta formada por círculos concêntricos de pedras que chegam a ter *cinco metros de altura* e a pesar quase *cinquenta toneladas*, em que se identificam três distintos períodos construtivos. Endereço: Amesbury, Salisbury SP4 7DE, Reino Unido (Inglaterra). Início da construção: 3100 a.C.

Embora os construtores britânicos dessas maravilhas não tivessem em mente o conceito de coeficiente de segurança, eles usaram esse conceito, pois as pedras em posição vertical – ou seja, pilares – resistiam aos esforços de compressão oriundos dos seus pesos próprios e do peso da pedra em posição horizontal sustentada por eles (algo como uma viga).

Em passarelas de pedestres, passam pessoas. Se um dia um tanque de guerra tentar passar por uma dessas, fazendo com que a passarela ceda, ninguém criticará o seu projetista ou o seu construtor, pois a carga (peso) de um tanque de guerra não era prevista para aquela estrutura.

Nesse Caso 1, a segurança a ser adotada é simplesmente usar coeficientes de segurança, aumentando com um critério razoável as cargas máximas previstas e diminuindo com outro critério as resistências das peças. Quanto maiores esses coeficientes de segurança, mais custosa resulta a obra ou um cabo de sustentação usado, por exemplo, em elevadores prediais.

Assim, tanto nos prédios quanto em pontes e cabos de sustentação, o uso dos coeficientes de segurança é uma adequada solução técnica como razoável em termos de custos.

25.2.2 Caso 2: uso de peças de sacrifício

Como contado em uma outra crônica estrutural de MHC Botelho, reza a tradição oral de que os antigos veleiros dos séculos XV e XVI tinham que enfrentar furacões, fenômenos muito comuns no Hemisfério Norte. Os ventos sopravam sobre as velas dos navios, produzidas com tecido de algodão, impulsionando-os. As velas enfunadas transmitiam esforços nos mastros de madeira dos navios. Para evitar que elas se rasgassem, nos casos de fortes ventos, poderiam ser feitas de material melhor, mas com isso os esforços nos mastros seriam maiores e, se esses mastros aguentassem, no caso de fortes ventos, o barco poderia virar. Como resolver a questão? Foi, então, inventada a solução “peça de sacrifício”, ou seja, aceitava-se, na situação de fortes ventos, que as velas se rasgassem e, com isso, limitava-se o esforço nos mastros e o barco dificilmente viraria; passado o tufão, as velas eram costuradas para voltar ao uso normal.

No século XX, a mesma solução seria aplicada nas instalações elétricas prediais com o uso de fusíveis. Os fusíveis (hoje em desuso, mas amplamente utilizados até os anos 1960) eram peças baratíssimas (de $ 1,00 a $ 2,00 por peça), constituídas por uma única peça com um pequeno trecho de chumbo devidamente calibrado e colocado no circuito de modo que toda a corrente elétrica passasse por ele. Acontecendo um eventual curto-circuito, a corrente elétrica aumentaria muito, chegando a gerar pontos com alta temperatura e podendo até gerar incêndios. Mas, ao passar essa grande corrente pelo fusível de chumbo, este se derretia e o circuito se abria, cessando a passagem da corrente elétrica. A baratíssima peça de sacrifício (fusível) salvava de um incêndio toda a instalação elétrica – e talvez até salvasse de um incêndio toda a edificação.

Modernamente, temos os disjuntores, que fazem o mesmo que o fusível fazia, ou seja, desligam o circuito caso altas correntes elétricas comecem a passar por ele. O disjuntor não se destrói e, corrigida a causa da maior corrente (curto-circuito), podemos religar a instalação voltando e acionando o disjuntor, que se desliga automaticamente.

Com o uso do fusível ou do disjuntor, podemos evitar o uso de cabos elétricos mais resistentes à passagem de corrente elétrica, ou seja, os disjuntores são dispositivos que protegem a instalação com custo muito baixo.

Nota: em estruturas de edificações, não é possível descobrir peças estruturais de sacrifícios para atuar como elementos de segurança.

25.2.3 Caso 3: vazões muito grandes não devem ser retidas, e sim passar por dispositivos especiais. Caso de extravasor em barragens de rios (açudes)

Nas barragens em um rio (no caso de pequenas estruturas, são chamadas de açudes, muito comuns em fazendas), a estrutura de contenção das águas (barragens de concreto ou de terra) precisa sempre ter um sistema de extravasão quando as águas que chegam são de muito grande valor numérico.

A construção de uma barragem é algo caro e é sempre recomendável fazer um estudo hidrológico local para definir as vazões que podem ocorrer no rio, mas sempre sabendo que, estatisticamente, qualquer que seja a vazão máxima prevista ela poderá ser excedida um dia num futuro próximo ou distante.

Assim, não podemos usar coeficientes de segurança para fixar os dados do represamento, e não existem peças de sacrifício a usar. A solução que a tecnologia encontrou foi "deixar passar a vazão superior à vazão máxima razoável". Criam-se, então, os vertedouros, que podem ser superficiais ou inferiores. Ocorrendo uma vazão muito grande e estando o reservatório hídrico muito cheio, deixa-se, por acionamento de comportas ou por um processo automático, a enorme vazão passar, mas sempre tomando cuidado com as condições de jusante, ou seja, fazendo com que o canal de saída da água extravasada tenha capacidade para o escoamento dessa maior vazão e, em alguns casos, avisando a população que ocupa as áreas ribeirinhas a jusante para que saia de áreas inundáveis pela vazão que passou pelos vertedores. É preciso notar que, ao deixar passar vazões de água muito grandes, estamos perdendo água que poderia ser útil e necessária no futuro. Mas não há outra solução razoável.

Dadas essas informações, propõe-se as soluções a seguir:

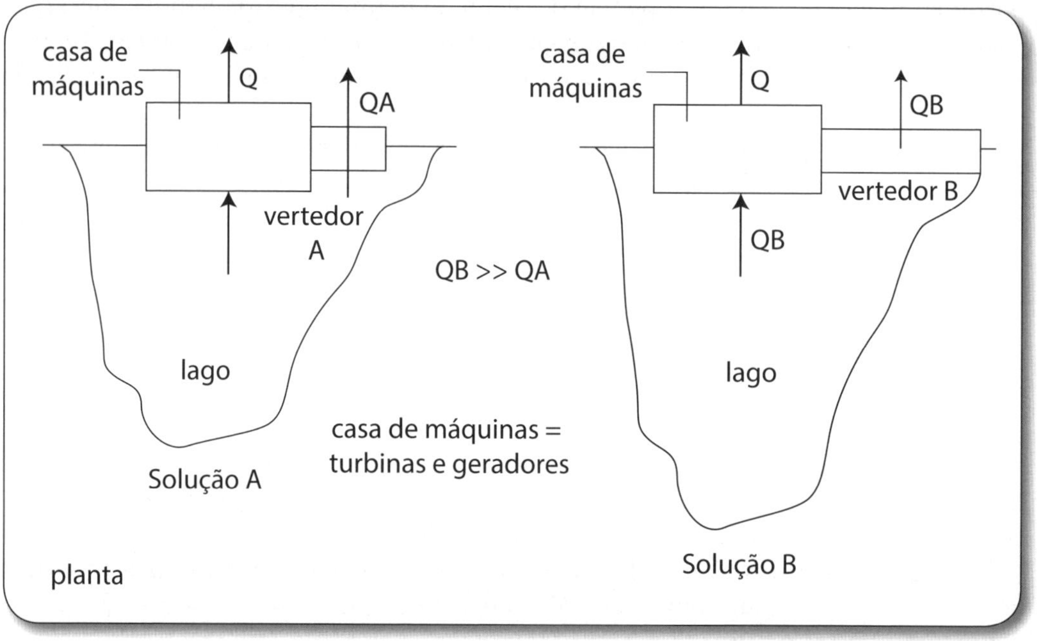

No caso, a segurança que se obteve teve como custos:

– as obras do vertedor (menor na solução A do que na solução B);

– as obras da canalização de jusante (menor na solução A do que na solução B).

Veja que a casa de máquinas da solução A e a casa de máquinas da solução B têm as mesmas dimensões, ou seja, foram dimensionadas para uma mesma vazão de porte médio. O que diferencia a solução A da solução B é que na solução A foi usada uma teoria de previsão de chuvas (e, portanto, de vazões no rio) de menor segurança e o tamanho do vertedor (capacidade) é menor que do vertedor da solução B, e, por isso, as obras do vertedor B serão mais caras que as obras do vertedor A.

Nota: vertedor é o mesmo que extravasor.

25.2.4 Conclusão: análise filosófica dos cuidados da segurança estrutural

Vimos três casos que resolvem a questão da segurança estrutural com três filosofias diferentes, a saber:

– uso de coeficientes de segurança;

– uso de peças de sacrifícios;

– uso da técnica de deixar passar o excesso não administrável por meio do uso de vertedouros.

O assunto "custos das soluções" orienta a escolha entre a solução A e a solução B.

25.3 Crônicas estruturais

25.3.1 Cargas fantasmas nas estruturas

Há os que não creem em cargas fantasmas nas estruturas, incrédulos sem alma. Terminarão, sem dúvida, seus dias misturados com enxofre no fogo do inferno. Há, todavia, os que creem. Os grandes e doutos livros não creem e não tocam nesse assunto. Este autor crê e conta que existem cargas fantasmas nas estruturas e fala como podemos exorcizá-las (afastá-las ou, se a reza for forte, até anulá-las).

Tudo aconteceu em uma história num país de fala hispânica, como meu advogado me orienta que eu devo sempre informar, fugindo, assim, de eventuais e sempre injustos processos indenizatórios. Vamos a essa história.

25.3.2 Cargas fantasmas nas estruturas

Um jovem engenheiro que acreditava no assunto Resistência dos Materiais, e que também acreditava que os livros contam tudo sobre essa matéria (pobre inocente), um dia foi chamado para projetar uma singela ponte de madeira para vencer um vão, debaixo do qual passava um "corginho" (pequeno córrego, como se falava dele numa região de fala hispânica perto da fronteira do Brasil). O vão era de uns dois metros e meio e tinha por objetivo dar acesso a pessoas e eventuais carroças puxadas por cavalo, carregadas de produção agrícola. O material a ser usado na construção da ponte era madeira, sendo pranchas iguais em largura e com exatamente três metros de comprimento. Foram preparados dois apoios de madeira nas extremidades, madeira das boas, para receber as pranchas de madeira, funcionando, portanto, como apoios extremos. O jovem engenheiro saiu a dimensionar as pranchas de madeira, ou seja, determinar sua espessura para resistir à carga que as normas chamam de cargas acidentais, além, é claro, do peso próprio das pranchas. Havia, no depósito comercial que vendia madeira, pranchões com espessuras de x ou y ou z centímetros de espessura, mas a largura dos pranchões era sempre de 20 cm e o comprimento era sempre de 3 m. A pequena ponte de madeira trabalharia como viga, simplesmente apoiada nas duas extremidades, e o valor da carga acidental foi estimado com boa certeza, pois se conheciam os tipos de carroça que passariam por ela e sua capacidade de carga, que era sempre constituída pelos caules de cana de açúcar. Feito o projeto estrutural, o jovem engenheiro tratou de acompanhar a execução da pequena ponte, cuidando da escolha do tipo de madeira e sua colocação cuidadosa na construção. Com a ponte já pronta, foi feita uma prova de carga escolhendo-se a maior das carroças totalmente carregadas com o máximo da carga. Foram feitos acompanhamentos topográfico e fotográfico da estrutura da ponte e verificou-se sua deformação quando essa carroça supercarregada foi colocada no meio, situação de maior geração do momento fletor ($pl^2/8$) e maior deformação por flexão. Tudo funcionou direito: a ponte foi aceita e ia auxiliar no transporte da produção da cana de açúcar, pois a época da colheita já estava chegando.

Tudo em paz, mas bastou a ponte ser usada por quinze dias para entrar em inesperado colapso, com a morte de um cavalo amarrado à carroça, pois tudo ruiu e foi para baixo, ou seja, com impacto, tudo terminou no "corginho".

O jovem engenheiro foi chamado para explicar a razão do colapso, mas nada conseguiu explicar. A fofoca correu solta e um colega do jovem engenheiro, que não tinha sido bom aluno, formando-se sabe lá Deus como, consultou um pai de santo famoso nas redondezas. O pai de santo perguntou na consulta:

— O jovem e excelente engenheiro rezou inicialmente e depois respeitou as cargas fantasmas?

Surpresa. O que seriam as cargas fantasmas??? Ninguém sabia dessas cargas e nem as normas as citavam. Se elas existem, isso significa um erro inaceitável do nosso conhecimento dito oficial e acadêmico e sempre materialista. O assunto da consulta ao pai de santo chegou ao jovem engenheiro, que também nunca tinha ouvido falar dessas ditas cargas fantasmas. Mas esse jovem engenheiro, que era prudente, foi falar com um velho mestre de obras da região, e este foi vistoriar o que sobrara da ponte e descobriu o não respeito do jovem engenheiro às cargas fantasmas, que as normas oficiais não citam, mas existem, ou seja, parafraseando o que dizia Sancho Pança, o famoso personagem de Cervantes:

— As normas não falam e não as citam, mas as cargas fantasmas existem...

E o velho mestre de obras explicou.

— As normas oficiais de cargas citam, e com detalhes, as cargas verticais, mas junto com elas existem as cargas fantasmas, ou seja, cargas não verticais, resultantes da passagem de seres humanos, cavalos e carroças. As cargas fantasmas resultam do atrito, do andar não totalmente vertical, gerando esforços horizontais em várias direções e vibrações. Se a estrutura foi dimensionada só para cargas verticais, ela não tem estabilidade para cargas horizontais, mesmo que sejam de pequeno valor, que também ocorrem e as normas não citam. Se todas as pranchas de madeira foram simplesmente apoiadas nos apoios nas extremidades, elas estão totalmente soltas para esforços horizontais e vibrações, que também ocorrem, e, portanto, podemos chamá-los de cargas fantasmas. Seria necessário ter pregado pregos em pequenos vigamentos transversais, ligando as peças de madeira, e outros pregos seriam necessários para ligar essa estrutura com algum travamento transversal aos apoios de extremidade, também de madeira. Com esses vagabundos pregos, que as normas não exigem, estaríamos espantando as cargas fantasmas e a estrutura bem dimensionada para cargas verticais trabalharia coesa e integrada (coesão e integralidade das estruturas – o jovem engenheiro nunca tinha ouvido falar nisso, mas agora aprendeu que era uma condição adicional necessária).

A ponte foi reconstruída com o devido ritual de exorcizarão, ou seja, pregando pregos (na verdade, foram usados parafusos especiais para estruturas de madeira) nas traves de ligações e nos apoios extremos, garantindo coesão e integralidade da ponte ligando e intertravando seus componentes (as tábuas e os apoios extremos).

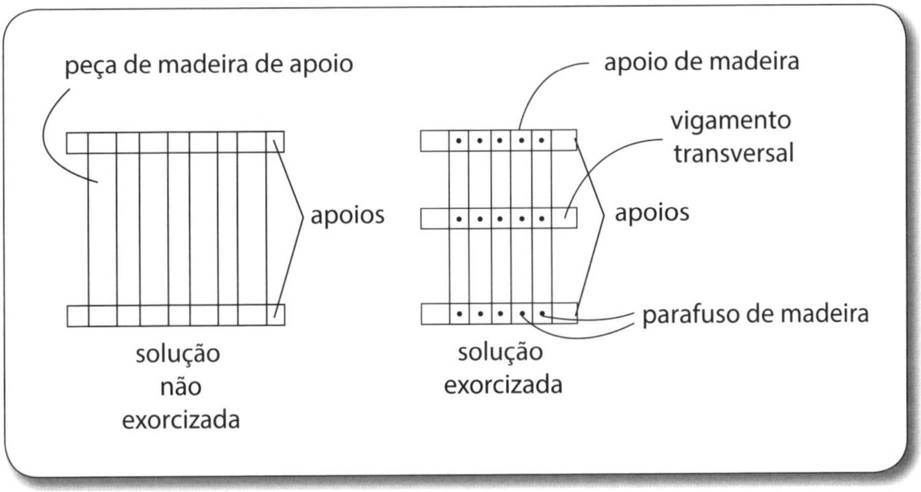

Final feliz.

Nota:

Algum tempo depois, em um outro país de fala hispânica, as cargas fantasmas voltaram a atacar. Foi construída uma passarela metálica junto ao mar, num local de fortes ondas de arrebentação. A passarela era composta por estrutura metálica vertical e chapas de aço em posição horizontal, simplesmente apoiadas nessa estrutura vertical, que seria o passadiço, ou seja, a estrutura horizontal de apoio de carros e pedestres. Além das cargas dos transeuntes e de bicicletas, todas elas verticais, nada mais se previra de cargas, principalmente cargas fantasmas. Repetimos: as chapas metálicas horizontais bem resistentes para cargas verticais e seus momentos fletores eram simplesmente apoiadas, sem outra ligação, com a estrutura vertical. Um dia, veio uma onda mais forte e gerou um esforço vertical no sentido de baixo para cima e arrancou, de uma só vez, várias placas metálicas. Nesse momento, passavam e se apoiavam nas placas metálicas horizontais oito pessoas, que se acidentaram, mas sem mortes, felizmente.

E todos passaram a acreditar que existem "cargas fantasmas" nas estruturas, sejam "cargas secundárias", ou também denominadas "cargas parasitas", qualquer que seja o nome a se dar a elas, que exigem respeito estrutural e – por que não? – reverencial respeito religioso.

Chegará um dia em que as normas reconhecerão as cargas fantasmas, e, com isso, muitos acidentes que acontecem por falta de respeito a elas serão evitados, e as estruturas serão, então, mais seguras.

E uma frase latina, relatada pelo saudoso engenheiro Salvador E. Giammusso, será cumprida:

"Flagellum non appropinquat tabernaculo tuo", ou seja, "o flagelo não se aproximará do seu lugar santo".

26 Estruturas heterogêneas quanto aos materiais

Uma estrutura é heterogênea no que diz respeito aos materiais se for construída com dois ou mais materiais diferentes. Uma estrutura de concreto armado é um exemplo típico desse tipo de estrutura.

Vamos entender como dimensionar esse tipo de estrutura a partir de um exemplo numérico.

26.1 Exemplo numérico

26.1.1 Exemplo de cálculo de colunas (pilares)

Seja um pilar de concreto armado para o qual não se considerará a flambagem, com seção transversal de 20 × 40 cm e tendo seis barras de aço com área total de 1,9 cm². Admite-se que a relação entre os módulos de elasticidade do aço e do concreto seja de 15 e que as tensões admissíveis de compressão do aço sejam da ordem de 900 kgf/cm² e do concreto de 50 kgf/cm². Determine a carga admissível, ou seja, a máxima carga F que o pilar aceita.(*)

Veja:

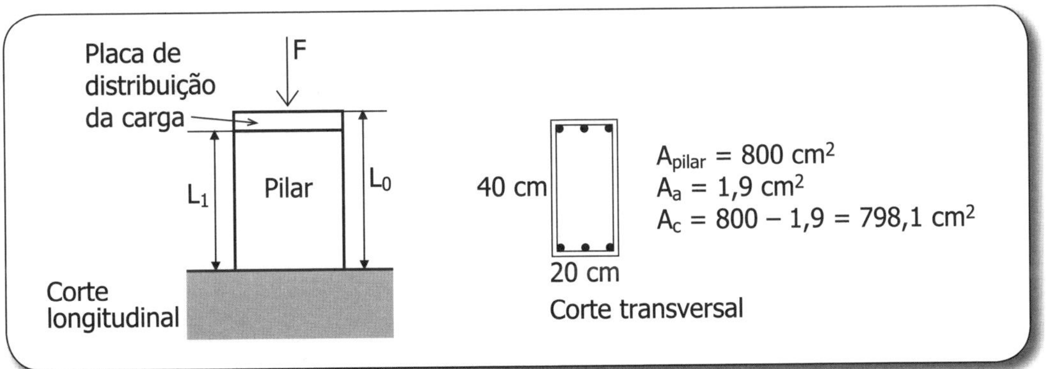

(*) Exemplo didático conceitual, não obediente à Norma de Concreto Armado.

Como o pilar se deformará por igual, tanto o concreto como as barras de aço, podemos escrever:

$$\boxed{\Delta L = L_0 - L_1}$$

ΔL_a = deformação no aço
ΔL_c = deformação no concreto

Logo,

$$\Delta L_A = \Delta L_C \qquad \frac{\Delta L_A}{L_0} = \frac{\Delta L_C}{L_0} = \varepsilon_A = \varepsilon_C \qquad \varepsilon_C = \frac{\sigma_C}{E_C} \qquad \varepsilon_A = \frac{\sigma_A}{E_A}$$

E – módulo de elasticidade

Logo,

$$\boxed{\frac{\sigma_C}{E_C} = \frac{\sigma_A}{E_A}}$$

Como

$$\boxed{\frac{E_a}{E_c} \cong 15}$$

então:

$$\boxed{\sigma_A = 15\sigma_C}$$

A tensão na área do aço é quinze vezes maior que a tensão no concreto.

$$F = F_A + F_C = \sigma_A \cdot S_A + \sigma_C \cdot S_C$$
$$F = 15 \times \sigma_C \times S_A + \sigma_C \times S_C$$

Ao dimensionar estruturas, procura-se, por economia, usar ao máximo as tensões sem ultrapassar as tensões admissíveis. Admitamos que seja F a força que causa no concreto da estrutura a tensão de 50 kgf/cm^2. Logo,

$$F = F_c + F_a$$
$$F = 15 \cdot \overline{\sigma_C} \cdot S_A + \overline{\sigma_C} \cdot S_C$$
$$F = 15 \times 50 \times 1{,}9 + 50 \times 798{,}1 = 1.425 + 39.905$$
$$F = 41.330 \text{ kgf}$$
$$F_A = 1.425 \text{ kgf}$$
$$F_C = 39.905 \text{ kgf}$$

$\overline{\sigma_C}$ = tensão admissível do concreto.

Portanto, a máxima força possível de ser aplicada nesse pilar (não estamos levando em conta a flambagem) é de 41.330 kgf e essa força levará o concreto a uma tensão de 50 kgf/cm². A tensão nas barras de aço será de:

$$\sigma_A = \frac{F}{S} = \frac{1.425}{1,9} = 750 \text{ kgf/cm}^2 < 900 \text{ kgf/cm}^2$$

Vamos analisar criticamente os resultados,

1. A área de concreto, apesar de ser cerca de quatrocentas vezes maior que a do aço, só recebe cerca de quarenta vezes a carga do aço.
2. A tensão nas armaduras de aço é menor que a sua tensão admissível (900 kgf/cm²), ou seja, não utilizamos ao máximo esse material e a razão disso reside nas diferenças dos E de cada material.
3. O dimensionamento feito está correto dentro da Resistência dos Materiais.

Podemos aplicá-lo na vida profissional? Resposta: não!

As razões de não podermos usar esse dimensionamento na vida profissional ligam-se ao fato de o mundo do concreto armado ter suas especificidades, dentre as quais citamos:

- A norma do concreto armado para o cálculo de pilares usa outras condições de dimensionamento, fruto da experiência e de pesquisas laboratoriais.
- A norma dá critérios rígidos referentes à localização das barras de aço, que devem ficar na periferia da peça, com uma espessura de cobrimento para garantir às barras uma proteção contra a oxidação do ar.
- A norma exige larguras mínimas para várias dimensões de cada peça estruturaI.
- Exigência de estribos, que ajudam a combater eventual flambagem das bar--ras longitudinais.

Vê-se pois que, ao adentrarmos o mundo real das estruturas, temos que fazer adaptações das teorias vistas até aqui. Para as estruturas de concreto armado, as diferenças e exigências adicionais são maiores que para as estruturas de aço, alumínio e madeira, as quais acompanham mais de perto a teoria da Resistência dos Materiais.

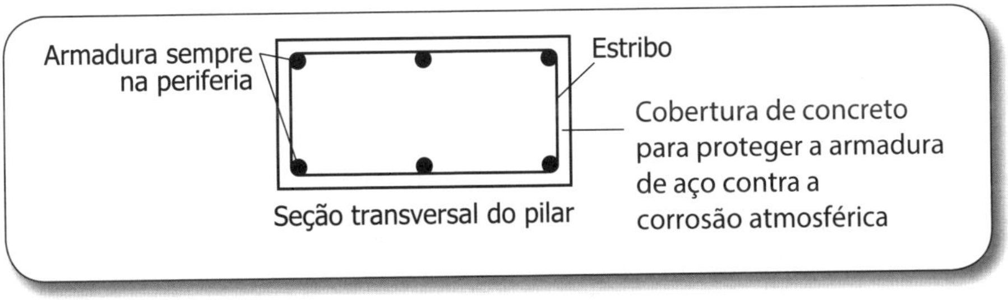

26.1.2 Exemplo de flexão

Determine a máxima carga que uma viga de concreto armado pode receber. Dados σ_A = 1.000 kgf/cm^2 (aço) e σ_C = 50 kgf/cm^2 (concreto).

Vamos dimensionar a estrutura. O concreto (pedra artificial) resiste bem à compressão e mal à tração.

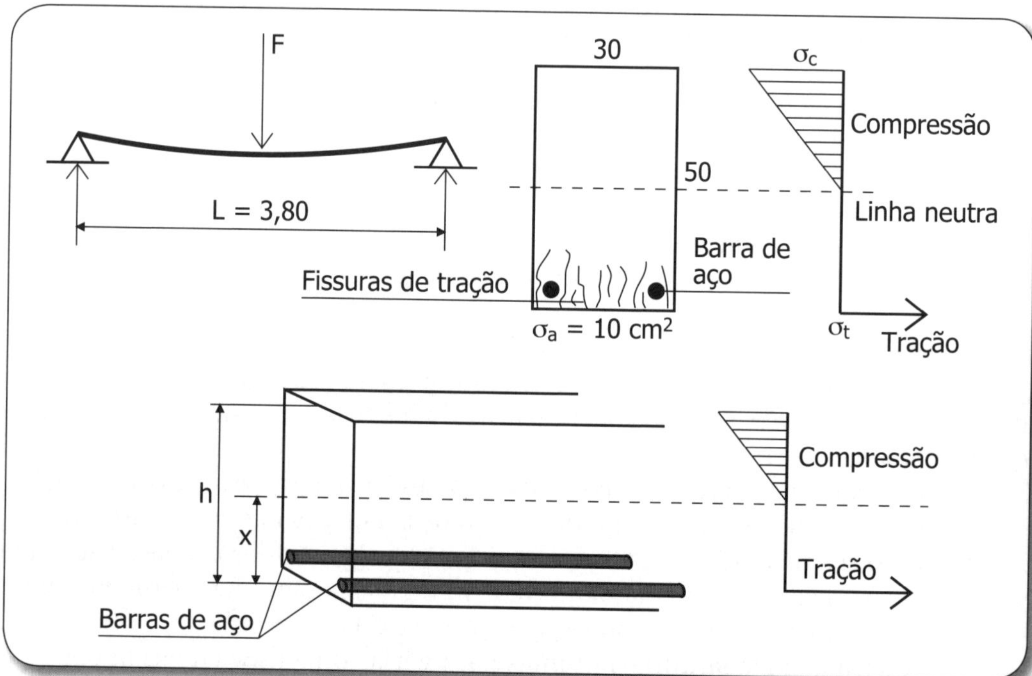

Vamos então utilizar o concreto na parte comprimida da viga (acima da linha neutra) e o aço na parte tracionada. Colocaremos o aço o mais distante possível da linha neutra para lhe dar o maior "braço de alavanca". Admitimos, em favor da segurança, que todo o concreto abaixo da linha neutra fissura, por não ter resistência à tração, ficando somente o aço com a função de resistir à tração.

Como o aço tem E cerca de dez vezes maior que o do concreto, é como se ele tivesse uma "área equivalente à do concreto", mais de dez vezes maior, e então essa seção equivalente resistiria à tração. Em termos visuais, seria:

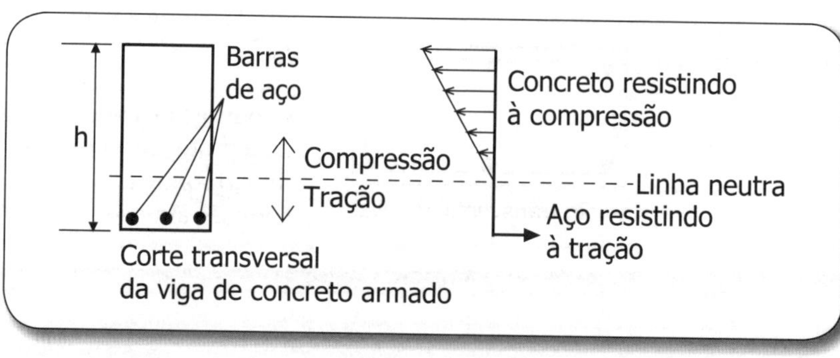

26.2 Reconhecendo as estruturas do dia a dia

Em uma borracha escolar, crave um pino (prego) metálico e depois comprima-o fortemente com a mão.

Você sentirá, se tiver pressionado com a mão, que o local onde está a parte metálica é mais dolorido, quase fura sua mão. É que o conjunto, ao ser fortemente comprimido, se deformará por igual (como no pilar de concreto armado). Por terem módulos diferentes de deformabilidade, a tensão no aço para ser comprimido é muito maior que na borracha, que tem baixíssimo E.

Num passado recente, quando se pregavam solas de couro de sapatos com pregos, o pé podia, com o tempo, vir a se assentar sobre a estrutura couro-prego. O desconforto era enorme, gerando a expressão "tirar um prego do sapato", que significava "eliminar a parte com maior E da estrutura de suporte do corpo".

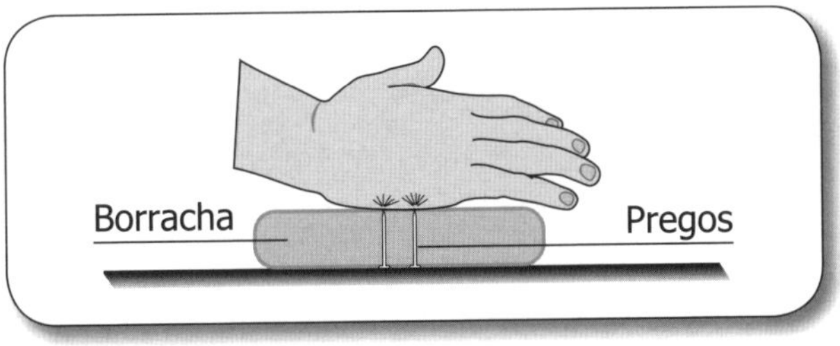

Espaço reservado para suas anotações

27 Estamos encerrando a matéria

Estamos encerrando a matéria deste livro, mas este não é o fim da Resistência dos Materiais. Em outros livros você encontrará tópicos aqui não estudados, tais como:

- energia de deformação;
- efeitos dinâmicos;
- pórticos etc.

Relembremo-nos de que a Resistência dos Materiais, nos limites em que foi apresentada neste livro, estuda as estruturas que possam ser associadas a barras de eixo retilíneo (com exceção das estruturas do item arcos) e obedientes à lei de Hooke.

Por serem estruturas de duas dimensões, placas não podem ser estudadas pela Resistência dos Materiais. Para avançarmos no estudo das estruturas, surge então uma matéria que vem a ser um avanço da Resistência dos Materiais. Trata-se da *Teoria da Elasticidade*, ou resumidamente *Elasticidade*, nome bastante infeliz, pois causa confusão com estudos de estruturas no regime elástico, em que, cessada a ação, tudo volta a ser como antes. A *Teoria da Elasticidade* tem como um dos seus objetivos o estudo matemático das estruturas de várias dimensões.

Outro desdobramento da Resistência dos Materiais seria uma Resistência dos Materiais para estruturas de barras não lineares, como barras curvas.(*)

Os livros citados ao longo deste livro complementam e propiciam a evolução dos conceitos já apresentados.

Só resta a este autor, agora, desejar bons novos estudos ao caro leitor.

Aviso: já no ano de 2018 estará disponível o livro *ABC da topografia*.

(*) Aplicável por exemplo, no dimensionamento de ganchos.

Espaço reservado para suas anotações

28 Bibliografia: o que há para ler nas bibliotecas e livrarias brasileiras

Este item deste livro não é, a rigor, uma bibliografia. Bibliografia é uma listagem dos livros citados pelo autor ao longo de seu trabalho e de livros ou outro tipo de publicação que o autor consultou para emitir suas opiniões. Entendo que bibliografia interessa principalmente para livros e trabalhos científicos, que não é o caso deste livro. Este livro é um trabalho didático, para ser lido por estudantes e jovens profissionais. Assim, só cito livros que o leitor possa ler e que sejam de fácil consulta em bibliotecas universitárias brasileiras, ou adquiridos em livrarias.

Recomendo que o leitor leia para avançar sobre os temas aqui apresentados:

Livros ilustrativos de Resistência dos Materiais

PITTMAN, W. MORGANS *The elements of structure*. Publishing Limited London, 1979. WILSON, *Forrest. Structure – the essence of architecture*. Van Nostrand Publishing Company, 1971.

GORDON, J. E. *Structures – or why things don't fall down*. England, Plenum Press, 1978.

TIMOSHENKO, S. *History of strength of materials*. Dover Publications, 1983.

FUSCO, Pericles Brasiliense. *Fundamentos do projeto estrutural*. São Paulo, Mc-Graw Hill do Brasil,1976.

GAMA, Ruy. *História da ciência e da tecnologia*. São Paulo, EDUSP, 1985.

VASCONCELOS, Augusto Carlos de. *As estruturas da natureza*, 1985.

L'HERMITE, ROBERT. *Ao pé do muro*. Edição Concrebrás.

Livros clássicos de Resistência dos Materiais

TIMOSHENKO, S. *Resistência dos materiais*. Rio de Janeiro. Livros Técnicos e Científicos, 1976.

NASH. William A. *Resistência dos materiais*. Rio de Janeiro, Ao Livro Técnico. 1961.(*)

TIMOSHENKO. S. & YOUNG. D. H. *Mecânica Técnica-Estática*. Rio de Janeiro, Livros Técnicos e Científicos, 1974.

COSTA, Evaristo Valladares. *Curso de resistência dos materiais*. São Paulo. Editora Nacional. 1974.

RICARDO, Olivio Gaspar. *Teoria das estruturas*. São Paulo, McGraw HiII, 1978.

HIGDON-OHLSEN-STILES-WEESE-RILEY. *Mecânica dos materiais*. Rio de Janeiro, Guanabara Dois, 1981.

LANGENDOCK, Telemaco Van. *Resistência dos materiais-tensões*. Editora Científica, 1956.

FEODOSIEV, V. *Resistência dos materiais*. Porto, Portugal, Lopes da Silva, 1977.

SCHIEL, Frederico. *Introdução à resistência dos materiais*. São Paulo, Harper e Row do Brasil, 1984.

Apostilas da disciplina Resistência dos Materiais da década de 1960-70 da Escola Politécnica da USP.

CARVALHO, Miguel Scherpe de. *Resistência dos materiais*. Expansão Editorial, 1979.

SILVA JR., Jayme Ferreira da. *Resistência dos materiais*. São Paulo, Ao Livro Técnico, 1962.

(*) Aos jovens leitores. Se você está começando a estudar *RM*, comece pelo livro do Prof. William Nash, continue com o livro do Mestre Timoshenko (Resistência dos Materiais) e depois com o livro do Mestre Schiel.

Livros setoriais relacionados com a Resistência dos Materiais

QUEIROZ, Gilson. *Elementos das estruturas de aço.* Belo Horizonte, 1986.

PFEIL, Walter & PFEIL, Michele. *Estruturas de aço – dimensionamento prático.* 6ª. ed. Rio de Janeiro, Livros Técnicos e Científicos, 1995.

VASCONCELOS, Augusto Carlos de. *Estruturas Arquitetônicas: Apreciação intuitiva das estruturas.* São Paulo, Nobel, 1991.

BOTELHO, Manoel Henrique Campos. *Coleção Concreto Armado Eu te Amo,* São Paulo, Edgard Blucher, 1996.

MOLITERNO, Antonio. *Caderno de projetos de telhados em estruturas de madeira.* São Paulo, Edgard Blucher, 1981.

ROCHA, Aderson Moreira da *Concreto armado.* São Paulo, Nobel, 1990.

ABDO, Nazir. *Estruturas de alumínio.* São Paulo, Pini, 1983.

TERZAGHI, Karl & PECK, Ralph. *Mecânica dos solos na prática da engenharia.* Ao Livro Técnico, Rio de Janeiro, 1962.

Livros históricos que dão uma visão cultural do uso dos materiais pelo homem

Arquitetura da Terra ou o futuro de uma tradição milenar. Avenir Editora.

VASCONCELOS, Augusto Carlos de. *Concreto armado no Brasil.* São Paulo, Pini, 1985.

SILVA, Geraldo Gomes da. *Arquitetura do ferro no Brasil.* São Paulo, Nobel, 1988.

LEMOS, Carlos A. C. *Alvenaria burguesa.* 2ª. ed. São Paulo. Nobel, 1989.

Espaço reservado para suas anotações

29 Anexo 1: composição e decomposição de forças

29.1 Composição de forças

Dadas as forças F_1 e F_2, ache a resultante pelos cálculos analíticos.

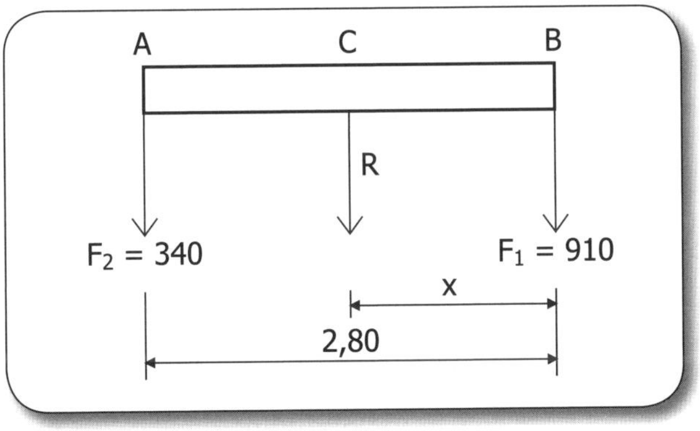

R = resultante

$$R = F_1 + F_2 = 910 + 340 = 1.250 \text{ kgf}$$

Determinação da posição da resultante (ponto C).

$$\sum M_B = 0$$
$$F_1 \cdot AB = R \cdot CB = R \cdot x$$
$$340 \times 2,80 = 1.250x$$
$$x = 0,76 \text{ m}$$
$$AC = 2,80 - 0,76 = 2,04 \text{ m}$$

29.1.1 Resolução gráfica

Em cada ponto de aplicação de força (A e B), criemos forças auxiliares iguais e opostas. A reta das resultantes das forças determina Z. A vertical por Z determina

C, que é o ponto em que passa a resultante.

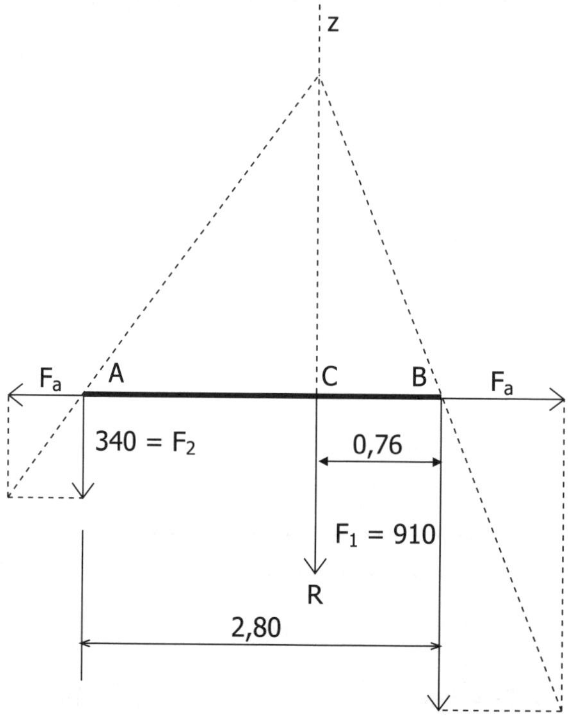

Resolução gráfica

Note que a posição do ponto C não depende do valor das forças F_a, que são um útil artifício de cálculo.

29.1.2 Evite acidentes entendendo este caso de decomposição de forças

Um colega, ao saber da preparação deste livro, contou-me um caso interessante de decomposição de forças.

Numa casa de campo, na varanda, havia dois pilares de alvenaria construídos muito precariamente e com a finalidade de tão simplesmente sustentar uma viga de madeira com função estética. Os dois pilares estavam assentes diretamente sobre um cimentado e decidiu-se chumbar dois ganchos para sustentar uma rede de descanso. A distância entre os pilares era algo grande e a rede tinha um comprimento de pouco mais que a distância do vão.

Veja:

Veja o diagnóstico do acidente com vítimas.

Quando a primeira pessoa usou a rede, a estrutura desabou. As causas do desabamento da estrutura foram:

- o comprimento da rede;
- a excelente chumbação do gancho para a rede, que atravessou o pilar de alvenaria.

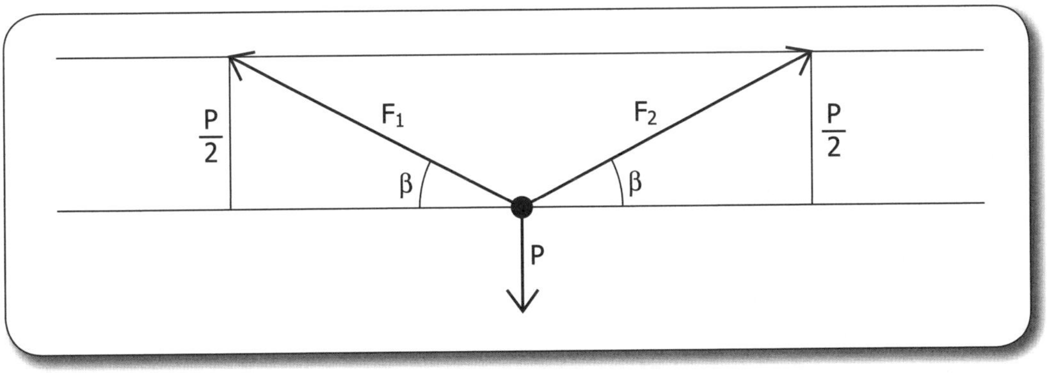

$$F_1 = F_2 \qquad \text{sen}\,\beta = \frac{P_2}{F_2} \qquad P = 70\text{ kgf}$$

$$F_2 = \frac{\frac{P}{2}}{\text{sen}\,\beta}$$

Com a diminuição do ângulo β, veja a evolução terrível da força F_2.

$\beta°$	sen β	$F_2 = \frac{P}{2}$
45	0,707	$F_2 = \frac{70}{2} \times \frac{1}{0,707} = 49,5$ kgf
20	0,342	$F_2 = \frac{70}{2} \times \frac{1}{0,342} = 102$ kgf
10	0,176	$F_2 = \frac{70}{2} \times \frac{1}{0,176} = 198$ kgf
1	0,017	$F_2 = \frac{70}{2} \times \frac{1}{0,017} = 2.058$ kgf
$\rightarrow 0$	$\rightarrow 0$	$\rightarrow \infty$

$\rightarrow$ tende

Nota:

O peso de 70 kgf é considerado como o peso padrão de um adulto. Com o crescimento da obesidade da população, esse peso deveria aumentar para 80 ou 90 kgf (800 ou 900 N).

Note que o que menos interessa é o peso da pessoa. A inclinação do ângulo é o elemento essencial.

Como evitar o acidente, então?

- Não adianta fazer excelentes pilares de alvenaria, pois as forças que podem acontecer são enormes.
- Uma solução seria usar um gancho fraco que arrebentasse a si próprio, e não ao pilar.

  O gancho usado no caso era de excelente qualidade e atravessava o pilar, ou seja, a relação gancho-pilar rompia primeiro o pilar, quando o certo era romper a ligação.
- Usar rede de comprimento bem maior que o vão gerando, com isso, grandes flechas e grandes ângulos β, diminuindo assim as forças atuantes.

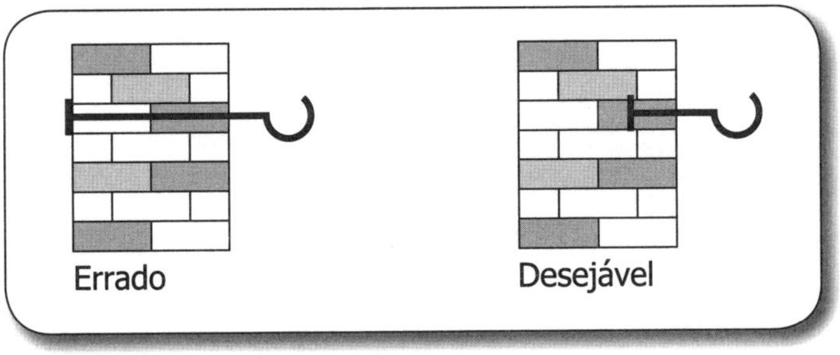

- Erro de uso. É pouca pretensão construir estruturas à prova de mau uso. O certo seria os usuários saberem que rede deve ter flecha (deformação).

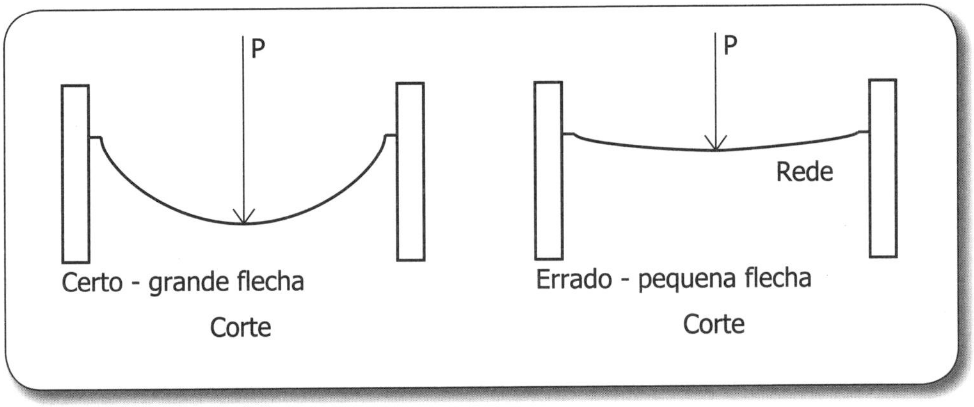

Nota:

O fenômeno de multiplicação de força apresentado deve ser entendido como uma ação imediata, e não permanente.

Espaço reservado para suas anotações

30 Anexo 2: estados de tensão: critérios de resistência

Sejam dois corpos do mesmo material sofrendo compressão em duas prensas diferentes. O corpo *A* está sofrendo compressão em uma prensa em que há grande atrito entre os pratos e o corpo de prova. O corpo de prova *B* não tem atrito com os pratos.

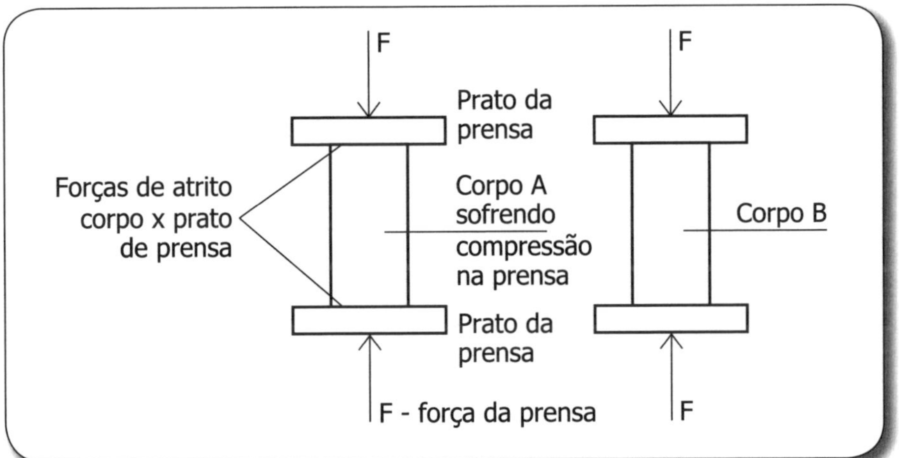

Se levarmos o teste de compressão até a ruptura de cada um dos corpos de prova, notaremos que o corpo de prova *A* resistirá até com uma tensão maior que o corpo de prova *B*.

Explica-se: as forças de atrito que atuam no plano do topo do corpo de prova ajudam na resistência à compressão. Essa é a razão de exigir-se nesse teste uma regularização da cabeça do corpo de prova, tendo em vista a diminuição, ao máximo, da *interferência desse atrito.*

Usamos esse exemplo para apresentar o fenômeno denominado *estado triplo de tensão*. Vamos apresentar os três estados em que podemos dividir a situação de um corpo sofrendo esforços.

30.1 Estado simples de tensão (estado único de tensão)

Um corpo sofrendo tração ou compressão ou corte é um exemplo de estado simples ou linear de tensão.

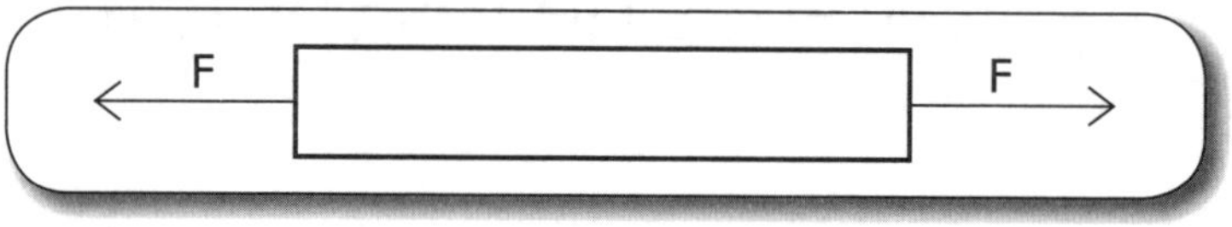

30.2 Estado duplo de tensão

Uma chapa de aço sofrendo tração por duas forças (F_1 e F_2) ortogonais é um exemplo. A chapa de aço de uma tubulação em pressão também exemplifica bem o estado duplo de tensão.

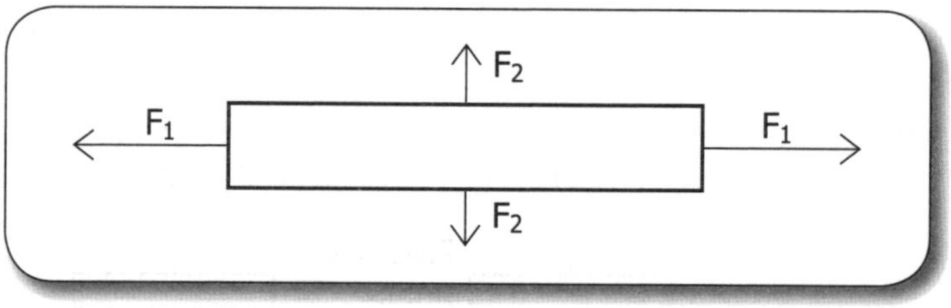

30.3 Estado triplo de tensão

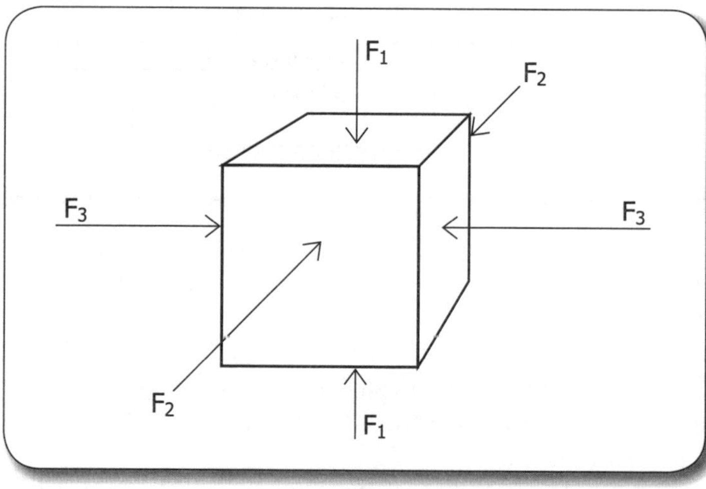

Ocorre estado triplo de tensão quando temos um corpo tridimensional sofrendo esforços em todas as dimensões. Um bloco de concreto de fundação sofre o efeito da carga vertical e os empuxos do terreno. No cálculo desses blocos, não se leva em conta o efeito do terreno. Os esforços transmitidos pelo terreno auxiliam a resistência do bloco, aumentando-a. A razão de não se levar em conta esse aspecto positivo é que, para determinar esse ganho de resistência, precisaríamos conhecer muito bem as características do terreno, o que nem sempre é possível e, ao longo do tempo, parte do terreno lateral pode deixar de existir (no caso de um desmoronamento parcial). Se tivéssemos contado com ele, a fundação poderia sofrer.

Há outros casos de que tiramos partido das vantagens do estado triplo. Certo prédio foi projetado com pilares convencionais de concreto armado, mas durante a construção a resistência do concreto obtida na obra foi sensivelmente inferior à necessária. A solução adotada foi cintar o pilar, isto é, dotá-lo de uma armadura externa que o comprimia. Com isso, a resistência do pilar da obra aumentou.

Na página 122 do livro Ao *pé do muro*, mostra-se o significativo aumento e diminuição de resistência de uma peça de concreto quando atuam forças simultâneas. Veja:

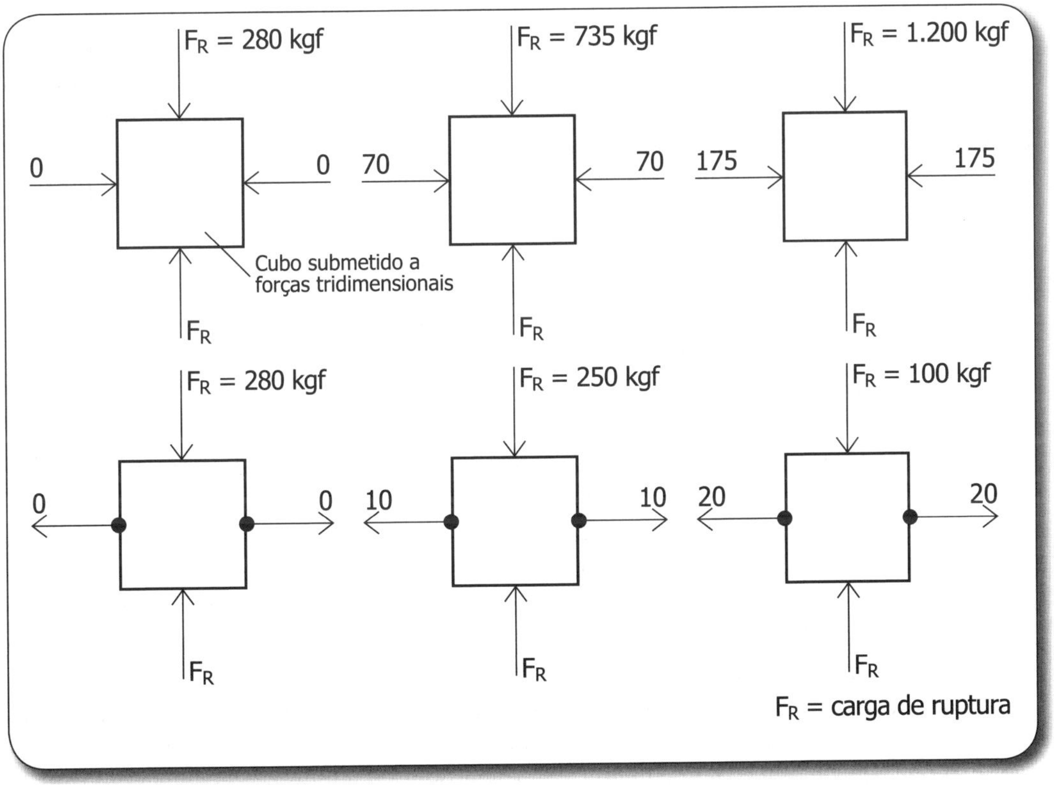

O esquema mostra que havendo forças de compressão (de 0 a 175 kgf), aumenta a resistência do corpo à cargas externas (de 280 a 1.200 kgf). Se houver tração (de 0 a 20 kgf) diminui a capacidade de compressão do corpo (de 280 a 100 kgf).

O estudo dos estados de tensão tem o objetivo de determinar num corpo, com maior precisão, as tensões internas que nele atuam e os vários e diferentes tipos de esforços. Após o estudo nesse nível para a determinação dos esforços internos, estudam-se teorias denominadas "critérios de resistência", que procuram estabelecer como os corpos resistem às mais variadas tensões internas e energias que lhes são transmitidas.

30.4 Critérios de resistência

Os critérios de resistência consistem na procura de critérios gerais para relacionar dados obtidos por ensaios de corpos padronizados com situações limites (ruptura, ruína) que acontecem em estruturas complexas, quando esforçadas. Assim, na fabricação de vasos de pressão (por exemplo, para caldeiras), procura-se usar critérios teóricos de dimensionamento a partir de dados simples, como as informações de resistência à tração, compressão e cisalhamento da chapa de aço obtidas de ensaios normalizados dos materiais que a compõem.

Na prática, só os estudos dos estados de tensão e os critérios de resistência seriam insuficientes para interpretar tudo sobre os "esforços" que acontecem em uma chapa de aço durante a fabricação da peça. Além de os esforços que ocorrem nessas estruturas serem de difícil previsão, durante a fabricação da peça as chapas de aço sofrem ações de compressão do martelar, aquecimentos parciais por causa da solda etc. Por essa razão, os estudos teóricos são incapazes de prever as condições limites de trabalho de uma estrutura. Entram então em cena os testes de verificação ou provas de carga e a obediência a normas e códigos.(*)

Normas e códigos nada mais são que a sistematização de resultados empíricos, mas orientados e interpretados pelos estudos teóricos, nos quais se incluem os critérios de resistência.

Citemos os principais critérios de resistência:

- Critério da máxima tensão de cisalhamento.(**)
- Critério da máxima energia de distorção.
- Critério da máxima tensão normal.

Transcrevemos, sobre critérios de resistência, trecho do livro *Resistência dos Materiais*, do Prof. Jayme Ferreira da Silva Jr., página 283: "A aplicação dessas teorias aos casos particulares de vigas de seção constante ou variável, submetidas a flexão simples ou composta, é discutida, pormenorizadamente, em Telemaco Van Langendock – *Curso de mecânica das estruturas – Resistência dos Materiais; tensões*, Editora Científica, Rio de Janeiro, 1956, p. 201 e seguintes. A conclusão desse estudo, que a seguir se transcreve, é a seguinte:

"Conclusão interessante para a prática e que se pode desde já mencionar é a de que, nos casos correntes, e em face dos coeficientes de segurança usualmente adotados, é bastante fazer-se a verificação da resistência nos pontos da seção em que se dão a maior tensão de cisalhamento, a maior tensão de compressão e a maior tensão de tração (havendo ressaltos na largura da seção, também para esse local se deve fazer a verificação)".

Com esses critérios a humanidade constrói choupanas, casas, pontes e equipamentos mecânicos.

(*) O primeiro avião a jato comercial existiu na década de 1950. Era inglês e chamava-se *Comet*. Vários explodiram no ar e cessou seu uso. Em testes de laboratório descobriu-se a principal causa da explosão. As janelas do avião eram grandes demais, diminuindo a resistência da estrutura.

(**) Chamado de Critério de Tresca.

Intervalo didático

Alexandre, o Grande, imperador da Macedônia e da Grécia, criador de um reino maior que o Império Romano, foi submetido a um teste para verificar se poderia vir a ser o rei da Grécia. Ele foi a um oráculo em que havia uma corda de grande diâmetro com um nó e essa corda estava presa a dois blocos, tendo sido previamente tracionada por duas parelhas de boi. A lenda do oráculo dizia que quem desatasse o nó górdio seria o futuro rei.

Alexandre foi objetivo. Sabendo da impossibilidade de desatar o nó, simplesmente cortou-o de uma vez usando sua afiada espada. Como ele realmente tornou-se rei, todos aceitaram que cortar também era uma solução para o problema.

Interpretemos o fato dentro da Resistência dos Materiais. Facilitou-se a ação de Alexandre pelo fato de a corda, ao ser cortada, também estava tensionada, ou seja, ela estava num estado duplo de tensão.

Veja:

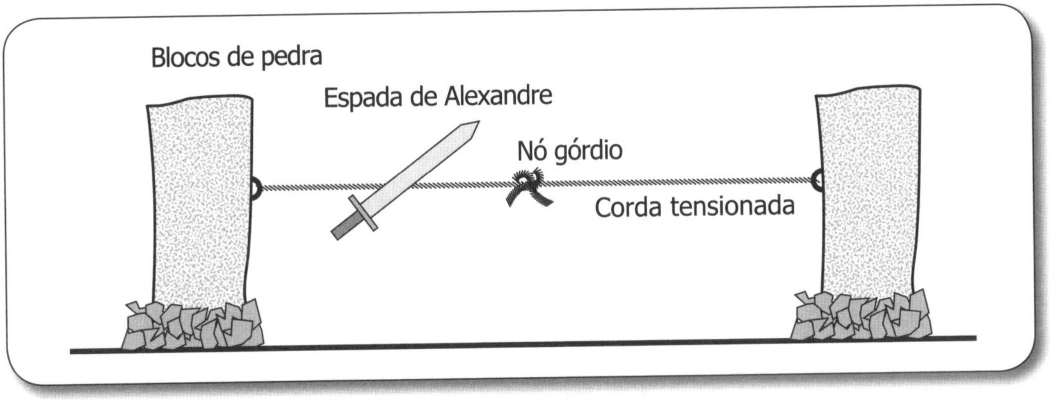

Se a corda não estivesse extendida, seria mais difícil de cortar.

Espaço reservado para suas anotações

31 Anexo 3: glossário de primeira ajuda

1. CAMBAMENTO: o mesmo que flambagem e empenamento.

2. CONVERSÃO DE UNIDADES: para o manuseio de livros que usam o Sistema S.I. é útil recordar:
   - 1 kgf ≅ 10 N
   - 1 N ≅ 0,1 kgf
   - 1 MPa ≅ 10 kgf/cm^2

   Recordemos também:
   - 1 cv (cavalo-vapor) = 736 W = 75 kgfm/s
   - 1 hp (horse power) = 746 W

3. CORPO ANISOTRÓPICO: é o corpo que tem direções preferenciais. Um cristal é o melhor exemplo de material anisotrópico, pois tem planos de corte (clivagem). A madeira é um material anisotrópico, visto que a existência de fibras faz com que seu funcionamento estrutural seja diferente nas várias direções.

4. CORPO ISOTRÓPICO: é o corpo que tem funcionamento igual nas três direções. É o oposto de corpo anisotrópico. O aço é um material isotrópico.

5. ELEMENTO RÍGIDO: é a peça que, por suas características e pelas forças que recebe, sofre deformações mínimas. Na construção civil temos como exemplo o bloco de fundações. O oposto de elemento rígido é o elemento deformável. Na Resistência dos Materiais admite-se que *todos os corpos são deformáveis*. A bigorna do ferreiro também é um corpo rígico.

6. ESGARÇADO: termo popular para definir um elástico que atingiu uma deformação plástica e que, portanto, perdeu sua elasticidade (capacidade de se deformar face à atuação de uma força e voltar na sua forma original, assim que a força seja retirada).

7. ESTRUTURA DE PRIMEIRA ORDEM (OU DE RESPOSTA LINEAR): são as estruturas que, dobrando-se os esforços, dobram as tensões e as deformações. A maior parte das estruturas que estudamos são desse tipo. A flambagem de

corpos em compressão é estudada por teorias de segunda ordem e, portanto, corpos que flambam, não são de primeira ordem.

8. ESTRUTURA HIPERESTÁTICA: é a estrutura que tem mais vínculos que os estruturalmente necessários para seu equilíbrio, determinados pelas leis da Estática. Por isso determinam-se as suas reações nesses vínculos usando a teoria das deformações. O cálculo das deformações é feito usualmente admitindo-se a lei de Hooke, ou seja, que estamos na elasticidade linear. Uma viga com três apoios é um exemplo de estrutura hiperestática.

9. ESTRUTURA HIPOSTÁTICA: tem número de vínculos insuficientes para lhe dar estabilidade. Sob a ação de força pode se locomover. Uma viga com um apoio simples é uma estrutura hipostática. Uma correia transportadora é hipostática. As estruturas hipostáticas são inaceitáveis na construção civil e altamente desejáveis em outras áreas.

10. ESTRUTURA ISOSTÁTICA: tem o número exato de vínculos para lhe dar estabilidade, e as reações nos seus vínculos podem ser determinadas pelas equações da Estática. Uma viga com dois apoios é uma estrutura isostática.

11. HIPÓTESE DE NAVIER: hipótese de as seções de um corpo permanecerem planas, mesmo depois de uma deformação. É uma das hipóteses da Resistência dos Materiais.

12. LINHA NEUTRA: em uma seção em flexão, local onde não há tensões internas de compressão ou de tração.

13. LUZ: termo antigo de vão.

14. MÓDULO DE YOUNG ou MÓDULO DE ELASTICIDADE LONGITUDINAL: mede a maior ou menor dificuldade de um corpo se deformar, sofrendo esforços.

15. MATERIAL DÚCTIL: é o material que, sofrendo ações, deforma-se muito antes de romper. O aço é um material dúctil. O concreto é bem menos dúctil. Um material não dúctil (frágil) é o vidro. Um exemplo de material dúctil é o ouro. Com 1 kgf de ouro, é possível fazer a cobertura de milhares de peças.

16. MATERIAL FRÁGIL: é o que se rompe sem que ocorram grandes deformações. Oposto de dúctil.

17. PRINCÍPIO DOS TRABALHOS VIRTUAIS: um dos vários métodos para cálculo de estruturas hiperestáticas. Costuma ser usado em cálculo de pórticos. Pode ser usado, por exemplo, em vigas contínuas, chegando aos mesmos resultados dos outros métodos.

18. PUNCIONAMENTO: ação de compressão em área muito reduzida. Agulha de costura punciona o tecido e penetra.

19. REGIME ELÁSTICO: ocorrendo uma carga, há uma deformação correspondente; se a carga deixar de ocorrer, a deformação deixa de existir. É o oposto da situação plástica. No regime elástico temos:
    - sub-regime elástico linear: quando as deformações seguem a lei de Hooke;
    - sub-regime elástico não linear: as deformações não obedecem à lei de Hooke.
    - no regime elástico não ocorrem, por conseguinte, deformações permanentes.

    A Resistência dos Materiais estudada, nos limites deste livro, baseia-se na hipótese de se estar no subregime elástico linear.

20. REGIME PLÁSTICO: na maior parte dos materiais, depois de muito esforçados, cessado o esforço, ficam as deformações. São as deformações permanentes. É o regime plástico que não tem nada que ver com o material "plástico". No dia a dia vivemos com peças que são úteis exatamente por guardarem as deformações plásticas, como uma peça de aço dobrada.

21. RESISTÊNCIA DOS MATERIAIS: teoria que estuda o funcionamento das estruturas resistentes a esforços, desde que essas estruturas sejam barras. A Resistência dos Materiais mais comum é a estudada aqui - a linear, aquela que admite ser válida a lei de Hooke, segundo a qual, dobrado um esforço, dobra a deformação da estrutura.

22. RÓTULA: é o apoio utilizando uma esfera.

23. TALHAMENTO: corte.

24. TENACIDADE: capacidade de um corpo sofrer impactos sem se destruir. Lutar com tenacidade é continuar a lutar, mesmo sofrendo dificuldades.

25. TENSÕES RESIDUAIS: são tensões que persistem em estruturas metálicas, mesmo após os esforços terem cessado. São comuns em construções como vasos metálicos e se originam das tensões causadas pelo aquecimento das partes, pelo esforço da colocação de rebites etc. As tensões residuais podem agravar as condições de fadiga e corrosão. Um dos processos para eliminar parcialmente as tensões residuais é aquecer a estrutura e deixá-la esfriar lentamente.

26. TEORIA DA ELASTICIDADE: é a ampliação da Resistência dos Materiais.

27. VIGA PAREDE: quando a altura de uma viga ultrapassa 30% do vão não valem as teorias aqui apresentadas para o cálculo de vigas, as quais pressupõem reduzidas alturas. Deve-se usar outras teorias e formulações para essas vigas, denominadas vigas parede.

Espaço reservado para suas anotações

32 Anexo 4: resumo histórico do uso de materiais e de estruturas

Como um complemento cultural, portanto extremamente importante, damos uma cronologia de uso dos vários tipos de materiais pelo homem.

Solo: todas as construções usam o solo como destino final dos esforços. Ao se construirem edificações mais pesadas, estudou-se o solo, de forma que ele resistisse e não recalcasse demasiadamente.

Pedra: material quase indestrutível com o tempo. Cortada em pedaços e rejuntada com argamassa de areia e um ligante (cal, cimento, barro), dá lugar a obras eternas. Pirâmides do Egito, aquedutos romanos e fortes portugueses, espalhados pelo país, são alguns exemplos.

Madeira: material resistente e fácil de ser serrado e de se ligar em pedaços gerando um dos mais versáteis materiais de construção. Bem conservada, pode durar séculos. Tem como inimigos o fogo, umidade, micro-organismos e insetos que a devoram.

Fibras vegetais: fibras torcidas dão origem às cordas (cabos), importantíssimo elemento estrutural desde o início dos tempos. Ramagens cobriam as ocas de nossos índios e cipós sempre ajudaram o homem servindo como cabos. Os cabos ajudaram a construir as primeiras pontes pênseis.

Tecidos: resultam da composição de fios naturais e, mais recentemente, artificiais. Roupas e velas de navio são exemplos perfeitos de uso de tecidos.

Couro: a pele dos animais devidamente curtida (endurecida) por produtos químicos dá origem ao couro, que pode ser usado como cobertura e vestimenta. Os sapatos, os gibões e as tendas árabes são bons exemplos de seu emprego.

Barro cru ou adobe: é usado deste tempos imemoriais. No Brasil, temos edificações feitas com barro cru; é o caso das construções rurais e das cidades coloniais, como Ouro Preto (MG). As construções feitas com pau a pique são outro exemplo. O livro *Arquitetura da Terra* mostra a beleza de obras feitas no Oriente Médio usando terra crua como elemento de construção. Para isso precisa-se de local com baixa pluviosidade e reparos permanentes, pois o barro cru é erodido por águas de chuva e desmancha-se com a umidade. Para evitar esses problemas nas construções de barro cru, usavam-se no Brasil telhados com grandes beirais e alicerces com pedras para impedir a subida da umidade.

Barro cozido: o homem descobriu que, queimando o barro cru em fornos, obtinha um material que resistia às intempéries. O tijolo é um exemplo. Os ingleses foram mestres em construir com tijolos. A maior parte das edificações térreas do Brasil foram praticamente construídas com esse elemento, o tijolo, símbolo da construção civil.

Bronze: mistura de cobre e estanho. Teve sua importância e antecedeu o uso intenso do aço. É mais fácil produzi-lo que o aço, pois a temperatura de fusão necessária é menor. É, porém, menos resistente que o aço. Foi muito usado em espadas e canhões. Hoje é muito usado nas construções mecânicas e esculturas.

Ferro: um dos símbolos da técnica de construir. Não deixe de ler o livro *Arquitetura do ferro no Brasil*, no qual se mostra como conciliar técnica e arte.

Aço: liga(*) de ferro com baixo teor de carbono. O aço, denominado doce, é usado para fabricar perfis e cabos de aço. Só no século XIX, que o aço passou a ser produzido economicamente podendo, então, ser usado em obras civis.

Concreto armado: construção com concreto e aço, tendo o aço a função de resistir à tração e o concreto a responsabilidade de resistir à compressão. No Brasil, esse material começou a ser empregado nos primeiros anos do século 20 e obteve importância singular. Considera-se 1849 o ano em que o concreto armado começou a ser utilizado na Europa. O concreto armado foi primeiramente utilizado na fabricação de vasos de jardins e posteriormente na construção de barcos.

Plástico: produto industrial da química orgânica.

Alumínio: material de boa resistência e bem mais imune à corrosão atmosférica que o aço. É intensamente usado em coberturas de grandes áreas, em esquadrias e onde a estética seja um requisito. Tem menor módulo de elasticidade que o aço; portanto, as deformações de suas estruturas são maiores que as das estruturas de aço.

(*) Liga é a mistura homogênea de dois materiais sólidos.

32.1 Cronologia de obras estruturais importantes, com destaque para obras brasileiras

5.000 a.C. – Construção da esfinge de Gizé, no Egito, usando pedra trabalhada.

4.000 a.C. – Esferas de ferro encontradas em El Gezivat, no Egito.

Época de Cristo – Construção de aquedutos pelos romanos, usando pedra entalhada em arcos e pedras argamassadas.

1173-1273 – Construção da torre de Pisa (Itália), usando mármore. A atual inclinação é da ordem de 5 metros na horizontal para uma altura de 58 metros.

1209 – Construção da torre de Londres, que levou trinta anos para ser construída em alvenaria de pedra.

1345 – Construção da ponte Vecchio de Florença, também em alvenaria de pedra.

Século XVI – O arquiteto Palladio, usando treliças de madeira triangulares, cobriu vãos de 20 metros.

1600 – Galileu inicia os estudos sistemáticos de uma nova ciência, a Resistência dos Materiais.

1683 – Construção do aqueduto da Carioca (arcos da Lapa) na cidade do Rio de Janeiro, usando granito brasileiro e argamassa de assentamento. São quarenta e dois arcos que, somados, têm 270 metros de extensão, e cada arco tem 17,6 metros de altura.

1734 – O exército alemão usou peças de ferro para construir uma ponte sobre o rio Oder.

1779 – Construção da ponte Coalbrookdale, na Inglaterra, em ferro fundido.

1780 – Construção do teatro Palais Royal com estrutura metálica.

1812 – Início da produção do ferro em usinas.

1819 – Ponte metálica usando correntes metálicas no lugar de cabos, em Menai, na Grã-Bretanha. (País de Gales)

1829 – Inaugurada em Recife a Fundição d'Aurora, com o propósito de fornecer peças de aço para usinas de açúcar.

1840 – Primeira treliça construída em aço nos Estados Unidos.

1849 – Surgimento da técnica do concreto armado na França com a construção de vasos e de um barco.

1850 – Construção do palacete do barão das Palmeiras, em Pindamonhangaba, São Paulo. Usaram-se partes de estrutura metálica importada da Inglaterra e taipa de pilão. A escada de madeira foi construída sem pregos, sendo usado o sistema de encaixes (ensambladuras).

1857 – Primeira ponte em aço do Brasil na cidade de Parnaíba do Sul, no Rio de Janeiro. São vãos de 30 metros, totalizando 150 metros de extensão. A estrutura foi importada.

1889 – Construção da torre Eiffel em estrutura metálica, em Paris, França.

1913 – Inauguração do viaduto Santa Efigênia, na cidade de São Paulo. Utilizou-se estrutura metálica importada da Bélgica. Pesa 1.100 toneladas. São três arcos articulados apoiados em alvenaria de pedra.

1914 – Construção da ponte pênsil em São Vicente, São Paulo, utilizando estrutura metálica importada.

1921 – Início da produção de aço na usina Belgo-mineira.

1925 – Publicação do livro *A Mecânica dos solos sobre bases físicas*, de Karl Terzaghi. Esse livro é considerado a primeira sistematização da teoria da *Mecânica dos solos*.

1926 – Construção da ponte pênsil em Florianópolis. Possui vão livre de 340 m, utilizando correntes metálicas como cabos.

1928 – Início da fabricação do cimento no Brasil, em Perus, na cidade de São Paulo.

1928 – Construção do prédio A Noite, no Rio de Janeiro, e do Edifício Martinelli, na cidade de São Paulo. São grandes prédios com estrutura de concreto armado, construídos com cimento importado.

1933 – Construção em aço do edifício Empire State Building, em Nova Iorque. É um prédio com 380 metros de altura.

1949 – Construída, na ilha do Galeão, no Rio de Janeiro a primeira estrutura de concreto protendido do Brasil.

1960 – Construção do pavilhão de exposições do Parque Anhembi, na cidade de São Paulo, com imponente cobertura de estrutura de alumínio. São 67 mil metros quadrados de estrutura de cobertura.

1964 – Construção do Museu de Arte de São Paulo, utilizando estrutura arrojada de concreto protendido.

1995 – Construção do hangar de manutenção da Varig no aeroporto do Galeão. É uma estrutura metálica em aço com 135 metros de vão livre, 110 metros de profundidade e 29 metros de altura.

2000 – Começam-se a usar pontes tipo estaiada por todo o Brasil (São Paulo, Natal etc.).

Espaço reservado para suas anotações

33 Anexo 5: falhas e defeitos em estruturas e equipamentos(*)

5.1 A falha principal da construção civil – as marquises

Chamam-se marquises o prolongamento de lajes para o exterior, sendo uma estrutura em balanço.

Diariamente recebemos notícias de queda de marquises. As razões são:

- a única armadura resistente é na parte superior desse prolongamento das lajes e os desenhos que vão para a obra não alertam para isso;
- durante a obra essa armadura superior é pisada continuamente com as passagens dos operários, provocando com isso o abaixamento da mesma;
- marquises projetadas apenas para proteger os transeuntes contra o sol e a chuva, acabam por receber aparelhos de ar condicionado e outros;
- falta de escoamento de água da chuva, que faz surgir carga hidráulica com esse represamento;
- falta de inspeção periódica.

Com tudo isso, as marquises se rompem e caem sobre os passantes, com graves consequências.

5.2 Falhas nos equipamentos mecânicos

Artigo do Prof. Paulo Afonso Franzon Manoel – UNESP

5.2.1 Primeiramente vamos definir o que é "falha mecânica"

Segundo a norma ISO/CD 10303-226, falha é definida como um defeito ou uma condição anormal em um componente, equipamento, subsistema ou sistema, que pode impedir o seu funcionamento como planejado. No inglês, pode-se utilizar a termo *failure* para designar falha.

(*) Baseado em MANOEL, Paulo Afonso Franzon. Disponível em < https://sites.google.com/site/paulomanoel/falha-mecanica>. Acesso em 13 mar 2013.

Dizemos que um equipamento falha quando este deixa de cumprir com as funções para as quais este foi projetado.

5.2.2 O que ocasiona uma falha?

Ocorrem pelos seguintes motivos, combinados ou não,

- Deficiência de projeto;
- Seleção inadequada dos materiais;
- Imperfeições no material;
- Deficiências no processamento;
- Erros de montagem;
- Condições impróprias de operação;
- Manutenção e inspeções inadequadas;
- Ação agressiva do meio.

5.2.3 Mas, de forma mais genérica, quais são as principais causas que levam a falha?

- Danos superficiais;
- Deformação elástica excessiva;
- Deformação plástica;
- Fratura.

5.2.3.1 Danos superficiais

Desgaste: remoção de partículas causada pelo movimento relativo entre dois materiais, lembre-se que por melhor que um material seja polido ainda haverá pequenas imperfeições na superfície. Quando os dois planos em contato de movem acontece uma interação entre os 'vales' de uma superfície com os da outra, durante o movimento dois vales de se unem, depois são separados e um deles acaba levando uma certa quantidade de massa do outro, essa perda de massa a longo prazo leva o material a falha. Um exemplo interessante para enxergar isso é o caso do pneu, após certo tempo rodando nota-se uma perda de massa considerável.

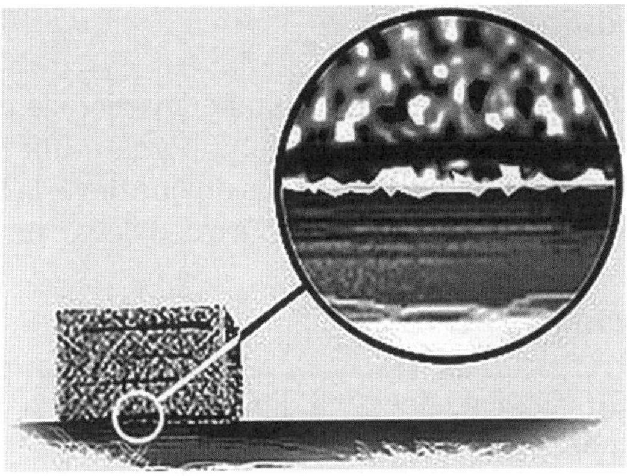

Figura 1. Interação entre planos atômicos.

Figura 2. Desgaste em um pneu.

O exemplo citado ilustra o caso de desgaste por aderência, mas ele também pode ser abrasivo (caso exista alguma partícula de outro material entre os planos, é uma espécie de "usinagem"), desgaste erosivo (ex. cavitação), desgaste por vibração.

O desgaste é influenciado por características do material (dureza, tenacidade e acabamento superficial) e do serviço (pressão, velocidade de movimento, temperatura, entre outros)

Corrosão: pode ocorrer devido a uma interação química ou eletroquímica, resultado na formação de produtos da corrosão e energia.

Lembrando algumas definições:

- Ânodo – Nele ocorre a oxidação (acaba sendo corroído) – polo negativo da pilha
- Catodo – Nele ocorre a redução (nele há deposição de material) – polo positivo da pilha
- A substância que sofre redução, denomina-se agente oxidante
- A substância que sofre oxidação, denomina-se agente redutor

5.2.3.2 Deformação elástica excessiva

Caso o componente se deforme mais do que deveria, ele deixa de cumprir sua função, exemplo: imagine um conjunto de uma porca e um parafuso que prende uma tubulação, se o parafuso se deformar mais do que deveria há vazamentos na tubulação, logo o parafuso deixou de cumprir com o seu dever, ocasionando uma falha.

5.2.3.3 Deformação plástica

Idem a deformação elástica excessiva. Porém neste caso, ao retirar o carregamento o componente não volta a ter as dimensões iniciais.

5.2.3.4 Fratura

Divisão de um componente em uma ou mais partes distintas.

5.2.4 Fratura na História

5.2.4.1 Primeiro período de acidentes – Revolução Industrial – Setor ferroviário

Havia deficiências de projeto e os materiais eram mal elaborados. Com o início de grandes massas se deslocando pela primeira na história, o ser humano aprendeu a lidar com a fratura por fadiga.

Figura 3. Caso curioso de um acidente ferroviário.

Um fato curioso nesse acidente, no qual o maquinista não conseguiu travar o trem antes dele chegar na estação devido à falha por fadiga em seus componentes, a única vítima do acidente foi a senhora que trabalhava na banca de jornais na entrada na estação ferroviária.

5.2.4.2 Segundo período de acidentes – II Guerra Mundial – Setor Naval

As estruturas dos navios eram soldadas para economizar tempo na montagem durante a época de guerra. Os efeitos da temperatura, dos concentradores de tensão e de tensões residuais não eram bem compreendidos.

Um exemplo clássico de acidentes provocados por fratura dessa época são os navios da série Liberty, que tinham o dever de cruzar o Oceano Atlântico ao menos uma vez e deixar suprimentos na Europa, porém muitos deles acabavam afundando antes de cumprir esse objetivo, alguns fraturavam em alto mar e outros atracados no porto.

Mais precisamente, foram construídos 4694 navios da série Liberty, dentre os quais 1289 apresentaram algum tipo de fratura, de modo que 233 delas foram catastróficas, e ainda, 19 navios partiram-se ao meio.

Após essa época sobraram muitas críticas ao processo de soldagem, ao ensaio Charpy e a metodologia de projeto (Resistência dos Materiais), o que levou ao desenvolvimento de uma nova abordagem, conhecida como Mecânica da Fratura.

Figura 4. Navio da série Liberty.

5.2.4.3 Terceiro período de acidentes – Setor aeronáutico

Nos anos 1850, houve uma série de acidentes envolvendo os aviões De Havilland Comet, alguns explodiam no ar poucos minutos após a decolagem. Após investigações, feitas através da reconstrução de aeronaves que explodiram, descobriu-se que as enorme janelas empregadas atuavam como grandes concentradores de tensão e esse era um ponto fraco.

Figura 5. De Havilland Comet.

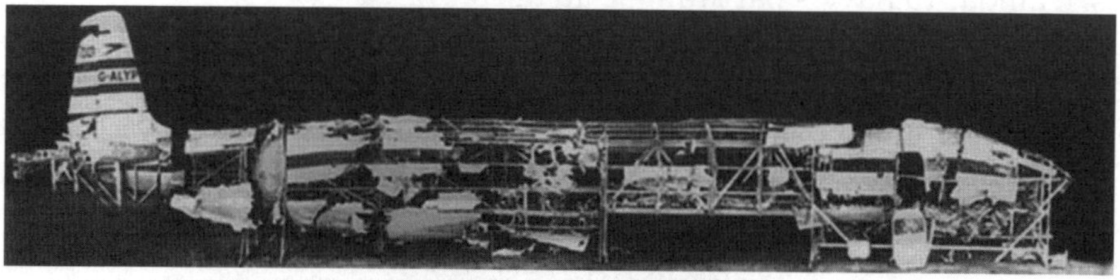

Figura 6. Reconstrução a partir dos destroços encontrados.

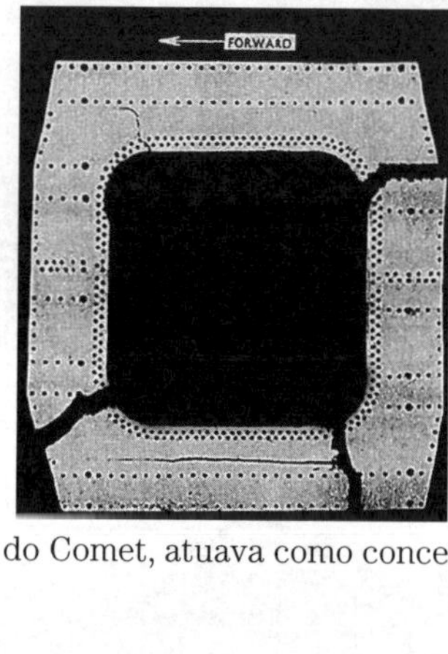

Figura 7. Janela do Comet, atuava como concentrador de tensão.

34 Anexo 6: índice de assuntos resumido

35 Anexo 7: crônicas (quase impossíveis) de Resistência dos Materiais

A Resistência dos Materiais nunca mais será a mesma. São mais de 70 páginas de texto sobre 32 crônicas (curiosas ou quase impossíveis) explicando a Resistência dos Materiais a partir de agradáveis exemplos.

As crônicas a seguir podem ser enviadas gratuitamente (online) aos leitores que as solicitarem ao autor MHC Botelho.

Autoria: MHC Botelho (autor da Coleção Concreto Armado Eu te Amo)
E-mail: manoelbotelho@terra.com.br

1. Apresentamos o sr. Young. Módulo de deformabilidade e módulo de elasticidade
2. O fracasso do atentado a Adolf Hitler explicado pela Resistência dos Materiais
3. Dois tipos de trampolins e suas consequências atléticas explicadas pela Resistência dos Materiais
4. Explicando os utensílios da cozinha: faca com ponta, faca sem ponta e o garfo segundo a Resistência dos Materiais
5. As faixas de estiramento (tração) de fisioterapia com dois comprimentos e suas consequências
6. O aro de metal (*flex ring*) usado em fisioterapia, ora comprimindo ora tracionando, e sua explicação pela Resistência dos Materiais e pela fisiologia muscular
7. O monumento megalítico de Stonehenge (Inglaterra), o Paternon de Atenas (Grécia) e os arcos romanos
8. Explicando o mistério da viga simples de um só vão e só uma articulação
9. O faquir deitado em uma cama de mil pregos
10. Explicação usando a Resistência dos Materiais do uso da vara de marmelo, delicadamente surrando alunos tempos atrás como eficiente sistema didático de aprendizado
11. A explicação do excelente funcionamento didático da palmatória pela Resistência dos Materiais
12. A explicação da função do prego de madeira pela Resistência dos materiais
13. Peso próprio causa flambagem?

14. Pescoços de motociclistas cortados por fios não muito fortes. A injusta acusação à linha com pó de vidro (chamada em alguns lugares de cerol). Nós corajosamente acusamos o verdadeiro culpado
15. Qualidade de chapas de aço e rebitagem. O mistério do rápido afundamento do navio Titanic
16. Entendendo o funcionamento da extração de garapa nas usinas de açúcar nos tempos do Brasil Colônia e a sábia e simples sugestão do prof. Young, que aumentou a produção de garapa e, portanto, a produção do açúcar
17. A estrutura: monumento estruturalmente impossível. Como foi resolvido o problema
18. Instalação de arquibancadas metálicas de carnaval em um terreno péssimo. O caminho isostático e o caminho hiperestático de colocação das arquibancadas. Qual você escolheria?
19. Vários caminhos para entender o projeto e funcionamento das vigas contínuas
20. Quando o módulo de Young ajuda e quando atrapalha. Você saberá como usar
21. Usando a sagrada Resistência dos Materiais, a soberana FIFA alterou a forma da seção transversal das sagradas "traves" do gol do futebol
22. O terrível erro conceitual na colocação de telhas de tipo canal na cobertura de um local de estacionamentos de carros
23. Acusação: os médicos abandonaram uma fidelíssima companheira e, com isso, receberam a pena de não mais poder medir o Índice de Massa Corporal (IMC), mas, no final desta crônica, como toda crônica, há um final feliz...
24. O acidente do *body jump*
25. Caso real, real, real de estrutura engastada e estrutura semiengastada e até estrutura semi-semi-semi engastada (e põe "semi" aí...)
26. Os falsos dispositivos de segurança de uma panela de pressão
27. O mistério dos eixos de seção transversal quadrada. Ele é mais comum que os eixos de seção transversal circular. Denúncia: você tem ao menos uns cinco eixos na sua casa com essa característica de eixo de seção quadrada
28. Denúncia: um corpo de prova submetido a esforços de compressão rompeu por esforços de cisalhamento. Como pode?
29. Ordem del Rey: "deixai rasgar as velas dos veleiros". E, com isso, os portugueses navegaram por todo o mundo, criando, como os ingleses, um reino em que o sol nunca se punha
30. A diferença entre elasticidade e a Theoria de Helasticydade, pela primeira vez contada
31. A barra que foi deformada e depois forçada a voltar à sua forma original, e, agora, sem esforço externo, guarda marcas do seu sacrifício
32. O teste do martelinho de percussão das rodas dos trens – ou por que "los sinos dobram"(*)
33. Por que as lâminas das guilhotinas da Revolução Francesa que cortaram os perfumados pescoços de Luis XVI e de Maria Antonieta têm seu fio inclinado, e não horizontal?

(*) A forma hispânica "los sinos dobram" é uma lembrança do filme de título *Por quem los sinos dobram*, referente à Guerra Civil Espanhola.

36 Anexo 8: consulta ao público leitor

O Prof. Eng. MHC Botelho é um profissional da criação de livros para a Engenharia. Seu objetivo é recolher pedidos e necessidades do meio profissional para depois, com apoio de outros colegas, publicar livros que atendam às necessidades da prática do dia a dia do Engenheiro e do Arquiteto.

Para ajudar o autor, leia o livro, tire uma cópia desta página e depois, por favor, responda ao questionário, e envie para o professor MHC Botelho.

Para Manoel Henrique Campos Botelho
E-mail: manoelbotelho@terra.com.br

1. Você gostou do livro *Resistência dos Materiais: para entender e gostar*?

_____Fraco_____Razoável_____Bom_____Muito bom

Seus comentários____

____

____

2. Que outros assuntos poderiam ser incluídos num outro livro sobre Resistência dos Materiais?

____

____

3. Que outros assuntos ligados à Construção Civil deveriam ser abordados em novos livros?

____

____

4. Aqui você dá, por favor, seus dados pessoais. Eles também são muito importantes

Nome____

Formação profissional____________________Ano de formatura__________

Endereço____________________n.__________ap__________

Bairro____________________Cidade__________Est__________

CEP____________________Fone____________________

e-mail____________________data_____/_____/_____

Lista de livros do engenheiro MHC Botelho, autor da Coleção Concreto Armado Eu te Amo.

- *Instalações elétricas residenciais básicas – para profissionais da construção civil*
  156 páginas.
- *Concreto armado eu te amo*
  Vol. 1 – 7ª edição, 2015, 526 páginas.
- *Concreto armado eu te amo*
  Vol. 2 – 4ª edição, 2015, 340 páginas.
- *Águas de chuva – engenharia das águas pluviais nas cidades*
  3ª edição, 2011, 300 páginas.
- *Resistência dos Materiais: para entender e gostar*
  2ª edição, 2013, 238 páginas.
- *4 edifícios × 5 locais de implantação = 20 soluções de fundações*
  com 168 páginas.
- *Manual de primeiros socorros do engenheiro e do arquiteto*
  Vol. 1 – 2ª edição revista e ampliada, 2014, 304 páginas.
- *Manual de primeiros socorros do engenheiro e do arquiteto*
  Vol. 2 – 2015, 296 páginas
- *Operação de caldeiras – gerenciamento, controle e manutenção*
  2011, 208 páginas.
- *Concreto armado eu te amo – para arquitetos*
  2ª edição, 2011, 256 páginas
- *Instalações hidráulicas prediais utilizando tubos plásticos – Linha AMANCO*
  4ª edição, 2014, 407 páginas.
- *Princípios da mecânica dos solos e fundações para a construção civil*
  2015, 184 páginas.
- *Concreto armado eu te amo: vai para a obra.*

Livros em produção

- *ABC da topografia*
- *Resistência dos Materiais para a área industrial*
- *Estruturação de pequenas e médias edificações*
- *Concreto armado eu te amo*
  Vol. 3